U0314548

高职高专规划教材

机械工程材料

主　编　于　钧　王宏启
副主编　魏明贺　韩佩津

北　京
冶金工业出版社
2014

内 容 提 要

本书详细阐述了机械工程材料的基础理论知识及其应用，主要内容包括：材料的性能与机械零件的失效分析、金属的晶体结构与结晶、铁碳合金相图、金属的塑性变形与再结晶、钢的热处理、铸铁、钢的分类、结构钢、工具钢、特殊性能钢、有色金属及其合金、非金属材料、典型零件的选材及热处理工艺分析。根据需要，在部分章节后安排了相应的实验，以利于学生掌握所学内容。

本书为高职高专院校机械制造专业及相关专业教学用书，也可供有关工程技术人员参考。

图书在版编目(CIP)数据

机械工程材料/于钧，王宏启主编. —北京：冶金工业出版社，2008.8（2014.1 重印）

ISBN 978-7-5024-4615-4

Ⅰ. 机…　Ⅱ. ①于…　②王…　Ⅲ. 机械制造材料　Ⅳ. TH14

中国版本图书馆 CIP 数据核字（2008）第 129575 号

出 版 人　谭学余
地　　址　北京北河沿大街嵩祝院北巷 39 号，邮编 100009
电　　话　(010)64027926　电子信箱　yjcbs@cnmip.com.cn
责任编辑　杨　敏　宋　良　美术编辑　李　新　版式设计　葛新霞
责任校对　栾雅谦　责任印制　牛晓波
ISBN 978-7-5024-4615-4
冶金工业出版社出版发行；各地新华书店经销；北京百善印刷厂印刷
2008 年 8 月第 1 版，2014 年 1 月第 2 次印刷
787mm×1092mm　1/16；15.25 印张；400 千字；228 页
32.00 元
冶金工业出版社投稿电话：(010)64027932　投稿信箱：tougao@cnmip.com.cn
冶金工业出版社发行部　电话：(010)64044283　传真：(010)64027893
冶金书店　地址：北京东四西大街 46 号(100010)　电话：(010)65289081(兼传真)
（本书如有印装质量问题，本社发行部负责退换）

前　言

本书是根据高等职业教育人才培养目标对机械制造及相关专业的基本教学要求，结合作者多年的教学经验编写而成的。

在本书编写中，编者从高职教育的实际要求出发，注重科学性、启发性和实践性，重点突出工程材料，特别是金属材料在机械制造中的具体应用。因此，在第1章中加入了机械零件失效分析的有关内容，并对其与材料性能的关系做了具体分析；在最后部分增加了典型零件的选材及热处理工艺分析的有关内容，用以指导学生对实际材料的选用及工艺确定。为突出职业性与实用性，书中的基本术语、材料牌号、设备型号等均采用了最新标准，每章末均有练习题与思考题，在第1、3、5章后分别安排了金属材料的主要实验。

本书除可作为高职机械制造及相关专业的教学用书以外，也可作为成人高校、职工大学、函授大学等大专院校的教学用书以及广大自学者和工程技术人员的参考用书。

全书共分13章，主要内容有材料的性能与机械零件的失效分析、金属材料的结构与结晶、铁碳合金相图、金属的塑性变形与再结晶、钢的热处理、铸铁、钢的分类、结构钢、工具钢、特殊性能钢、有色金属及合金、非金属材料、典型零件的选材与热处理工艺分析。推荐理论教学64个学时，实验教学8个学时。

本书由吉林电子信息职业技术学院于钧、王宏启任主编，吉林电子信息职业技术学院魏明贺、韩佩津任副主编，第1、5、13章由于钧编写，第2、3章由王宏启编写，第4、11、12章由魏明贺编写，第6、7章由韩佩津编写，第8章由李文韬编写，第9章由季德静编写，第10章由毕俊召编写。

本书的编写参考了相关文献，在此向其作者表示感谢，并向所有支持本书编写的各界同仁致以谢意。

由于编者水平有限，在编写中难免存在不足之处，真诚欢迎广大读者提出宝贵意见，以求改进。

作　者
2008 年 4 月

目　录

绪　论

材料是人类社会生活中不可缺少的部分，是社会发展与进步的标志。现代工业技术的发展，同样与材料紧密相连。能源、信息和材料已成为现代技术的三大支柱，而能源、信息的发展又离不开材料。材料的品种、数量和质量已是衡量一个国家科学技术和国民经济水平以及国防力量的重要标志之一。与此相应，关于材料科学方面的研究已成为国际、国内科学研究中最重要领域之一。

材料科学是研究所有固体材料的成分、组织和性能之间关系的一门科学，而"工程材料学"则是材料科学的一部分。它是以工程材料即用于工程结构和机器零件的材料为研究对象，阐述工程材料的成分、组织和性能之间关系的学科。工程材料包括金属材料、高分子材料、陶瓷材料和复合材料四大类。金属材料是目前用量最大和使用最广的材料。金属材料具有许多优良的使用性能（如力学性能、物理性能、化学性能等）和加工工艺性能（如铸造性能、锻造性能、焊接性能、热处理性能、机械加工性能等），并且矿藏丰富。此外，还可以通过不同成分的配制和不同工艺方法来改变其内部组织结构，从而改善性能。金属材料包括两大类型：钢铁材料和有色金属材料。有色金属主要包括铝合金、铜合金、钛合金、镍合金等。在机械制造业（如农业机械、电工设备、化工和纺织机械等）中，钢铁材料占90%左右。有色金属约占5%。在汽车制造业中，有色金属与塑料的比例稍多些。其中钢铁材料约占60%～75%（其中15%～20%为低合金高强度钢），铝合金约占5%～10%，塑料约占10%～20%，还有少量其他材料。因此，金属材料（特别是钢铁材料）仍然是机械制造业使用最广泛的材料。

我国古代关于金属方面的研究与实践始终处于世界的领先地位。虽然我国的青铜冶炼技术的发展晚于古埃及和西亚，但发展较快。到了商、周时代，青铜冶炼和铸造技术已发展到较高水平，普遍用于制造各种工具、食物器皿和兵器。春秋战国时期，我国劳动人民通过实践，认识了青铜成分、性能和用途之间的关系。在《周礼·考工记》中总结出"六齐"规律："六分其金而锡居一，谓之钟鼎之齐；五分其金而锡居一，谓之斧斤之齐；四分其金而锡居一；谓之戈戟之齐；三分其金而锡居一，谓之大刃之齐；五分其金而锡居二，谓之削杀矢之齐；金、锡半，谓之鉴燧之齐"。这是世界上最早的合金化工艺的总结。我国从春秋战国时期就开始大量使用铁器，推动了奴隶社会向封建社会的过渡。到了汉代，"先炼铁后炼钢"的技术已居世界领先地位，比其他国家早1600多年。从西汉到明朝，我国钢铁生产的技术远远超过世界各国，而且钢铁热处理技术也得到很大发展，达到相当高的技术水平。西汉《史记·天官书》中有"水与火合为淬"。《汉书·王褒传》中也有"巧冶铸干将之璞，清水淬其锋"等的记载。明代科学家宋应星在《天工开物》一书中对钢铁材料的退火、淬火、渗碳等工艺作了详细论述。与金属材料发展的同时，天然高分子材料如棉、丝绸等的生产技术也不断发展，特别是丝绸处于当时世界领先地位。我国的丝绸于11世纪沿古丝绸之路传到了波斯、阿拉伯、埃及，然后在14世纪后期进入了欧洲。历史充分证明我国劳动人民在材料的制造和使用上有着辉煌的成就，为人类文明做出了巨大贡献。

18世纪世界工业迅速发展，对材料在品种、数量和质量上都提出了越来越高的要求，推动了材料工艺的进一步发展。光学显微镜于1863年开始应用于金属研究，金属材料的生产和研究深入到了材料内部的微观领域。随着 1912 年 X 射线衍射技术和 1932 年电子显微镜等新技术和新仪器的相继出现及应用，关于金属方面的研究日趋完善，极大地推动了金属材料的发展。

自上世纪以来，现代科学技术和生产的突飞猛进，能源、信息、空间技术的发展，不但要求生产更多具有高强度和特殊性能的金属材料，而且要求迅速发展更多、更好的非金属材料。虽然目前高分子材料、陶瓷材料和复合材料在工程结构和机器零件中应用所占比例较少，但其发展迅速，将会成为 21 世纪的重要工程材料。

机械制造离不开材料，所以机械设计与制造技术人员在设计与制造某种设备或装置时，重要的工作之一就是材料的选择。这就要求设计人员在选材时必须具备两方面的知识，一方面应该了解材料性能和机械制造之间的关系，即材料的性能如何能够适应机械结构、制造工艺和外界条件（如温度、环境介质）的改变；另一方面应该了解各种材料的基本特性和应用范围。只有把两者结合起来才能对材料进行正确选用和加工。"机械工程材料"课程正是为适应这一要求而设置的。

"机械工程材料"是机械制造及相关专业的技术基础课，其目的是使学生获得有关工程结构和机器零件常用的金属材料、非金属材料的基本理论知识和性能特点，并使其初步具备根据零件工作条件和失效方式，合理选材与使用材料，正确制订零件的冷、热加工工艺路线的能力。

"机械工程材料"的内容主要包括四个部分：一是材料的性能与机械零件的失效分析；二是金属材料的基本知识、热处理基本原理和常用金属材料的性能特点及应用；三是常用非金属材料的基本知识和性能特点及应用，包括高分子材料、陶瓷材料和复合材料；四是典型零件选材及热处理工艺分析。

"机械工程材料"是一门从生产实践中发展起来，而又直接为生产服务的科学，所以学习时一方面要注意学习基本理论，另一方面要注意加强与生产实践及日常生活之间的联系。

1 材料的性能与机械零件的失效分析

工程材料的选用是机械设计与制造过程中的主要任务之一。为了正确地选用材料，首先应当充分了解材料的性能，其次应当对机械零件的失效原因进行细致的分析，掌握零件的工作条件、受力情况和运动规律，根据不同的情况找出零件对材料的性能要求，然后才能做到正确选择材料和合理制定冷、热加工的技术条件和工艺路线。

材料的性能包括使用性能和工艺性能。材料的使用性能是指它为保证机械零件或工具正常工作应具备的性能。它反映了材料在使用过程中所表现出的特征，主要包括物理性能、化学性能以及力学性能等。使用性能决定材料的应用范围，安全可靠性和使用寿命。材料的工艺性能是指材料在制造机械零件或工具的过程中适应各种冷、热加工的性能，它反映材料在加工制造中所表现出来的特征，包括铸造性能、压力加工性能、焊接性能、热处理性能以及切削加工性能等。优良的工艺性能则可使材料比较容易采用各种加工方法制成各种形状、尺寸的零件和工具。

1.1 材料的物理、化学性能

1.1.1 材料的物理性能

物理性能是指不发生化学变化就能表现出来的一些特征，主要包括密度、熔点、导电性、导热性、热膨胀性、磁性等。

1.1.1.1 密度

单位体积材料的质量称为密度。不同的材料其密度不同，如铁为 $7870kg/m^3$；陶瓷为 $2200 \sim 2500kg/m^3$。因此密度是合理选择材料时必须考虑的主要因素之一。

金属材料按其密度大小，可分为轻金属材料（密度小于 $4500kg/m^3$）和重金属材料（密度大于 $4500kg/m^3$）。

当有两种强度相似的金属材料供选择时，密度小的材料就可制出同质量而体积小，同体积而质量轻的零构件。这对于航空工业尤为重要。在实际工作中，还常常根据金属的密度来估计材料的质量和鉴别金属等。常用金属材料的密度见表 1-1。

表 1-1 常用金属和合金的密度

材料名称	密度/kg·m^{-3}	材料名称	密度/kg·m^{-3}
铂	21.37×10^3	锡	7.30×10^3
金	19.32×10^3	锌	7.14×10^3
汞	13.6×10^3	铝	2.70×10^3
铅	11.34×10^3	镁	1.74×10^3
银	10.53×10^3	碳素钢	$(7.81 \sim 7.85) \times 10^3$
铜	8.93×10^3	黄铜	$(8.5 \sim 8.85) \times 10^3$
镍	8.90×10^3	铝合金	$(2.52 \sim 2.87) \times 10^3$
铁	7.87×10^3	钛	4.5×10^3

1.1.1.2　熔点

在常压下，对材料缓慢加热，使之由固态变为液态时的温度称该材料的熔点。通常情况下，材料的熔点越高，高温性能越好。纯金属的熔点是固定的。它是在恒温下完成熔化过程的。而大多数合金则是在一个温度范围内完成熔化过程的。陶瓷材料的熔点一般都显著高于金属及合金的熔点。

熔点是铸造、焊接、配制合金等工艺必须考虑的重要参数。根据金属材料熔点的高低，可以选择不同的用途。例如高熔点材料，常用来制造要求耐高温的零件，如高速切削刀具、灯丝、加热器等。而低熔点金属常用于熔断器，防火安全阀等。主要金属的熔点见表 1-2。

表 1-2　主要金属的熔点

金属名称	熔点/℃	金属名称	熔点/℃
钨	3410	铜	1083
钼	2617	金	1063
铬	1765	银	960.5
钒	1890	铝	660
钛	1677	镁	648.8
铁	1535	锌	419.4
镍	1453	铅	327.4
钴	1444	锡	231.9
钢	1300 ~ 1400	汞	- 38.87
锰	1242		

1.1.1.3　导电性

材料传导电流的能力称导电性。衡量金属材料导电性的指标是电导率 γ 和电阻率 ρ（又称电阻系数）。二者的关系是：

$$\gamma = 1/\rho$$

式中，γ 的单位为 S/m（西门子/米）；ρ 的单位为 $\Omega \cdot m$（欧姆·米）。

显然，电阻率愈小，电导率愈大，金属的导电性愈好。常用金属在 20℃ 时的电阻系数见表 1-3。由此可见，银的导电性最好，但因它是贵金属，因此工业中常用导电性次之的铜或铝来制作导体。而工业炉中的加热元件则选用电阻系数高的铁镍铬的合金来制作。因为电阻系数愈大，相同电流在同样时间内通过时放出的热量愈多。

表 1-3　常用金属的电阻系数

金属名称	电阻系数 $\rho/\Omega \cdot cm$	金属名称	电阻系数 $\rho/\Omega \cdot cm$
银	1.58×10^{-8}	钨	5.30×10^{-8}
铜	1.682×10^{-8}	镍	6.84×10^{-8}
金	2.21×10^{-8}	铁	9.7×10^{-8}
铝	2.655×10^{-8}	铬	12.9×10^{-8}

1.1.1.4　导热性

材料传导热量的能力称导热性。材料越纯，导热性越好，内外温差越小，越有利于热加工。导热性差，内外温差大，相应的内应力就大，加热和冷却时易产生变形和裂纹。故对金属材料进行锻造、焊接、热处理等加工时，其导热性是必须考虑的重要性能之一。导热性好的材料常用来制造热交换器等传热设备的零部件。

1.1.1.5 热膨胀性

材料随着温度升高而产生体积膨胀的性能称热膨胀性。通常采用线膨胀系数（α）来表示材料的热膨胀性。即指材料随着温度每升高 1℃所引起的线度增长量与 0℃时的线度之比值，单位为℃$^{-1}$。该系数对工业选材意义重大，如生产精密仪器、仪表、量具等，所选材料的 α 值均为越小越好，以保证当温度变化时设备或仪器的精度。

1.1.1.6 磁性

材料在磁场中能被磁化或导磁的能力，称为磁性。通常磁性也是工业选材的重要依据之一。

磁性材料可以分为软磁性材料和硬磁性材料两种。软磁性材料（如电工用纯铁、硅钢片等）容易被磁化，导磁性能良好，但外加磁场去掉后，磁性基本消失。硬磁性材料又叫永磁材料（如铝镍系永磁合金、永磁铁氧体、稀土永磁材料等），在外加磁场去除后，仍然能保持磁性，磁性也不消失。许多金属材料如铁、镍、钴等均具有较高的磁性，而有些金属材料如铜、铝、铅等则无磁性。非金属材料一般无磁性。

1.1.2 材料的化学性能

材料的化学性能是指材料在常温或高温条件下，抵抗氧化物和各种腐蚀性介质对其氧化或腐蚀的能力，一般指的是抗氧化性和抗腐蚀性，统称为化学稳定性。

1.1.2.1 零件的腐蚀失效分析

腐蚀是材料表面和周围介质发生化学反应或电化学反应所引起的表面损伤现象，分别称之为化学腐蚀和电化学腐蚀。化学腐蚀是指在腐蚀过程中不产生电流，如钢在高温下的氧化、脱碳等。电化学腐蚀是指在腐蚀过程中产生电流，如金属在潮湿空气、海水或电解质溶液中的腐蚀等。腐蚀是许多金属零件和工程结构件因丧失工作能力而导致失效的重要原因之一。据统计，全世界每年因腐蚀而消耗的金属达 1 亿吨以上，因此研究金属腐蚀及其防护方法具有重要意义。以下主要介绍金属的高温氧化腐蚀和电化学腐蚀。

A 高温氧化腐蚀

除少数贵金属如金、铂外，大多数金属在空气中都会发生氧化，形成氧化膜。在室温或温度不高时，氧化过程进行很慢，然而在较高温度下，氧化过程明显加速。由于氧化膜较脆，其力学性能明显低于基体金属，而且氧化又导致零（构）件的有效截面面积减小，从而降低了零（构）件的承载能力。因此，有些在高温含氧气氛中工作的零（构）件，如工业加热炉的炉栅、炉底板，汽轮机燃烧室，锅炉的过热器等常常因高温氧化而失效。

B 电化学腐蚀

a 电化学腐蚀倾向

金属发生电化学腐蚀的条件是不同金属间或同一金属的各个部分之间存在着电极电位差，而且它们在相互接触并处于相互连通的电解质溶液中构成微电池。其中电极电位较低的一方为阳极，容易失去电子变为金属离子溶于电解质中而受腐蚀，电极电位较高的一方则为阴极，起传递电子的作用而不受腐蚀。

在机器或金属结构中，两种金属相互接触的情况是经常发生的，它们一旦与潮湿空气或电解质接触就会发生电化学腐蚀。即使对于同一种金属或合金，由于化学成分或组织状态、应力状态、表面粗糙度等的不同，也会导致某些相邻区域的电极电位不同，从而产生电化学腐蚀。下面以钢中珠光体在硝酸酒精中的腐蚀为例来说明电化学腐蚀过程，如图 1-1 所示。钢中珠光体是由铁素体（F）和渗碳体（Fe_3C）层片相间组成，在硝酸酒精溶液中便构成无数个微电池。由图 1-1a 可以看出，铁素体（F）的电极电位较低，成为阳极，F 中的 Fe 原子变成离子进入溶液而被腐蚀；渗碳体（Fe_3C）电极电位较高，成为阴极，它将电子传导给酸中的 H^+，变成氢气逸出，即发生析氢反应。上述电化学腐蚀结果，使 F 片不断被腐蚀而凹陷，Fe_3C 片不受腐蚀而凸起，从而使原来平滑表面出现凹凸不平（图 1-1b），显示出珠光体层片状形貌。这就是观察金属显微组织之前必须进行腐蚀的原因。不同金属的电化学腐蚀倾向是不同的，通常用它们的电极电位来衡量。金属的电极电位越高，越不易发生电化学腐蚀。

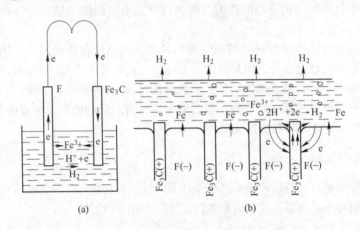

图 1-1　珠光体的电化学腐蚀

（a）珠光体的电化学腐蚀原理；（b）珠光体腐蚀结果示意图

b　电化学腐蚀分类

电化学腐蚀会使局部区域腐蚀严重，导致零（构）件在没有先兆的情况下突然失效，危害极大。常见的电化学腐蚀有电偶腐蚀、小孔腐蚀、缝隙腐蚀、晶界腐蚀。

（1）电偶腐蚀。电偶腐蚀是指异类材料连接在一起，由于电极电位不同而发生的电化学腐蚀。在实际零（构）件中经常使用螺钉或铆钉连接，如果螺钉或铆钉与被连接体材料不同时，就会发生电偶腐蚀。例如用低碳钢铆钉固定铜板或用未经镀铬的钢螺钉固定表面经镀铬处理的钢件时，铆钉或螺钉为阳极而受腐蚀，将失去紧固作用。因此，设计选材时尽量使紧固件的材料与被连接的零（构）件材料相同，以防止电偶腐蚀。

（2）小孔腐蚀。小孔腐蚀是指金属表面微小区域因氧化膜破损或析出相和夹杂物剥落，引起该处电极电位降低而出现小孔并向深度发展的现象，又称点蚀。实际零（构）件有时会因小孔腐蚀而失效。例如埋在土壤中输送油、水、气的钢管，常因管壁小孔腐蚀而穿孔，造成渗漏；又如内燃机汽缸套，有时因小孔腐蚀使缸套壁穿孔而报废。

（3）缝隙腐蚀。缝隙腐蚀是指电解质进入零（构）件的缝隙中出现缝内金属加速腐蚀的现象。例如法兰连接面或铆钉、螺钉的压紧面处，如果存在 0.025 ~ 0.1mm 缝隙时，易产生缝隙腐蚀。以焊接代替铆接和螺栓连接或在缝隙中加入固体填料均可防止缝隙腐蚀。

c　应力腐蚀

应力腐蚀是指零（构）件在拉应力和特定的化学介质联合作用下发生的腐蚀。它会造成裂纹的形成和扩展，可以在低应力条件下发生脆性断裂现象。通常应力腐蚀发生在较小的拉应力和腐蚀性较弱的介质中，所以往往被人们所忽视而引起灾难性事故。表1-4为常用金属材料易发生应力腐蚀的敏感介质。

表1-4　常用金属材料发生应力腐蚀的敏感介质

金属材料	化学介质	金属材料	化学介质
低碳钢和低合金钢	NaOH溶液、海水、海洋性和工业性气氛	铝合金	氯化物水溶液、海水及海洋大气、潮湿工业大气
奥氏体不锈钢	酸性和中性氯化物溶液、熔融氯化物、海水	铜合金	氨蒸气、含氨气体、含胺离子的水溶液
镍基合金	热浓NaOH溶液、HF蒸气和溶液	钛合金	发烟硝酸、300℃以上的氯化物、潮湿空气和海水

1.1.2.2　化学稳定性

A　抗腐蚀性

抗腐蚀性是指材料抵抗各种腐蚀介质腐蚀的能力。提高材料的抗腐蚀能力主要应当考虑如何提高材料对电化学腐蚀和应力腐蚀的抵抗能力。

对于抗电化学腐蚀，常采取的措施为：

（1）选择耐蚀材料如不锈钢、钛合金、陶瓷材料、高分子材料等；

（2）表面涂层如电镀Ni、Cr，热浸镀Zn、Sn、Al、Pb，热喷涂陶瓷及喷涂涂料、搪瓷、塑料等；

（3）电化学保护如牺牲阳极保护和外加电位的阴极保护；

（4）加缓蚀剂以降低电解质的腐蚀性，如在含氧水中加入少量重铬酸钾。

对于抗应力腐蚀，常采取的措施是：

（1）设计时减小拉应力和应力集中；

（2）进行去应力退火消除冷、热加工产生的残留拉应力；

（3）根据工作介质选择在该介质中对应力腐蚀不敏感的材料；

（4）改变介质条件，清除促进应力腐蚀的有害化学离子。

B　抗氧化性

抗氧化性是指材料在加热时抵抗氧气等氧化的能力。热力学计算表明，大多数金属在室温下就能自发氧化，但在表面形成氧化物层之后，扩散受到阻碍，促使氧化速率降低。而金属在高温下氧化作用会加速进行。金属氧化后形成的氧化膜覆盖在金属表面将金属与氧隔开，基体金属能否继续被氧化，将取决于该氧化膜层的致密性。实验表明，氧化膜越致密、熔点越高，阻力越大，则其保护能力越强，越能有效地防止金属继续氧化。例如 Al_2O_3、Cr_2O_3、SiO_2 膜的熔点高、致密，覆盖在金属表面可以防止基体金属继续氧化，而 FeO、Cu_2O 膜的熔点低、疏松，不能防止基体金属继续氧化。因此，碳钢在高温（高于570℃）下因形成疏松多孔的低熔点 FeO 而易氧化，所以不能用于承受高温的零部件。若在钢中加入Cr、Si、Al等元素，由于这些元素与氧的亲和力较Fe大，优先在钢的表面形成高熔点且致密的 Al_2O_3、Cr_2O_3、SiO_2 氧化膜，就可以提高钢的抗氧化能力。所以对于高温下使用的零件，常常需要采用含铝、铬等元素的抗氧化钢，或者采用耐热铸铁和陶瓷材料来制造，另外也可以表面涂层，如热喷涂铝或陶瓷等。同样钢材在热处理、锻造等热加工作业时，也会发生氧化和脱碳，造成材料的损耗和缺陷，因此在加热时，常在材料的周围制造一种保护气氛，以避免金属的氧化。

1.2　机械零件的失效分析与材料的力学性能

所有机器零件或结构件都应当具有在一定的载荷、温度、介质等作用下保持几何形状和尺寸，实现规定的机械运动，传递力和能等的能力。零件若失去设计要求的效能即为失效。失效主要包括三个方面：

（1）零件完全破坏，不能继续工作；

（2）严重损伤，继续工作不安全；

（3）虽能安全工作，但已不能起到预期的作用。

只要发生上述三种情况的任何一种，即可判定零件失效。失效分析的主要目的就是分析零件损伤的原因，并提出相应的改进措施。

造成零件失效的原因是多方面的，它涉及结构设计、材料选择、加工制造、装配调整及使用与保养等各个因素，但从本质看，零件失效都是由于外界载荷、温度等的损害作用超过了材料抵抗损害的能力造成的。对于机械制造人员来说，为了预防零件失效，必须做到设计正确，选材恰当和工艺合理。为此，要求设计者在设计时，不仅要熟悉零件的工作条件，掌握零件的受力和运动规律，还要把它们和材料的性能结合起来，即从零件的工作条件中找出其对材料的性能要求，然后才能做到正确选择材料和合理制订冷、热加工的技术条件和工艺路线。而研究零件的失效是深刻了解零件工作条件的基础。通过观察零件的失效特征，找出造成失效的原因，从而确定相应的失效抗力指标，为制定技术条件、正确选材和制定合理工艺提供依据。因此，研究机械零件的失效具有重要意义。

基本所有的机械零件与构件都是在一定的载荷作用下工作的，所以一般机械零件及工具在设计和选材时大多以力学性能指标为主要依据。本节主要讨论机械零件的失效与力学性能之间的相互关系。

零件在工作时受力情况一般比较复杂，往往是各种载荷共同产生作用而造成了零件失效。零件的主要失效形式主要包括过量变形、断裂、表面损伤等几种情况。

1.2.1　常温静载下的过量变形、断裂及力学性能指标

材料在外力作用下产生的形状或尺寸的变化叫变形。根据外力去除后变形能否恢复，将变形分为弹性变形和塑性变形。能够恢复的变形叫做弹性变形；不能够恢复的变形叫做塑性变形。研究材料在常温静载荷下的变形常采用静拉伸、压缩、弯曲、扭转和硬度等试验方法，其中静拉伸试验基本可以全面揭示材料在静载荷作用下的变形规律。

拉伸试验首先是将低碳钢制成标准试样，然后将标准试样装在材料试验机上，缓慢增加拉伸载荷，随时记录载荷与变形量的数值，直至试样断裂为止。

标准拉伸试样主要有圆形截面试样和板状试样两种，常用的是圆形试样，如图 1-2 所示。试验所获得的载荷与变形量之间的关系曲线，即拉伸曲线，图 1-3 所示为低碳钢的拉伸曲线。

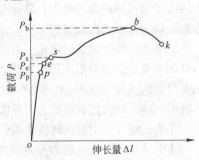

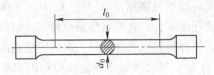

图 1-2　标准拉伸试样　　　　　图 1-3　低碳钢的拉伸曲线

1.2.1.1　低碳钢的应力-应变曲线分析

因为单纯用载荷与变形量并不能完全表达或比较不同结构、不同断面试样的变形特征，所以通常是以应力-应变曲线进行表示。应力 σ 是指单位截面上承受的内力，而应变 ε 是指外力所引起的原始尺寸的相对变化，例如试样的原始标距长度的伸长量与试样原始标距的比值。如果用应力 σ 与应变 ε 代替拉伸曲线中的载荷 P 与伸长量 Δl，就可以得到如图1-4所示的低碳钢的应力-应变曲线，其形状与拉伸曲线基本相同。

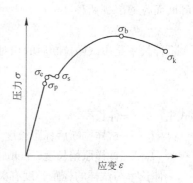

图1-4　低碳钢的应力-应变曲线

由图1-4可见，当低碳钢所受应力 σ 低于 σ_e 时，应力与应变 ε 成正比例关系，当应力 σ 消失后，试样将回复到原有的形态，这种变形即为弹性变形，它符合胡克定律（$\sigma = E\varepsilon$），式中 E 为拉伸杨氏模量。而 σ_e 则是不产生塑性变形的最大应力值。当应力超过 σ_e 后，在继续发生弹性变形的同时，开始发生塑性变形并出现屈服现象，即外力不增加，但变形继续进行。σ_s 是材料开始产生塑性变形的应力。当应力超过 σ_s 后，随着应力增加，塑性变形逐渐增加，并伴随加工硬化，塑性变形需要不断增加外力才能继续进行，由此产生均匀塑性变形，直至应力达到 σ_b 后均匀塑性变形阶段结束，试样开始发生不均匀集中塑性变形，产生缩颈，变形量迅速增大至 k 点而发生断裂。显然 σ_b 是材料产生均匀变形的最大应力，而 σ_k 则是材料发生断裂的应力。除低碳钢外，正火、退火、调质态的中碳钢或低、中碳合金钢和有些铝合金及某些高分子材料也具有上述类似的应力-应变行为。

上述的 σ_p、σ_e、σ_s、σ_b、σ_k 被称为力学性能中的强度指标。所谓强度，就是指材料在外力作用下抵抗变形和断裂的能力。根据各个指标在拉伸试验中的不同特征，σ_p 被称为比例极限，表示应力和应变成正比的最大应力；σ_e 被称为弹性极限，表示不产生塑性变形的最大应力；σ_s 被称为屈服强度，表示材料开始发生屈服时的应力，而有些材料的拉伸曲线中没有明显的屈服现象，工程上规定试样产生0.2%残余伸长量的应力值为该材料的条件屈服强度，用 $\sigma_{0.2}$ 表示；σ_b 被称为抗拉强度，表示试样被拉断前所能承受最大载荷时的应力；σ_k 被称为断裂强度，表示材料被拉断时的应力。

1.2.1.2　其他类型材料的应力-应变行为

如上所述，低碳钢在拉伸应力作用下的变形过程分为：弹性变形、屈服塑性变形、均匀塑性变形、不均匀集中塑性变形四个阶段。但并非所有材料在拉伸应力作用下都经历上述变形过程。图1-5给出了其他类型材料的应力-应变曲线。图中曲线1为大多数纯金属（如Al、Cu、Au、Ag等）的应力-应变曲线，其变形过程包括弹性变形、均匀塑性变形、不均匀集中塑性变形三个阶段，不发生屈服塑性变形，曲线2为脆性材料（如陶瓷、白口铸铁、淬火高碳钢或高碳合金钢等）的应力-应变曲线。这类材料的 $\sigma_k < \sigma_s$，表示尚未发生塑性变形就断裂了，其变形过程只有弹性变形一个阶段；曲线3为高弹性材料（如橡胶等）的应力-应变曲线，其弹性变形偏离线性关系，且弹性变形能力强，弹性变形率可达100%~1000%，直至断裂前都不发生塑性变形，其变形过程只有非线性的弹性变形

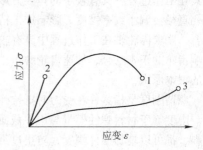

图1-5　其他类型材料的应力-应变曲线
1—纯金属；2—脆性材料；3—高弹性材料

一个阶段。由此可见，材料不同，其塑性变形能力不同即塑性不同。

塑性是指材料在外力作用下，产生永久变形而不破裂的能力。常用的塑性指标有伸长率 δ 和断面收缩率 ψ 两种。

A　伸长率

伸长率是用试样拉断后的相对伸长量来表示。即：

$$\delta = \frac{l_1 - l_0}{l_0} \times 100\%$$

式中　δ——伸长率，%；

l_1——试样拉断后标距长度，mm；

l_0——试样原始长度，mm。

伸长率与试样的标距长度有关，对于短、长比例试样的伸长率分别以 δ_5 和 δ_{10} 表示。对于同一材料而言，δ_5 要大于 δ_{10}。试样在拉断时的伸长量越大，δ 值就越高，材料的塑性越好。

B　断面收缩率

断面收缩率是指试样拉断后横截面积的相对收缩量。即

$$\psi = \frac{F_0 - F_1}{F_0} \times 100\%$$

式中　ψ——断面收缩率，%；

F_0——试样原始横截面积，mm^2；

F_1——试样拉断后的横截面积，mm^2。

断面收缩率与试样尺寸无关，ψ 值越大，材料的塑性越好。它比伸长率更能反映材料塑性的好坏。

因为零件的偶然过载可因发生塑性变形而防止突然断裂，所以塑性对材料进行冷塑性变形具有重要意义。绝大多数机械零件除要求一定的强度指标外，还要求一定的塑性指标。

以上讨论了工程材料在静拉伸时的应力-应变行为，而零（构）件在外力作用下所发生的弹性变形和塑性变形对零（构）件的使用寿命有着重要的影响，有时常常由于变形超过了允许量而导致零（构）件失效。

1.2.1.3　过量变形失效

A　过量弹性变形及其抗力指标

任何机器零件在工作时都处于弹性变形状态。有些零件在一定载荷作用下只允许一定的弹性变形，若发生过量弹性变形就会造成失效。例如镗床镗杆，为了保证被加工零件的精度，要求其在工作过程中具有较小的弹性变形，若镗杆本身的刚度不足，就产生过量弹性变形，镗出的孔直径会偏小或有锥度，影响加工精度，甚至出现废品；又如齿轮轴，为了保证齿轮的正常啮合，要求齿轮轴在工作过程中具有较小的弹性变形，如果刚度不足，就产生过量弹性变形，影响齿轮的正常啮合，加速齿轮磨损，增加噪声。由此可见，刚度不够是零件产生过量弹性变形的根本原因。

所谓刚度是指零件在受力时抵抗弹性变形的能力，刚度越大，材料就越不容易产生弹性变形。刚度等于材料弹性模量与构件截面积的乘积。所以增加零件的截面积或选用弹性模量高的材料，都可以增加零件刚度，防止过量弹性变形。而当零件的截面积 A 一定时，弹性模量 E 就代表零件的刚度。因此，弹性模量 E 是材料抵抗弹性变形的性能指标。各类材料的室温弹性模量 E 如表 1-5 所示。由表可见，弹性模量以陶瓷材料最高，钢铁材料和复合材料次之，有色金

属材料再次之,高分子材料最低。显然,在要求零件有较大刚度时,不宜选用高分子材料。陶瓷材料虽然弹性模量高,但其脆性大、强度低,也不宜选用。复合材料工艺复杂、价格昂贵,目前大量使用的都是钢铁材料。例如镗床镗杆和齿轮轴都选用合金钢制造。

表 1-5　各类材料的室温弹性模量 E

材　料	E/MPa	材　料	E/MPa
金刚石	102×10^4	铜(Cu)	12.6×10^4
WC	$(46 \sim 67) \times 10^4$	铜合金	$(12.2 \sim 15.3) \times 10^4$
硬质合金	$(41 \sim 55) \times 10^4$	钛合金	$(8.1 \sim 13.3) \times 10^4$
Ti, Zr, Hf 的硼化物	51×10^4	黄铜及青铜	$(10.5 \sim 12.6) \times 10^4$
SiC	46×10^4	石英玻璃	9.5×10^4
钨(W)	41×10^4	铝(Al)	7.0×10^4
Al_2O_3	40×10^4	铝合金	$(7.0 \sim 8.1) \times 10^4$
TiC	39×10^4	钠玻璃	7.0×10^4
钼及其合金	$(32.5 \sim 37) \times 10^4$	混凝土	$(4.6 \sim 5.1) \times 10^4$
Si_3N_4	30×10^4	玻璃纤维复合材料	$(0.7 \sim 4.6) \times 10^4$
MgO	25.5×10^4	木材(纵向)	$(0.9 \sim 1.7) \times 10^4$
镍合金	$(13 \sim 24) \times 10^4$	聚酯塑料	$(0.1 \sim 0.5) \times 10^4$
碳纤维复合材料	$(7 \sim 20) \times 10^4$	尼　龙	$(0.2 \sim 0.4) \times 10^4$
铁及低碳钢	20×10^4	有机玻璃	0.34×10^4
铸　铁	$(17.3 \sim 19.4) \times 10^4$	聚乙烯	$(0.02 \sim 0.07) \times 10^4$
低合金钢	$(20.4 \sim 21) \times 10^4$	橡　胶	$(0.001 \sim 0.01) \times 10^4$
奥氏体不锈钢	$(19.4 \sim 20.4) \times 10^4$	聚氯乙烯	$(0.0003 \sim 0.001) \times 10^4$

B　过量塑性变形及其抗力指标

绝大多数机器零件在使用过程中都处于弹性变形状态,不允许产生塑性变形。但是,由于偶然的过载或材料本身抵抗塑性变形的能力不够,零件也会产生塑性变形。当塑性变形超过允许量时,零件就失去其应有的效能。例如炮筒,为了保证每发炮弹弹道的准确性,要求炮弹通过时,只能引起炮筒内壁产生弹性变形,而且其变形与应力之间必须严格保持正比关系。若炮筒的比例极限 σ_p 偏低,使用一段时间后产生微量塑性变形,就会使炮弹偏离射击目标。又如精密机床丝杠,为了保持其精度,不允许产生塑性变形,若丝杠材料的屈服强度低,使用一段时间后丝杠会产生明显塑性变形而使机床精度下降。

虽然如前所述,比例极限、弹性极限和屈服强度都有明确的物理意义,但是实际使用的工程材料大多为弹塑性材料,弹性变形和塑性变形并无明显的分界点,很难测出它们的准确数值。因此工程上只能采取人为规定的方法,把产生规定的微量塑性伸长率的应力作为“条件比例极限”、“条件弹性极限”、“条件屈服强度”,它们之间并无本质区别,只是规定的微量塑性伸长率的大小不同而已。比例极限 σ_p 规定塑性伸长率为 $0.001\% \sim 0.01\%$;弹性极限 σ_e 规定塑性伸长率为 $0.005\% \sim 0.05\%$,屈服强度 σ_s 规定塑性伸长率为 $0.01\% \sim 0.5\%$。从这个定义来说,比例极限 σ_p、弹性极限 σ_e、屈服强度 σ_s 都是材料抵抗微量塑性变形的抗力指标。零(构)件经常因过量塑性变形而失效,所以一般不允许发生过量塑性变形,但是要求的严格程度是不一样的。设计时应根据零(构)件工作条件所允许的残留变形量加以选择。例如炮筒

和弹簧等采用 $\sigma_{0.001} \sim \sigma_{0.01}$；精密机床丝杠采用 $\sigma_{0.01} \sim \sigma_{0.05}$；一般机器结构如机座、机架、普通车轴等可采用 $\sigma_{0.2}$；桥梁、容器等结构件可允许的残留变形量较大，则采用 $\sigma_{0.5}$ 以上。

C　断裂及其抗力指标

所谓断裂是材料在应力作用下分为两个或两个以上部分的现象，是材料失效最严重的形式。

根据材料断裂前所产生的宏观变形量大小，可以将断裂分为韧性断裂和脆性断裂。韧性断裂是指断裂前发生明显宏观塑性变形。例如低碳钢在室温拉伸时，有足够大的伸长量后才断裂，其断口为杯形，呈暗灰色纤维状。而脆性断裂是指断裂前不发生塑性变形，断裂后其断口齐平，由无数发亮的小平面组成。由于韧性断裂前发生明显塑性变形，这就可预先警告人们注意，因此一般不会造成严重事故。而脆性断裂没有明显征兆，危害性极大。

当静载荷作用时，如图 1-4 所示，当材料发生屈服后，外力继续增加，应力达到 σ_b 就会发生缩颈而发生断裂，所以抗拉强度 σ_b 是在常温静载下衡量材料能否断裂的主要抗力指标。在进行零件设计与评定材料时是最重要的强度指标之一。如果单从保证材料不产生断裂的安全角度考虑，σ_b 可以作为设计依据，但应考虑到安全系数问题。

屈服强度与抗拉强度的比值 σ_b / σ_s 称屈强比。屈强比越小，工程构件的可靠性高，即使外加载荷或某些意外因素使材料发生变形，也不至于立即断裂。但如果屈强比过小，则说明材料的有效利用率太低。

1.2.2　冲击载荷下的断裂及力学性能指标

许多零（构）件在工作时常常受冲击载荷作用，例如汽车高速行驶时急刹车或通过道路上的凹坑、飞机起飞或降落、锻压机锻造或冲压等。冲击载荷与静载荷的主要区别是加载速率不同，前者加载速率高，后者加载速率低。由于冲击载荷加载速率提高，应变速率也随之增加，使材料变脆倾向增大，材料容易发生脆性断裂，所以材料在使用过程中，除要求足够的强度和塑性外，还要求有足够的韧性。

1.2.2.1　冲击韧性

冲击韧性，就是指材料抵抗冲击载荷而不破坏的能力。韧性好的材料在断裂过程中能吸收较多能量，不易发生突然的脆性断裂，材料的安全性较高。

A　冲击韧度

目前测量冲击韧度最普遍的方法是一次摆锤弯曲冲击试验。如图 1-6 所示，首先将材料制成带缺口的试样，然后将试样放在材料试验机的机座上，让一个重量为 G 的摆锤自高度 H 自由下摆。摆锤冲断试样后又升至 h，如图 1-7 所示。摆锤冲断试样所失去的能量即为试样在被冲断过程中吸收的功，称为冲击吸收功，用 A_K 表示。用断口处单位面积上所消耗的冲击吸收功大小来衡量材料的冲击韧度。

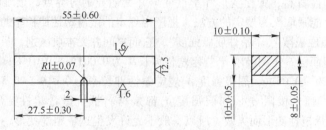

图 1-6　冲击试样（U 形缺口）

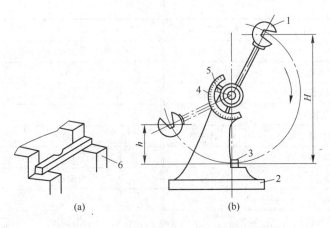

图 1-7 摆锤式冲击试验原理图
1—摆锤；2—机架；3—试样；4—表盘；5—指针；6—支座

$$a_K = A_K/F = G(H-h)/F$$

式中　a_K——冲击韧度，$J \cdot cm^{-2}$；

　　　F——试样缺口处的横截面积，cm^2；

　　　A_K——冲击吸收功，J；

　　　G——摆锤重力，N；

　　　H——摆锤初始高度，m；

　　　h——摆锤冲断试样后上升的高度，m。

　　这种试验方法的冲击速度较大，试样又开有缺口，能灵敏地反映材料脆性断裂的趋势，因而能较灵敏地反映金属材料在冶金和热处理等方面的质量问题，是鉴定材料质量和设计选材时不可缺少的性能依据之一。

　　B　断裂韧度

　　脆性断裂是零件最危险的一种失效方式，为了防止脆性断裂，过去传统的方法一方面要求零件的工作应力 $\sigma \leqslant [\sigma] = \sigma_s/k$，$k$ 为安全系数；另一方面要求材料有足够的塑性 δ、ψ 和韧性 A_K 或 a_K。但这种方法没有考虑到一般材料中都存在着微小的宏观裂纹，所以不可能可靠地保证零件不发生低应力脆断。这些宏观裂纹可能是原材料中的冶金缺陷，也可能是加工过程中（如热处理裂纹、焊接裂纹、锻造裂纹等）或使用过程中（疲劳、应力腐蚀等）产生的。针对以上情况，提出了评定材料抵抗脆性断裂的力学性能指标——断裂韧度 K_{IC}。当材料的裂纹尖端应力场强度因子 $K_I \geqslant K_{IC}$ 时，材料发生低应力脆性断裂；当 $K_I < K_{IC}$ 时，零件安全可靠。表1-6为常见工程材料的断裂韧度 K_{IC}。

表 1-6　常见工程材料的断裂韧度 K_{IC}

材　料	$K_{IC}/MN \cdot m^{-3/2}$	材　料	$K_{IC}/MN \cdot m^{-3/2}$
塑性纯金属（Cu、Ni、Al、Ag 等）	100 ~ 350	聚苯乙烯	2
转子钢（A533 等）	204 ~ 214	木材，裂纹平行纤维	0.5 ~ 1
压力容器钢（HY130）	170	聚碳酸酯	1.0 ~ 2.6
高强度钢	50 ~ 154	Co/WC 金属陶瓷	14 ~ 16
低碳钢	140	环氧树脂	0.3 ~ 0.5

材料	$K_{IC}/MN \cdot m^{-3/2}$	材料	$K_{IC}/MN \cdot m^{-3/2}$
钛合金（Ti6Al4V）	55 ~ 115	聚酯类	0.5
玻璃纤维（环氧树脂基体）	42 ~ 60	Si_3N_4	4 ~ 5
铝合金（高强度-低强度）	23 ~ 45	SiC	3
碳纤维增强的聚合物	32 ~ 45	铍	4
普通木材、裂纹和纤维垂直	11 ~ 13	MgO	3
硼纤维增强的环氧树脂	46	水泥/混凝土，未强化的	0.2
中碳钢	51	方解石	0.9
聚丙烯	3	Al_2O_3	3 ~ 5
聚乙烯（低密度）	1	油页岩	0.6
聚乙烯（高密度）	2	苏打玻璃	0.7 ~ 0.8
尼龙	3	电瓷瓶	1
钢筋水泥	10 ~ 15	冰	0.2[①]
铸铁	6 ~ 20		

注：除冰外，其他均为室温值。

1.2.2.2　韧脆转变温度

工程材料的冲击吸收功通常是在室温测得的，若降低试验温度，在低温下不同温度进行冲击试验（称之为低温冲击试验或系列冲击试验），可以得到冲击吸收功 A_K 随温度的变化曲线，如图 1-8 所示。由图 1-8 可见，材料的冲击吸收功随试验温度降低而降低，当试验温度低于 T_K 时，冲击吸收功明显降低，材料由韧性状态变为脆性状态，这种现象称为低温脆性，将 A_K-T 曲线上冲击吸收功急剧变化的温度 T_K 称为韧脆转变温度。低温脆性是中、低强度结构钢经常遇到的现象，它对桥梁、船舶、低温压力容器以及在低温下工作的机器零件十分有害，容易引起低温脆性断裂。显然材料的 A_K 越高和 T_K 越低，其冲击韧性越好。

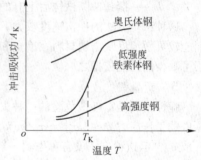

图 1-8　材料的冲击吸收功与
温度关系曲线图

1.2.3　疲劳断裂及力学性能指标

1.2.3.1　疲劳断裂失效分析

许多零件如轴、齿轮、弹簧等都是在交变载荷下进行工作的。所谓交变载荷是指载荷的大小、方向随时间发生周期性变化的载荷。材料在交变载荷的作用下，即使所受应力低于屈服强度也会发生断裂，这种现象称为疲劳断裂。据统计机械零件断裂失效中有 80% 以上是属于疲劳断裂。

与静载荷和冲击载荷下的断裂相比，疲劳断裂引起断裂的应力很低，常低于静载下的屈服强度，并且断裂时无明显的宏观塑性变形，无预兆而突然发生，所以危害极大。

疲劳断裂过程经历裂纹形成、扩展和最后断裂三个阶段。由材料的内部缺陷（如夹杂物、孔洞等）、加工缺陷（如刀痕、锻造裂纹、焊接裂纹、热处理裂纹、磨削裂纹等）或结构设计不合理而产生应力集中的区域形成疲劳裂纹，疲劳裂纹形成后，在交变应力作用下继续扩展长大，使零件的有效截面逐渐减小，因而应力增加，当应力超过材料的断裂强度时，发生断裂。

1.2.3.2 疲劳强度指标及影响因素

A 疲劳强度指标

材料对疲劳的抵抗能力主要以疲劳强度来衡量。疲劳强度是指材料经受无数次的应力循环仍然不断裂的最大应力，用符号 σ_r 表示，对于对称的应力循环，用 σ_{-1} 表示。它是通过疲劳曲线进行测定的。疲劳曲线，是材料所承受的交变应力 σ 和相应的断裂循环周次 N 之间的关系曲线。由图 1-9 可见，σ 愈大，断裂循环周次愈小；反之，σ 愈小，断裂的循环周次愈大。一般将断裂循环周次 $N < 10^5$ 的疲劳称为低周疲劳，$N > 10^5$ 的疲劳称为高周疲劳。当应力低于 σ_r 时，即使循环无限多次也不会发生疲劳断裂。因此曲线水平部分所对应的应力 σ_r 就是疲劳强度。由于疲劳试验的循环周数不可能达到无限次，并且有的材料的疲劳曲线并没有明显的水平部分，所以根据零件的工作条件和使用寿命要求，确定不同情况下的循环次数作为循环基数。而材料在达到循环基数而不发生

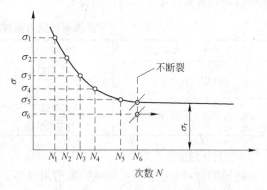

图 1-9 疲劳曲线示意图
($\sigma_1 > \sigma_2 > \cdots > \sigma_6$，$N_1 < N_2 < \cdots < N_6$)

断裂的最大应力就可以理解为这种材料的疲劳强度。一般钢铁材料的循环基数为 10^7 次，非铁金属和高强度钢的循环基数为 10^8。

B 疲劳强度的影响因素

零件的疲劳抗力受很多因素影响，归纳起来有载荷类型、材料本质、零件表面状态、温度、介质等。

a 载荷类型

对同一材料而言，所承受的载荷类型不同，其应力状态不同，故其疲劳强度也不同。如前所述，疲劳强度 σ_{-1} 是在旋转弯曲疲劳条件下求得的，但实际零件所承受的交变载荷有不同类型，如扭转、拉-压、拉-拉等，这些载荷下的疲劳强度和 σ_{-1} 有一定的对应关系，例如

拉-压疲劳 $\qquad\qquad \sigma_{-1p} = 0.85\sigma_{-1}$（钢）

$$\sigma_{-1p} = 0.65\sigma_{-1}（铸铁）$$

扭转疲劳 $\qquad\qquad \tau_{-1} = 0.55\sigma_{-1}$（钢及轻合金）

$$\tau_{-1} = 0.8\sigma_{-1}（铸铁）$$

b 材料本质

材料不同，其疲劳曲线不同，则疲劳强度不同。实验表明材料的疲劳极限主要取决于材料的抗拉强度，疲劳极限和抗拉强度有一定经验关系：中、低强度钢为 $\sigma_{-1} = 0.5\sigma_b$，灰铸铁为 $\sigma_{-1} = 0.42\sigma_b$，球墨铸铁为 $\sigma_{-1} = 0.48\sigma_b$，铸造铜合金 $\sigma_{-1} = 0.35 \sim 0.4\sigma_b$。对于高强度钢（$\sigma_b > 1400\text{MPa}$），则取 $\sigma_{-1} = 700\text{MPa}$，这是由于高强度钢中的残留内应力促进裂纹萌生，降低了它的疲劳强度。

另外当材料一定时，其纯度和组织状态也对疲劳抗力有显著影响。例如，如果材料中存在夹杂物，那么夹杂物可以成为疲劳裂纹源，导致疲劳抗力显著降低，所以对于疲劳力学指标要

求高的零件，其材料应采用真空熔炼的方法制造。

　　c　零件表面状态

　　由于实际应用的零件大多数承受交变弯曲或交变扭转载荷，零件表面应力最大，疲劳裂纹易于在表面形成，所以零件在冷、热加工过程中所产生的表面缺陷（如脱碳、裂纹、刀痕、碰伤等）均会使疲劳强度降低，并且材料的强度愈高，表面加工质量对疲劳强度的影响愈大。因此凡是可以提高表面强度和表面质量的处理都会使材料的疲劳强度提高。试样表面轻微刀痕对抗拉强度和疲劳强度的影响，见表1-7。

表 1-7　试样表面轻微刀痕对抗拉强度和疲劳强度的影响

材　　料	表面状态	抗拉强度 σ_b/MPa	疲劳极限 σ_{-1}/MPa
45 钢（正火）	光滑试样	656	280
	有刀痕试样	654	145
40Cr 钢（淬火 + 200℃回火）	光滑试样	1947	780
	有刀痕试样	1922	300

　　d　工件温度及介质

　　高温使材料的屈服强度降低，疲劳裂纹易于形成和扩展，降低了材料的疲劳强度。而低温使材料的屈服强度升高，因而疲劳强度也随之提高，但缺口敏感性增加。

　　零件在腐蚀介质（如酸、碱、盐的水溶液、海水、潮湿空气等）中工作时，其表面的腐蚀坑易成为疲劳裂纹源，使疲劳强度降低。腐蚀介质还使疲劳强度和抗拉强度之间的关系破坏。例如碳钢和低合金钢在水中疲劳强度几乎相等，而与各自的强度无关，这一点在设计选材时必须要予以注意。

　　1.2.3.3　提高疲劳强度的措施

　　为提高机械零件的疲劳强度，第一，在设计上要避免缺口、尖角和截面突变，以防应力集中而引起疲劳裂纹；第二，对材料采取细化晶粒和减少缺陷的措施；第三，机械加工要求降低表面粗糙度，减少表面的刀痕、碰伤和划痕等；第四，可通过化学热处理、表面淬火等表面强化途径，使机械零件表面产生残余压应力，削弱表面拉应力，降低疲劳裂纹产生的概率。

1.2.4　磨损失效及力学性能指标

　　1.2.4.1　磨损失效分析

　　机器运转时，任何在接触状态下发生相对运动的零件之间都会发生摩擦，如轴与轴承、活塞环与汽缸套、十字头与滑块等。零件在摩擦过程中其表面发生尺寸变化和物质耗损的现象叫做磨损。

　　磨损是零件失效的一种方式，也是决定机械寿命的重要因素。例如在发动机中汽缸套的磨损量超过允许值或者活塞环受磨损后其开口间隙明显增大，都会引起发动机功率不足，耗油量增加，产生噪声和振动等故障，此时必须更换汽缸套和活塞环。通常汽缸套的磨损量大小决定发动机的大修期。此外，磨损有可能使零件断面削弱而断裂，或者引起与该零件相连的其他零件产生附加应力而断裂。

　　磨损种类很多，最常见的有黏着磨损、磨粒磨损、腐蚀磨损、接触疲劳（即麻点磨损）四种。其中接触疲劳是齿轮和滚动轴承等零件最常见的一种表面失效形式。

　　黏着磨损又称咬合磨损，它是指滑动摩擦时摩擦副接触面局部发生金属黏着，在随后相对滑动中黏着处被破坏，有金属屑粒从零件表面被拉拽下来或零件表面被擦伤的一种磨损形式。

磨粒磨损也称磨料磨损，它是指滑动摩擦时，在零件表面摩擦区存在硬质磨粒（外界进入的磨料或表面剥落的碎屑），使磨面发生局部塑性变形、磨粒嵌入和被磨粒切割，而产生磨面材料逐渐损耗的磨损。

腐蚀磨损是指在摩擦力和外界腐蚀性介质的联合作用下，金属表面的腐蚀产物剥落与金属磨面的机械磨损相结合的一种磨损。

接触疲劳是指零件两接触面在交变接触压应力长期作用下产生表面疲劳剥落而导致物质损耗的现象。具体表现为接触表面上出现的许多针状的凹坑，所以也称为麻点磨损或疲劳磨损。在接触表面刚出现少量麻点时，零件仍能正常工作，但当麻点剥落严重时就会造成噪声与振动，并产生较大的附加力，导致零件失效。

提高材料抗磨损能力的途径有很多，主要包括合理选择摩擦副配对材料、减少接触压力、改善润滑条件、增加材料硬度等。其中提高材料硬度是最根本的手段。

1.2.4.2　硬度指标

硬度是指材料表面抵抗局部塑性变形、压痕和划痕的能力。是衡量材料软硬程度的力学性能指标。硬度值的物理意义与测试方法有关。测定材料硬度的方法有多种，普遍应用的是压入法。工程上常用的有布氏硬度、洛氏硬度、维氏硬度和莫氏硬度等实验方法。

A　布氏硬度

布氏硬度的试验原理是用一定直径（D）的淬硬钢球或硬质合金球，在规定载荷（P）的作用下，将钢球（或硬质合金球）压入试样表面并保持一定时间后卸除载荷，如图 1-10 所示，以单位压痕面积上所承受的载荷作为布氏硬度值，用 HBS（淬硬钢球压头）或 HBW（硬质合金球压头）表示，即：

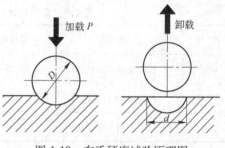

图 1-10　布氏硬度试验原理图

$$HBS(HBW) = P/F = \frac{2P}{\pi D(D - \sqrt{D^2 - d^2})}$$

式中　　HBS（HBW）——布氏硬度值，kN/mm^2；

P——施加的载荷，kN；

F——试样表面的压痕面积，mm^2；

D——压头（球）直径，mm；

d——压痕直径，mm。

试验时需测出表面压痕直径 d，通过计算或查表得出硬度值。布氏硬度习惯上不标注单位。

用布氏法测定材料硬度时，硬度小于 HBS450 的材料宜选用淬火钢球压头，硬度小于 HBW650 的材料宜选用硬质合金球压头。

布氏硬度的优点是准确度高，缺点是压痕较大，不适合成品检验。

B　洛氏硬度

洛氏硬度试验原理是在规定载荷（P）作用下，将金刚石圆锥体或淬硬钢球压头压入试样表面，然后根据压痕深度（h）来确定其硬度值，如图 1-11 所示。

洛氏硬度试验分两次加载，先加初载荷98.1N，压痕深度为 h_1，然后再加主载荷，压痕深

度为 h_2，待总载荷稳定后，卸去主载荷，保留初载荷，由于材料弹性变形的恢复，实际压痕深为 h，由压痕深度 h 确定硬度值，压痕越深，则硬度值越小。为了照顾习惯上数值越大、硬度越高的概念，因而采用一常数减去压痕深度后的数值表示洛氏硬度。一般规定压头每压入 0.002mm 深度作为一个硬度单位，这样，洛氏硬度计算公式为

$$HR = C - h/0.002$$

式中，C 为常数。当用金刚石圆柱体压头时，$C = 100$；当用 $\phi1.588$mm 淬硬钢球作压头时，$C = 130$。

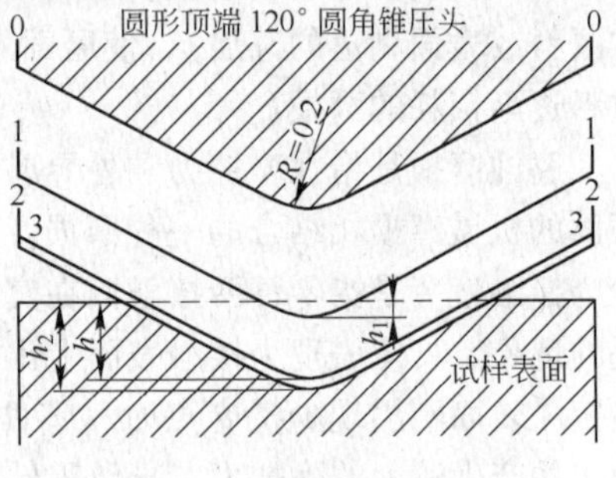

图 1-11　洛氏硬度试验原理图

当洛氏硬度试验采用不同的压头和载荷时，可以测试从软到硬的各种材料。最常用的三种洛氏硬度列于表 1-8 中，其中 HRC 应用最多。洛氏硬度值无单位，硬度值可在读数表盘上直接读出。

表 1-8　常用洛氏硬度符号、试验条件和应用举例

符　号	压头类型	总载荷/N	有效硬度值范围	应用举例
HRA	120°金刚石圆锥体	588.4	20 ~ 88	硬质合金、表面淬火层或渗碳层
HRB	D1.588mm 淬火钢球	980.7	25 ~ 100	非铁合金、退火钢
HRC	120°金刚石圆锥体	1471	20 ~ 70	淬火钢、调质钢

洛氏硬度试验的优点是操作迅速简便，压痕小，应用广泛。缺点时准确度较差，不宜测试组织不均匀的组织。另外由于洛氏硬度试验所用的载荷较大，所以不适用于测定极薄工件和表面硬化层的硬度。为此发展了载荷较小的表面洛氏硬度试验方法，其初载荷为 29.4N，总载荷有 147.1N、294.3N、441.3N 三种。

C　维氏硬度

维氏硬度的试验原理与布氏基本相同（如图 1-12），不同点是用一个相对夹角为 136°的金刚石正四棱锥体压入试样表面。维氏硬度也是以单位压痕面积所承受的载荷作为硬度值，其计算公式为

$$HV = P/F = 1.8544P/d^2$$

式中　P——载荷，N；

　　　F——压痕面积，mm^2；

　　　d——压痕两对角线长度平均值，mm。

维氏硬度试验法所加负载小，压痕小，测量的精度比布氏硬度高，适用于测定经表面处理及薄件的材料硬度。

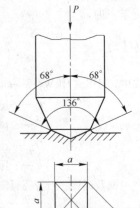

图 1-12　维氏硬度
试验原理图

D　莫氏硬度

莫氏硬度是一种划痕硬度，用于陶瓷和矿物的硬度测定。它的标尺是选定从软到硬十种不同的矿物，分为十级。后来发现高硬度范围中相邻几级标准物质的硬度相差太大，因而增分为十五级，称为李德日维耶硬度，如表 1-9 所示。

表 1-9　莫氏硬度及李德日维耶硬度分级表

材料名称	莫氏硬度分级	李德日维耶硬度分级	材料名称	莫氏硬度分级	李德日维耶硬度分级
滑石	1	1	结晶石英	7	8
岩盐	2	2	黄玉	8	9
方解石	3	3	花岗石		10
萤石	4	4	刚玉	9	12
磷灰石	5	5	碳化硅		13
钠长石	6	6	碳化硼		14
焙烧石英		7	金刚石	10	15

1.2.5　高温蠕变变形和断裂及力学性能指标

1.2.5.1　高温对金属力学性能的影响

在高压蒸汽锅炉、汽轮机、燃气轮机、柴油机等动力机械和化工炼油设备及航空发动机中，许多零件长期在高温条件下运转，对于制造这类零件的金属材料，如果只考虑其室温下的力学性能显然是不行的。首先，高温下材料的强度随温度升高而降低；其次，高温下材料的强度随加载时间的延长而降低。例如，蒸汽锅炉及化工设备中的一些高温、高压管道，虽然所承受的应力小于工作温度下材料的屈服强度，但在长期使用过程中，会产生缓慢而连续的塑性变形，最后导致管道破裂。又如，20 钢在 450℃ 的短时抗拉强度为 330MPa。若试样仅承受 230MPa 的应力，但在该温度下持续工作 300h 左右，也会断裂，如果将应力降至 120MPa 左右，持续 10000h 还会发生断裂。这一试验结果表明，钢的抗拉强度随载荷持续时间的延长而降低。

由此可见，对于材料的高温力学性能不能简单地用室温下短时拉伸应力-应变曲线来评定，还需加入温度和时间两个因素。根据应力、应变与时间、温度的关系，建立评定材料高温力学性能的指标——蠕变极限和持久强度。

1.2.5.2　蠕变极限和持久强度

A　蠕变现象和蠕变极限

材料在长时间的恒温、恒应力作用下缓慢地产生塑性变形的现象称为蠕变。零件由于这种变形而引起的断裂称为蠕变断裂。不同材料出现蠕变的温度是不同的。高分子材料及铅、锡等在室温就产生蠕变；碳钢在温度超过 300 ~ 350℃、合金钢在温度超过 350 ~ 400℃ 时才出现蠕变；而高温陶瓷材料（Si_3N_4）在 1100℃ 以上也不会发生明显的蠕变。一般来说，金属只有在温度超过 $(0.3 \sim 0.4)T_m$、陶瓷只有在温度超过 $(0.4 \sim 0.5)T_m$（T_m 为材料的熔点，以 K 为单位）时才出现较明显的蠕变。

为了保证在高温长期载荷下机械零件与构件不致产生过量变形，要求材料具有一定的蠕变极限，和常温下的屈服强度相似，蠕变极限是高温长期载荷作用下材料对塑性变形的强度指标。材料的蠕变极限一般在给定温度 T（单位为℃）下和规定时间 t（单位为 h）内使试样产生一定蠕变总变形量 δ（以% 为单位）的应力值，以符号 $\sigma^T_{\delta/t}$ 表示。例如 $\sigma^{500}_{1/10^5} = 100MPa$ 表示材料在 500℃ 温度下，10^5 小时后总变形量为 1% 的蠕变极限为 100MPa。试验时间及蠕变变形量的具体数值要根据零件的工作条件来规定。

B　持久强度

蠕变极限表征了材料在高温长期载荷作用下对塑性变形的抗力，但不能反映断裂时的强度和塑性。为了使零（构）件在高温长时间使用时不破坏，要求材料具有一定持久强度。与室温下的抗拉强度相似，持久强度是材料在高温长期载荷作用下抵抗断裂的能力，是在给定温度 T（单位为℃）和规定时间 t（单位为 h）内使试样发生断裂的应力，以符号 σ_t^T 表示。例如 $\sigma_{1 \times 10^3}^{700} = 300\text{MPa}$ 表示材料在 700℃ 温度下经 1000h 后的持久强度为 300MPa。这里所指的规定时间是以机械的设计寿命为依据，对于锅炉、汽轮机等机组的设计寿命为数万至数十万小时，而航空发动机则为几百小时或几千小时。

1.2.5.3　高温下零件的失效及其防止

和常温下零件失效相似，高温下零件的失效主要有过量塑性变形、断裂、磨损、氧化腐蚀等。由于温度和应力的同时作用，加速了塑性变形、裂纹形成和扩展过程。

为了提高零件在高温下工作的寿命，除了进行合理设计之外，常采取如下措施：

（1）正确选材。材料的蠕变极限和持久强度是对化学成分和显微组织敏感的力学性能指标。材料的熔点愈高，组织愈稳定，其蠕变极限和持久强度愈高。工程材料中以陶瓷材料的高温强度最好，耐热合金次之，耐热钢再次之。由于陶瓷脆性大，限制了它的广泛应用，目前耐热合金和耐热钢是高温下应用最广的金属材料；

（2）表面处理。在耐热合金和耐热钢表面镀硬铬、热喷涂铝和陶瓷以提高抗氧化性、耐腐蚀性和耐磨性。

1.3　材料的工艺性能

材料的工艺性能是指在加工过程中材料所表现出来的性能。工艺性能的好坏，直接影响到加工工艺方法和质量。按工艺方法的不同，可分为铸造性，压力加工性（锻造、冲压），冷弯性，焊接性，切削加工性及热处理性等。

1.3.1　铸造性能

将材料浇注到与零件的形状，尺寸相适应的铸型型腔中，待其冷却凝固，以获得毛坯或零件的生产方法，称铸造（俗称"翻砂"）。对金属材料而言，铸造性能主要指液态金属的流动性，凝固过程中的收缩性和偏析倾向。

流动性即为液态金属的流动能力，是主要铸造性能之一。金属的流动性越好，充型能力愈强，愈利于浇注出轮廓清晰，薄而复杂的精密铸件，还利于对金属冷凝过程产生的收缩进行补缩。

收缩性是指金属凝固和冷却时，金属体积收缩的程度。收缩小即意味着铸件凝固时变形小；反之，不仅铸件凝固时变形大，若收缩得不到及时的补缩，还很易产生缩孔、疏松、裂纹等铸造缺陷。

偏析则是指金属凝固后，化学成分的不均匀性。偏析小，说明铸件各部分成分均匀，这对保证铸件，尤其是大型铸件质量相当重要。一般而言，铸钢比铸铁的偏析倾向大。

常用金属中，以灰铸铁和锡青铜的铸造性能最好。对于某些工程塑料，在某些成型工艺方法中，也要求有较好的流动性和小的收缩率。

1.3.2　压力加工性能

压力加工性能是指材料接受冷、热压力加工成形难易程度的一种工艺性能。热压力加工是指加热到某一温度下的压力加工，如锻造和热冲压等。冷压力加工则主要指冷冲压、挤压、冷锻等高效率的压力加工方法，它通常在室温下进行。

金属材料的压力加工性能常用金属的塑性和变形能力来综合衡量。塑性越大，变形抗力越小，则压力加工性越好，反之则差。

1.3.2.1 锻造性

金属材料的锻造性能取决于金属的本质和加工条件。前者主要指金属材料本身的化学成分、组织结构。例如低碳钢的锻造性能比高碳钢好，碳钢的锻造性能一般又比合金钢要好。而铸铁则无法锻造（可锻铸铁并非指可以锻造的铸铁）。又如单相固溶体（如奥氏体）的锻造性良好，而碳化物（如渗碳体）的锻造性能就差。至于加工条件则指加热温度，应力状态等因素。显然，加热温度越高，锻造性越好。应力状态，是指金属在经受不同方法变形时，所产生的应力大小和性质（压应力和拉应力）不同。实践证明，在加工方向上压应力数值越大，则金属的塑性越好，锻造性能提高，若拉应力数值越大，则锻造性能下降。显然，这一影响因素也适用于其他压力加工性能。

顶锻试验和锻平试验都是检验金属材料锻造性能的方法。

顶锻试验分为常温下进行的冷顶锻试验和在锻造温度下进行的热顶锻试验。金属材料试样按规定程度作顶锻变形后，对试样侧面进行检查，如无裂缝、裂口、贯裂、折叠或气泡等缺陷，则表示合格。

锻平试验是使材料试样在冷或热状态下承受规定程度的锻平变形，若无裂缝或裂口，则表示合格。

1.3.2.2 冲压性

冲压生产工艺有很大的经济效果，故广泛应用于有关制造金属产品的工业部门中。冲压加工有冷冲压和热冲压两种。一般薄金属板材，采用冷冲压即可，厚度大于8mm的板材，则应采用热冲压。

检验金属材料冲压性能的方法是杯突试验，又名艾利克森试验。适用于厚度不大于2mm的板材或带材。试验在艾利克森试验机上进行。用规定尺寸的钢球或球形冲头，向夹紧于规定压模内的试样施加压力，直到试样开始产生第一条裂纹为止，此时的压入深度（mm）即为金属材料的杯突深度。杯突深度不小于规定值时就认为试验合格。显然，金属材料能承受的杯突深度愈大，则材料的冲压性能就愈好。

1.3.2.3 冷弯性

金属材料在常温下能承受弯曲变形而不破裂的能力叫冷弯性能。由于采用弯曲成形的工艺相当广泛，故冷弯性能非常重要，一般在型材尤其在建筑结构用钢材质保书上都标注上这一性能。冷弯性能主要通过冷弯试验进行检验，所用设备为压力机或万能材料试验机。载荷应缓慢施加，其中冷弯试样长度 L，两支辊间距离、弯心直径 d，试样厚度（或直径） a 等均应符合国标规定。

弯曲程度一般用弯曲角度或弯心直径 d 对材料厚度 a 的比值来表示．弯曲角度愈大或 d/a 愈小，则材料的冷弯性能愈好。

1.3.3 焊接性能

材料的焊接性能，是指被焊材料是否易于焊接在一起，并能保证焊接质量的性能。

金属材料的焊接性能同材料本身的化学成分、某些物理性能、力学性能及焊接方法等密切相关。如对钢铁材料而言，其焊接性能随着碳、硫、磷含量的增大而降低；对导热性过高或过低、线膨胀系数过大、塑性低、易氧化的材料而言，焊接性能均较差。

焊接性能包括两方面：一是工艺可焊性，主要指焊接接头产生工艺缺陷的倾向，尤其是出现各种裂缝的可能性；二是使用可焊性，主要指焊接接头在使用中的可靠性，包括焊接接头的力学性能及其他特殊性能。

1.3.4　切削加工性能

切削加工性能是指材料被切削加工的难易程度。它具有一定的相对性。某种材料的切削加工性的好坏往往相对于另一种材料而言。这与材料的种类、性质和加工条件等有关。常用衡量切削加工的指标主要有：

（1）一定条件下的切削速度。材料允许的切削速度越高，切削加工性能越好。

（2）切削力。在相同的切削条件下，切削力较小的材料，耗能少，刀具寿命长，则切削加工性能就好。

（3）已加工表面质量。凡容易获得好的表面质量的材料，其切削加工性能较好。

（4）切削控制或断屑的难易。凡切削较易控制或易于断屑的材料，其加工性较好。

1.3.5　热处理性能

热处理性能也是金属材料的一个重要工艺性能。对钢材而言，其主要指淬透性、淬硬性、回火脆性倾向、氧化脱碳倾向及变形开裂倾向等。这些将在第 5 章"钢的热处理"中详细介绍。

实验　金属材料的力学性能实验

实验 1　拉伸试验

A　实验目的

（1）加深对强度、塑性以及拉伸曲线的理解；

（2）测定低碳钢的屈服点、抗拉强度、伸长率和断面收缩率。

B　实验设备及材料

（1）万能材料试验机；

（2）低碳钢拉伸试样。

C　实验原理

拉伸试验应按《金属拉伸试验方法》进行，施加载荷将试样拉伸，测量材料抵抗拉伸载荷作用时的各项性能指标。

拉伸试验所用试样应按《金属拉伸试验用试样》制取，常用圆形截面的短试样（见图1-2）。

试验机主要由加力和测力两个基本部分组成。加力部分是给试样施力的装置，测力部分是将试样受力情况显示在表盘上的装置。此外还有装夹装置和绘图装置，分别用来装夹试样和自动绘出拉伸曲线。

目前常用的液压摆锤针盘式万能材料试验机的结构如图 1-13 所示。

拉伸试验时，将试样安装在试验机上，开动机器缓慢施加拉伸力 P，试样逐渐伸长 Δl，同时测力盘的指针指示出力的大小，自动绘图装置则绘出拉伸曲线，如图 1-3 所示，直至试样被拉断。

根据拉伸曲线、试样拉断后的标距 l_1 和缩颈处的最小横截面积 S_1，即可求出材料的强度和塑性指标。

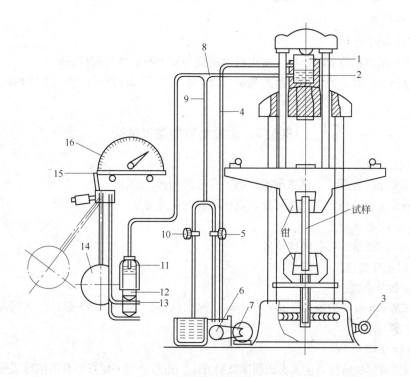

图 1-13　万能材料试验机结构

1—大活塞；2—工作液压缸；3—下夹头电动机；4—渗油回油管；5—送油阀；
6—液压泵；7—电动机；8—测力油管；9—送油管；10—回油阀；
11—测力液压缸；12—测力活塞；13—测力拉杆；
14—摆杆；15—推杆；16—测力盘

D　实验步骤

（1）测量试样原始尺寸 l_0 和 d_0。

（2）检查试验机各部分是否正常，然后将试样垂直夹持在试验机的上、下钳口内。

（3）将测力盘指针调零，并调整好绘图装置。

（4）按下启动电钮，开始加力，注意观察试样在拉伸过程中的变形过程和测力盘指针的转动情况，并记录屈服力 P_s 和最大拉伸力 P_b 的值。

（5）试样拉断后，立即按下停止电钮，试验机停止工作。

（6）取下拉断的试样，测量缩颈处的最小直径 d_1，并将试样断裂处紧密对接在一起，测量断后标距 l_1。

（7）根据试验所得数据，计算出 σ_s、σ_b、δ、ψ 的值，并填入表 1-10 中。

表 1-10　拉伸试验记录表

试样材料	试样原始尺寸		试样断后尺寸		拉伸力		计算值			
	原始标距 l_0/mm	原始直径 d_0/mm	断后标距 l_1/mm	缩颈处最小直径 d_1/mm	屈服力 P_s/N	最大力 P_b/N	屈服点 σ_s/MPa	抗拉强度 σ_b/MPa	断后伸长率 δ/%	断面收缩率 ψ/%

注：表中数据至少应是 3 个试样实测结果的平均值。

E　实验结果

F　分析与讨论

（1）观察试样拉断后的断口，指出低碳钢拉伸试样的断口有何特征？

（2）拉伸试验时，当试样产生缩颈后，为什么测力盘指针指示拉伸力下降而试样却继续伸长？

实验2　金属材料的硬度试验

A　实验目的

（1）了解布氏硬度计、洛氏硬度计的工作原理和操作方法；

（2）初步掌握金属材料布氏硬度、洛氏硬度的测量方法。

B　实验设备及材料

（1）HB-3000 型布氏硬度试验机；

（2）HR-150 型洛氏硬度试验机；

（3）读数显微镜；

（4）试样：$\phi 20 \times 20mm$ 或 $\phi 20 \times 10mm$，退火状态的 20 钢和 45 钢，淬火状态的 45 钢和 T12 钢。

C　实验原理

金属布氏硬度试验按《金属布氏硬度试验方法》进行。用一定直径 D 的钢球或硬质合金球作压头，以相应的试验力 P 压入试样表面，经规定保持时间后卸除试验力，测量试样表面的压痕直径 d，然后根据所选择的 D 与 P 及测得的压痕直径 d 查金属布氏硬度数值表，得出 HB 值。

常用的 HB-3000 型布氏硬度计的结构如图 1-14 所示。

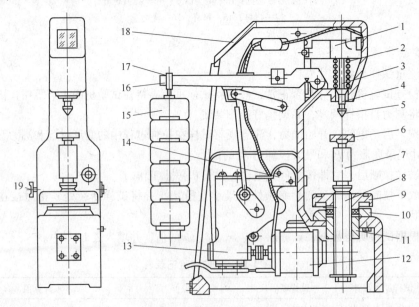

图 1-14　HB-3000 型布氏硬度计的结构

1—小杠杆；2—弹簧；3—压轴；4—主轴衬套；5—压头；6—可更换工作台；7—工作台立柱；
8—螺杆；9—升降手轮；10—螺母；11—套筒；12—电动机；13—减速器；14—换向开关；
15—砝码；16—大杠杆；17—吊环；18—机体；19—电源开关

　　金属洛氏硬度试验按《金属洛氏硬度试验方法》进行。以金刚石圆锥体或淬火钢球作压头，压头在初试验力及总试验力的先、后作用下压入试样表面，经规定保持时间后，卸除主试验力，在保留初试验力作用下，用测量的残余压痕深度增量计算硬度值。试样的洛氏硬度值可以从洛氏硬度计的指示器上直接读取。

　　常用 HR-150 型洛氏硬度计的结构如图 1-15 所示。

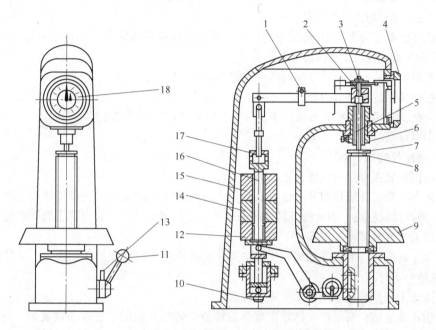

图 1-15　HR-150 型洛氏硬度计结构

1—调整块；2—顶杆；3—调整螺钉；4—调整盘；5—按钮；6—紧固螺母；7—试样；
8—工作台；9—手轮；10—放油螺钉；11—操纵手柄；12—砝码座；13—油针；
14、15—砝码；16—杆；17—吊套；18—指示器

D　实验步骤

a　布氏硬度试验

（1）试验前的准备工作：

1）检查试样的试验面是否光滑，有无氧化现象或外来污物。

2）根据材料和预计的布氏硬度范围以及试样的厚度，选择压头类型、压头直径、试验力及保持时间。

3）将选定的压头装入硬度计的主轴衬套内并紧固。

4）按规范调节好时间定位器和砝码。

（2）硬度计的操作顺序：

1）将硬度计工作台擦拭干净，使试样平稳地放置在工作台上。

2）选定测试位置，顺时针旋转升降手轮，使试样试验面与压头接触，并继续转动手轮，直至手轮打滑空转为止。

3）按下电源开关，电动机启动，开始施加载荷。此时因紧压螺钉已拧松，圆盘并不转动，当红色指示灯闪亮时，迅速拧紧调整螺钉，使刻度盘指针转动，达到预定保持时间后，转动自行停止，试验力自行卸除。

4）逆时针转动手轮，降下工作台，取下试样。

5）用读数显微镜在相互垂直的两个方向上测量出压痕直径 d_1、d_2，取其算术平均值作为压痕直径 d。

6）根据压痕直径 d 和试验规范查附表一，得出试样的布氏硬度值。

b　洛氏硬度试验

（1）硬度试验前的准备工作：

1）试样的厚度应大于 10 倍压痕的深度，被测表面应平整光洁，不得带有污物、氧化皮、裂缝及显著的加工痕迹，支撑面应保持清洁。

2）根据试样的形状及尺寸来选择合适的工作台。

3）根据试样技术要求选择标尺。

4）根据试验标尺选择并安装压头，压头在安装之前必须清洁干净。

5）调整保荷时间为 10 ~ 12s。

（2）硬度计的操作顺序：

1）将试样放在合适的工作台上。

2）将手轮顺时针旋转使升降丝杆上升，压头渐渐接触试样，刻度盘指针开始转动，此时小指针从黑点移向红点，当大指针转动 3 圈时，小指针指向红点。此时停止旋转手轮。

3）微调刻度盘并使之对零。

4）加主载荷，将加载手柄推向加载位置，主载荷将通过杠杆加于压头上，而使压头压入试样，保持一定时间。

5）卸除主载荷，使手柄转动至原来位置。

6）读出硬度值，长指针在卸除主载荷后停留位置所对应的位置即为硬度值。注意，HRB读红色数字，HRC、HRA读黑色数字。

7）逆时针旋转手轮，使试样下降脱离压头，取出试样。

E　实验结果

填写表 1-11、表 1-12。

表 1-11　布氏硬度试验记录表

材料	热处理	实验规范				实验结果				
		(P/D^2) $0.102F/D^2$	压头直径 D /mm	试验力 P /N	保持时间 t /s	压痕直径 d/mm			硬度值	表示法
						d_1	d_2	d		

表 1-12　洛氏硬度试验记录表

材料	热处理	实验规范			实验结果				
		标尺	压头	总试验力/N	第二次	第三次	第四次	平均值	表示法

F　分析与讨论

（1）为什么硬度试验时要规定试验力保持时间？试分析保持时间对硬度试验结果的影响。

（2）用不同的硬度试验方法或不同的实验规范测定的硬度值怎样进行比较？

实验3　金属材料的冲击试验

A　实验目的

（1）加深对金属材料冲击韧性概念的认识和理解；

（2）测定常温下45钢和T12钢试样的a_K值。

B　实验设备及材料

（1）摆锤式冲击试验机；

（2）试样：45钢、T12钢标准冲击试样。

C　实验原理

金属冲击试验应按《金属冲击试验方法》进行。在室温条件下，用规定高度的摆锤对处在简支梁状态的金属试样进行一次冲击，测得试样冲断时吸收的冲击功A_K，并求得试样的冲击韧度a_K。金属冲击试验所用标准试样规定尺寸为$10mm \times 10mm \times 55mm$，并带有$2mm$深的U形缺口，如图1-6所示。

D　实验步骤

（1）检查试样是否符合国标规定。

（2）检查摆锤空打时被动指针是否指零位，其偏离值不应超过最小刻度的1/4。

（3）将摆锤扬起并扳紧操纵手柄，将指针拨至满刻度位置。

（4）使用专用样规，将试样紧贴支座安装，并使其缺口对称并位于两支座对称面上，如图1-7所示。

（5）拨动操纵手柄，使摆锤自由下摆进行冲击，试样冲断后立即制动摆锤。

（6）摆锤停摆后，即可以从刻度盘上读取试样的A_K值。

（7）计算冲击韧度a_K值。

E　实验结果

填写表1-13。

表1-13　冲击试验记录表

试样材料	试样尺寸/mm	缺口形状	缺口宽度/mm	缺口深度/mm	试验温度/℃	冲击韧度/J·cm^{-2}	断口特征

F　分析与讨论

（1）观察45钢和T12钢的断口特征，试分析其差异的原因。

（2）改变摆锤扬起高度对冲击韧度值的测量有何影响？

练习题与思考题

1-1　材料的物理性能包括哪些，在材料选择上各自的作用是什么？

1-2　高温氧化腐蚀和电化学腐蚀产生的原因是什么，如何对其进行预防？

1-3　腐蚀失效的形式有几种，产生原因是什么？

1-4　何为失效，零件的失效形式有哪些？

1-5　根据低碳钢应力-应变曲线，说明拉伸试验中材料的变形特征。

1-6　过量弹性变形、过量塑性变形而失效的原因是什么，如何进行预防？

1-7　何为韧性断裂和脆性断裂，影响脆性断裂的因素有哪些？

1-8　何谓冲击韧性，如何根据冲击韧性判断材料的低温脆性倾向？

1-9　说明典型疲劳断口的特征。

1-10　疲劳抗力指标有哪些，影响疲劳断裂的因素有哪些？

1-11　磨损失效的形式有几种，如何防止零件的各类磨损失效？

1-12　何谓蠕变极限和持久强度，如何防止零件在高温下的失效？

1-13　说明以下力学性能指标的含义。

$$\sigma_p、\sigma_e、\sigma_s、\sigma_b、\sigma_k、\delta、\psi、E、a_K、A_K、\sigma_{-1}、HBS、HRC、HV、\sigma_{\delta/t}^T、\sigma_t^T$$

1-14　有一根轴向尺寸很大的轴，在500℃温度下工作，承受交变扭转载荷和交变弯曲载荷，轴颈处承受摩擦力和接触压应力，试分析此轴的失效方式可能有哪几种，需要考虑哪几个力学性能指标？

1-15　说明材料的工艺性能包括哪些，在材料加工过程中的作用是什么？

2 金属的晶体结构与结晶

2.1 金属的晶体结构

2.1.1 金属的原子结构

物质是由原子或分子组成。原子是由带正电荷的原子核和绕核运动的带负电荷的一定数目的电子构成。所以原子在带电上呈现中性。电子数等于该元素的原子序数，也等于原子核内的质子数，电子按一定的规律分布在原子核外的各电子层上，并做高速旋转，构成了行星式的原子结构模型。

在原子中电子层层分布且包围着原子核，构成了所谓电子壳层，而在这壳层的最外层的电子数决定着该元素主要的物理与化学性质。这是因为最外层的电子与原子核的结合力弱，极易脱离原子核，成为自由电

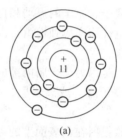 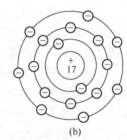

图 2-1　钠原子与氯原子结构示意图
（a）钠原子；（b）氯原子

子。而金属原子结构的特点就是原子核最外层的电子数即价电子数少（一般仅有 1、2 或 3 个）。而非金属原子其价电子数较多（都为 5～8 个）。图 2-1 所示为钠和氯原子结构示意图，其中钠是金属元素，氯是非金属元素。由于金属原子价电子数少，所以当各金属原子彼此相结合时或当其与非金属原子相结合时，有极易形成正离子的特征。这就使固态金属在原子结合方式上有如下所述的特点，并且会因此体现出的一系列的金属特性。

2.1.2 金属键与金属特性

2.1.2.1 金属键

由于金属原子的价电子与原子核结合弱，易于脱离。所以在固态金属中各金属原子全部或部分脱离掉其价电子，变成正离子，正离子和未脱离掉其价电子的中性原子则按照一定的几何形式有规则地排列起来，在固定的位置上做热振动。脱离原子的价电子以自由电子形式在各离子、原子间做自由地穿梭运动，为整个金属所公有，形成所谓"电子气"。金属固体即由各原子、离子和自由电子间的引力而结合在一起，如图 2-2 所示。金属的这种原子结合方式叫做"金属键"。它与非金属固体以离子键或共价键的结合方式有根本的不同。如食盐中的钠和氯原子之间的结合是"离子键"，它们以钠原子的一个价电子转移至氯原子的七个电子上成为八个价电子的稳定状态，所以这种结合方式是依靠正、负离

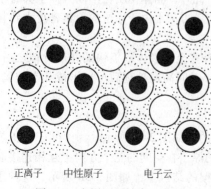

正离子　中性原子　　电子云

图 2-2　金属原子结合示意图

子（Na^+ 与 Cl^-）之间的静电引力而结合在一起，其中并不存在公有化的自由电子。而金属主要是由这种公有化的自由电子即"电子气"结合在一起，因此金属才表现出一系列的特性。

2.1.2.2　金属键与金属特性的关系

由金属原子结构的特点决定了金属原子结合方式的特点——金属键，而金属键结合方式又往往在金属特性上表现出来。

譬如金属具有良好的导电性是由于金属中自由电子存在，只要在金属物体的两端施加较微弱的电压，就可以使其自由电子做定向（向正极）移动，自由电子愈多，金属导电性能愈好。当温度升高时，金属原子和离子的热振动加剧，阻碍了自由电子的移动，使金属的电阻随温度的升高而增大。如果在接近绝对零度时，某些金属还表现出"超导电性"——电阻降低至零。

金属的导热性是通过其离子、原子的振动和自由电子的运动共同完成的，所以金属的导热性比非金属好，但又不像导电性那样单独地由自由电子来实现，所以金属与非金属在这方面的差别也就不如导电性那样明显。

金属所以具有好的塑性，是因为当金属内部的相邻原子发生相对位移时（即变形），自由电子存在能使相对移动后的原子层（或离子层）仍被结合在一起而不导致金属的断裂，使相邻原子可继续发生相对位移。

金属中的自由电子能吸收投射在其表面上的可见光的能量而被激发到较高的等级，当其回跳到原有的能级时，就会把吸收的可见光的能量重新辐射出来，所以金属不透明并呈现出特有的金属光泽。

2.1.3　金属的晶体结构

2.1.3.1　晶体结构的基本知识

A　晶体

固态物质按其内部粒子的聚集状态可分为晶体和非晶体两大类。所谓晶体是指内部粒子有规则排列聚合而成的固态物质，如金刚石、固态金属等都是晶体。反之，内部粒子不规则堆积聚合的物体为非晶体，如松香、普通玻璃、石蜡等均属非晶体物质。

因为晶体与非晶体的原子排列方式不同，所以晶体与非晶体在性能上的表现有所不同。晶体物质在性能上表现为具有一定的熔点和各向异性，如温度升高时，固态晶体将在一定温度下转变成液态，例如铁的熔点 1538℃，铜的熔点 1083℃，铝的熔点 660℃；而非晶体物质随温度升高，逐渐变软为胶体，最后再成液体，无固定的熔点。此外，晶体物质在不同方向上具有不同性能，即表现出晶体的各向异性特征，而非晶体物质在各方向上由于原子的聚集密度大致相同，因此表现出各向同性。

晶体与非晶体在一定条件下是可以转化的。例如，有些金属液体以极快的速度冷却之后，可以形成非晶态金属。原是非晶体的普通玻璃，在经过长时间高温处理后可以形成晶态玻璃，也就是俗称的钢化玻璃。

B　晶格、晶胞、晶格常数

在晶体中原子是按一定的规律在空间有规则地堆垛的，如图 2-3a 所示。为了便于分析晶体中原子排列的情况，我们用假想的线条把固定位置上的原子在空间的三个方向上互相连接起来而形成三维空间格架，每个原子的中心就处在空间格架的结点上，如图 2-3b 所示。这种用于描述原子在晶体中排列方式的空间格架称为晶格。它能简括地表明各类原子在晶体结构中排

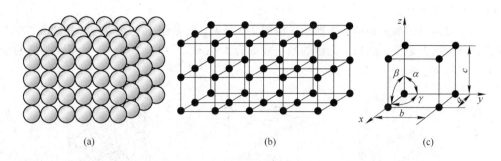

(a) (b) (c)

图 2-3 晶体结构示意图

（a）晶体原子堆垛模型；（b）晶格；（c）晶胞

列的规律性。

由于晶体中原子排列的规律性，可以从晶格中提取能够完全代表晶格结构特征的最基本的几何单元，将之称为晶胞，如图 2-3c 所示。晶胞的边长称为晶格常数，以表示晶胞的几何形状和大小。晶胞各棱边长度用 a、b、c 表示，单位为 nm，$1nm = 10^{-9}m$。棱边之间相互夹角称为棱间夹角，分别以 α、β、γ 表示。

C 晶面与晶向

晶体中一系列原子组成的原子平面称晶面，图 2-4 为立方晶格的一些晶面。

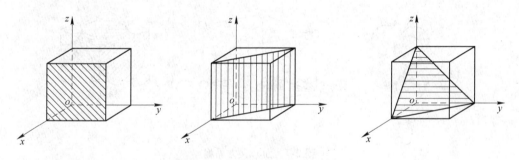

图 2-4 立方晶格的一些晶面

晶体中任意两个原子之间连成的直线所指的方向称为晶向，如图 2-5 所示。

由于不同的晶面和晶向原子的排列密度不同，所以原子的结合力大小也不一样。所以晶体在不同晶面和晶向上的物理、化学和力学性能都会显示出差别。这就是所说的各向异性。但在工业用的金属材料中，通常却见不到这种明显的各向异性特征。这是因为一般工业用的固态金属是由许多细小的晶粒组成，每一个晶粒是由大量位向相同的晶胞组成。但晶粒与晶粒之间却存在着位向上的差别。由于晶粒在空间位向上是任意的，所以晶粒的各向异性特征被相互抵消，因而表现为各向同性。如果采用特殊的处理工艺也可以得到组成实际金属的每个晶粒的位向大致相同，那么金属也会表现出明显的各向异性。

2.1.3.2 金属中常见的晶体结构

不同的金属具有不同的金属结构，但在金属元素中约有 90% 以上的金属具有比较简单的晶体结构。其中最常见的金属晶体结构有三种类型即体心立方晶格，面心立方晶格，密排六方晶格。

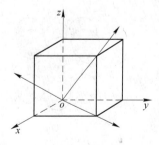

图 2-5 立方晶格的
几个晶向

A　体心立方晶格

体心立方晶格的晶胞如图 2-6 所示。由图 2-6 可见，在晶胞中立方体的八个顶角和立方体的中心各排列一个原子，而每个晶胞的原子数都为 $8 \times (1/8) + 1 = 2$（个）。具有此晶格的金属有 α-Fe、Cr、W、Mn、V 等。

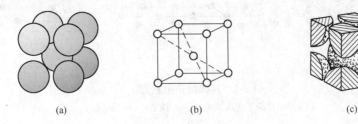

(a)　　　　　　　　(b)　　　　　　　　(c)

图 2-6　体心立方晶胞
（a）钢球模型；（b）质点模型；（c）晶胞原子数

B　面心立方晶格

面心立方晶格的晶胞如图 2-7 所示。由图 2-7 可见，在晶胞中立方体的八个顶角和六个面的中心各排列一个原子，而每个晶胞的原子数都为 $8 \times (1/8) + 6 \times (1/2) = 4$（个）。具有此晶格的金属有 γ-Fe、Cu、Al、Au、Ag、Pd 等。

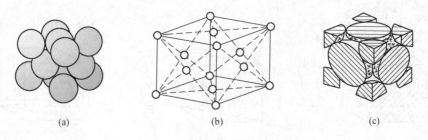

(a)　　　　　　　　(b)　　　　　　　　(c)

图 2-7　面心立方晶胞
（a）钢球模型；（b）质点模型；（c）晶胞原子数

C　密排六方晶格

密排六方晶格的晶胞如图 2-8 所示。由图 2-8 可见，在晶胞中，除了六方柱体的十二个顶角和上下两个底面的中心各排列一个原子外，在柱体中心还等距离排列着三个原子；故每个晶胞的原子数为 $12 \times (1/6) + 2 \times (1/2) + 3 = 6$（个）。具有此晶格的金属有 Mg、Zn、Cd、Be 等。

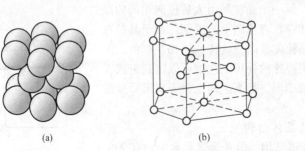

(a)　　　　　　　　(b)　　　　　　　　(c)

图 2-8　密排六方晶胞
（a）钢球模型；（b）质点模型；（c）晶胞原子数

表示晶体结构特征的有下列参数：

（1）原子直径。假设原子为具有一定大小的刚性球，把两个相互接触的小球的中心距离，看做是原子的直径。

（2）致密度。晶胞中原子所占的体积与晶胞体积之比。

（3）配位数。在晶格中围绕任何一个原子的邻接最近的原子数。配位数增加则结构的致密度也随之增加。

例如体心立方晶胞在体对角线上的原子相互接触，所以体心立方晶格中原子间的最近的距离为 $\sqrt{3}/2a$，a 为晶格常数，那么体心立方晶胞的原子直径即为 $\sqrt{3}/2a$。任一原子均有以此距离而分布的八个邻接的最近原子，故其配位数为 8，致密度为 0.68。

面心立方晶胞，在面对角线上的原子相互接触，所以面心立方晶格中原子间的最近距离为 $\sqrt{2}/2a$，那么面心立方晶胞的原子直径即为 $\sqrt{2}/2a$。任一原子均有以此距离而分布的 12 个邻接的最近的原子，故其配位数是 12，致密度为 0.74。

密排六方晶胞，如 $c/a = 1.633$ 时，原子间的最近距离为 a，此时的配位数是 12，其致密度为 0.74。

面心立方晶格与密排六方晶格的配位数与致密度相同，说明两者原子排列的紧密程度相同。

2.2 实际金属的晶体结构

在实际应用的金属材料中，总是不可避免地存在着一些原子偏离规则排列的不完整性的区域，这就是晶体缺陷。一般说来，金属中这些偏离其规定位置的原子数目很少，即使在最严重的情况下，金属晶体中位置偏离很大的原子数至多占原子总数的千分之一。因此，从总的来看，其结构还是接近完整的。尽管如此，晶体缺陷的产生、发展、运动、合并与消失，对金属及合金的性能，特别是那些对晶体结构较为敏感的性能，如强度、塑性、电阻等将产生重大的影响，并且还在扩散、相变、塑性变形和再结晶等过程中具有重要意义。

根据晶体缺陷的几何形态特征，可以将它们分为以下三类：

（1）点缺陷。其特征是三个方向上的尺寸都很小，相当于原子的尺寸，例如空位、间隙原子和置换原子等。

（2）线缺陷。其特征是在两个方向上的尺寸很小，另一个方向上的尺寸相对很大。属于这一类缺陷的主要是位错。

（3）面缺陷。其特征是在一个方向上的尺寸很小，另外两个方向上的尺寸相对很大，例如晶界、亚晶界等。

2.2.1 点缺陷

常见的点缺陷有三种：即空位、间隙原子和置换原子，如图 2-9 所示。

2.2.1.1 空位

在任何温度下，金属晶体中的原子都是以其平衡位置为中心不间断地进行着热振动。原子的振幅大小与温度有关，温度越高，振幅越大。在一定的温度下，每个原子的振动能量并不完全相同，在某一瞬

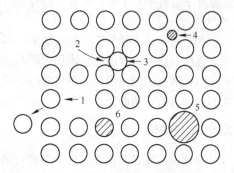

图 2-9 晶体中的各种点缺陷

1、2—空位；3、4—间隙原子；

5、6—置换原子

间，某些原子的能量可能高些，其振幅就要大一些；而另一些原子的能量可能低些，振幅就要小一些。对一个原子来说，这一瞬间能量可能高些，另一瞬间可能反而低些，这种现象叫能量起伏。根据统计规律，在某一温度下的某一瞬间，总有一些具有足够高的能量，以克服周围原子对它的约束，脱离开原来的平衡位置迁移到别处，其结果即在原位置上出现了空结点，这就是空位。

空位是一种热平衡缺陷，即在一定温度下有一定的平衡浓度。温度升高，则原子的振动能量升高，振幅增大，从而使脱离其平衡位置往别处迁移的原子数增多，空位浓度提高。温度降低，则空位的浓度随之减小。但是，空位在晶体中的位置不是固定不变的，而是处于运动、消失和形成的不断变化之中。一方面，周围原子可以与空位换位，使空位移动一个原子间距，如果周围原子不断与空位换位，就造成空位的运动；另一方面，空位迁移到晶体表面或与间隙原子相遇而消失，但在其他地方又会有新的空位形成。

由于空位的存在，其周围原子失去了一个近邻原子而使相互间的作用失去平衡，因而它们朝空位方向稍有移动，偏离其平衡位置，这就在空位的周围出现一个涉及几个原子间距范围的弹性畸变区，简称为晶格畸变，如图 2-10 所示。

通过某些处理，例如高能粒子辐照、从高温急冷以及冷加工等，可使晶体中的空位浓度高于平衡浓度而处于过饱和状态。但这种过饱和空位是不稳定的，当温度升高时，原子具有了较高的能量，空位浓度便又会大大下降。

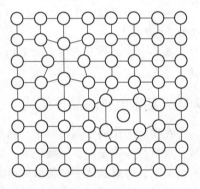

图 2-10　晶格畸变示意图

2.2.1.2　间隙原子

从图 2-9 可见，处于晶格间隙中的原子即为间隙原子。间隙原子会造成严重的晶格畸变。异类间隙原子大多是原子半径很小的原子，如钢中的碳、氢、氧、氮、硼等。尽管原子半径很小，但仍比晶格中的间隙大得多，所以造成的晶格畸变远比空位严重。间隙原子也是一种热平衡缺陷，在一定温度下有一平衡浓度，对于异类间隙原子来说，常将这一平衡浓度称为固溶度或溶解度。

2.2.1.3　置换原子

占据在原来基体原子平衡位置上的异类原子称为置换原子。由于置换原子的大小与基体原子不可能完全相同，因此其周围邻近原子也将偏离其平衡位置，造成晶格畸变。置换原子在一定温度下也有一个平衡浓度值，也称之为固溶度或溶解度，通常它比间隙原子的固溶度要大得多。

综上所述，不管是哪一类点缺陷，都会造成晶格畸变，这将对金属的性能产生影响，如使屈服强度升高、电阻增大、体积膨胀等。此外，点缺陷的存在，将加速金属中的扩散过程，因而凡与扩散有关的相变、化学热处理、高温下的塑性变形和断裂等，都与空位和间隙原子的存在和运动有着密切的关系。

2.2.2　线缺陷

晶体中的线缺陷就是各种类型的位错，它是在晶体中某处有一列或若干列原子发生了有规律的错排现象，使长度达几百至几万个原子间距、宽约几个原子间距范围内的原子离开其平衡位置，发生了有规律的错动。虽然位错有多种类型，但其中最简单、最基本的类型是刃型位错。比较复杂的还有螺旋位错，混合位错等。位错是一种极为重要的晶体缺陷，它对于金属的强度、断裂和塑性变形等起着决定性的作用。这里主要介绍位错的基本类型和基本概念。

2.2.2.1 刃型位错

刃型位错的模型如图 2-11 所示。设有一简单立方晶体，某一原子面在晶体内部中断，这个原子平面中断处的边缘就是一个刃型位错，犹如用一把锋利的钢刀将晶体上半部分切开，沿切口插入一额外半原子面一样，将刃口处的原子列 EF 称为刃型位错线。

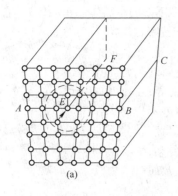
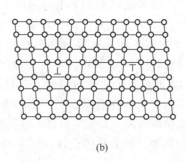

图 2-11　刃型位错示意图
（a）立体图；（b）垂直于位错线的原子平面

刃型位错有正负之分，若额外半原子面位于晶体的上半部，则此处的位错线称为正刃型位错，用符号"⊥"表示。反之，若额外半原子面位于晶体的下半部，则此处的位错线称为负刃型位错，用符号"⊤"表示。

2.2.2.2　位错表示方法

晶体中位错的数量多少通常用位错密度来表示。位错密度有两种表示方法，一种是用单位晶体体积中所包含的位错线的总长度来表示，即 $\rho = L/V$。其中 ρ 为位错密度；L 为位错线的总长度；V 为晶体体积。

位错的存在，对金属的力学性能具有重要的影响。金属强度与位错密度之间的关系如图 2-12 所示。如果不含位错，则金属的强度极高，如图 2-12 中理论强度。具体原因见第 4 章中的金属的塑性变形部分。随着位错密度的增加，金属的强度逐步降低，如图 2-12 中晶须强度。当位错密度到达 ρ_m 时，强度最小，相当于退火状态下的晶体强度。而如果在位错密度到达 ρ_m 以后继续增加位错密度，则由于位错之间的相互作用和制约，晶体的强度又升高，如图 2-12 中强化金属的强度。目前基本上采用提高冷塑性变形的变形量或者合金化等方法来强化金属。

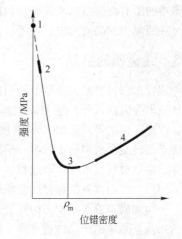

图 2-12　金属强度与位错密度的关系
1—理论强度；2—晶须强度；3—未强化纯金属强度；4—强化后金属强度

2.2.3　面缺陷

晶体的面缺陷包括晶体的外表面（表面或自由界面）和内界面两大类，其中内界面又包括晶界、亚晶界和相界等。

2.2.3.1　晶体表面

晶体表面是指金属与真空或气体、液体等外部介质相接触的界面。处于这种界面上的原子，会同时受到晶体内部的自身原子和外部介质原子或分子的作用力。显然，这两个作用力不会平衡，内部原子对界面原子的作用力显著大于外部原子或分子的作用力。这样，表面原子就会偏离其正常平衡位置，并因而牵连到邻近的几层原子，造成表面层的晶格畸变。

2.2.3.2　晶界

实际应用的金属在结晶过程中，会形成许多位向不同的小晶体（单晶体），它们组合起来便是多晶体。构成多晶体的多个小晶体称为晶粒。晶体结构相同但位向不同的晶粒之间的界面成为晶粒间界，简称晶界，如图 2-13 所示。晶界是晶体中的主要面缺陷。当相邻晶粒的位向差小于 10°时，称为小角度晶界；位向差大于 10°时，称为大角度晶界。晶粒的位向差不同，则其晶界的结构和性质也不同。现已查明，小角度晶界基本上由位错构成，大角度晶界的结构却十分复杂，目前尚不十分清楚，而多晶体金属材料中的晶界大都属于大角度晶界。

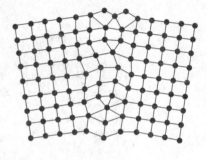

图 2-13　晶界示意图

由于晶界的结构与晶粒内部有所不同，因此晶界具有一系列不同于晶粒内部的特性。首先，由于晶界上的原子偏离了其平衡位置，所以以晶界的能量总是高于晶粒内部。晶界能越高，晶界就越不稳定。因此，晶界总是具有自发运动的趋势，企图使晶界能降低而使晶界处于一种稳定状态。其次，由于晶界能的存在，当金属中存在有能降低界面能的异类原子时，就会向晶界偏聚而产生吸附现象。第三，由于晶界上存在着晶格畸变，因而在室温下对金属材料的塑性变形起着阻碍作用，在宏观上表现为使金属材料具有更高的强度和硬度。显然，晶粒越细小，金属材料的强度和硬度就越高。因此，对于在较低温度下使用的金属材料，一般总是希望得到较细小的晶粒。第四，由于晶界能的存在，使晶界的熔点低于晶粒内部，且易于腐蚀和氧化。晶界上的空位、位错等缺陷较多，因此原子的扩散速度较快，在发生相变时，新相晶核往往首先在晶界形成。

除此之外，在实际金属中还有亚结构和亚晶界，它们的含义是广泛的，分别泛指尺寸比晶粒更小的所有细微组织和这些细微组织的分界面。它们可能在凝固时形成，或在形变时形成，也可在回复再结晶时形成，还可在固态相变时形成。亚晶界属于小角度晶界。

2.3　纯金属的结晶

现代工程材料绝大多数都是由固体组成的。而形成固体工程材料的方法，除了烧结成形、干压成形等方法以外，绝大多数都是必须首先形成液态或者半液态物质，然后经过铸造、挤压、吹塑、切削等成形加工方法才能得到具有一定形状、尺寸和使用性能的工程制品。由液态向固态的转变是材料形成的第一阶段，所以通过研究由液态向固态转变的过程，可以掌握转变规律，指导材料成形的生产过程，并且可以通过分析，掌握工程材料在凝固过程中产生的缺陷及其原因，找出改善工程材料性能的途径和方法。

一切物质从液态到固态的转变过程统称为凝固。如果通过凝固能够形成晶体结构，则可称之为结晶。晶体的结晶过程具有一定的平衡结晶温度，高于这个温度发生熔化，低于这个温度才能产生结晶。而一切非晶体物质则没有这一明显的平衡结晶温度，凝固是在某一温度范围内完成的。对于工程材料中的三大固体材料——金属材料、高分子材料和陶瓷材料而言，纯金属在固态下呈现明显的晶体形态，所以纯金属由液态向固态转变属于典型的结晶过程。

2.3.1 纯金属结晶的宏观现象

2.3.1.1 金属结晶的冷却曲线

实验发现，金属在结晶时，都具有一定的放热现象，这部分随结晶过程放出的热量，称为结晶潜热。在液体冷却过程中，结晶潜热的释放和系统向周围散失热量的相互关系，直接影响系统温度的变化。因此测定金属结晶时温度变化情况，便可以推知金属结晶的实际温度和需要的时间。常用的实验方法称为热分析法，如图 2-14 所示。此法是将欲测定的金属首先放入坩

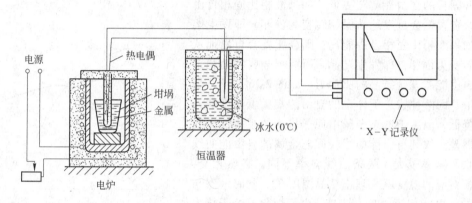

电源　热电偶　坩埚　金属　冰水(0℃)　恒温器　X-Y记录仪　电炉

图 2-14 热分析装置示意图

埚内加热熔化，而后以缓慢的速度进行冷却，每隔一定时间，测定一次温度，并把测得数据绘在"温度-时间"坐标中，即可得到图 2-15 所示的金属结晶冷却曲线。从图中可见，在金属冷却时，随时间的延长，液态金属的温度不断地下降。当冷却到某温度时，液态金属出现等温阶段，即冷却曲线上出现一个"平台"。经过一段时间后，金属温度才开始又随时间延长而下降。很明显，"平台"的出现，是由于金属结晶过程中，结晶潜热的释放补偿了冷却时向外界散失的热量。因此"平台"所对应的温度，即是金属的结晶温度；"平台"延续的时间，即为结晶时需要的时间。冷速越慢，测得的实际结晶温度越接近平衡结晶温度，即理论结晶温度。

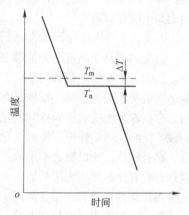

图 2-15 纯金属结晶时冷却
曲线示意图

2.3.1.2 纯金属结晶的过冷现象

由图 2-15 可见，金属在实际的结晶过程中，其结晶温度 T_n 一定低于理论结晶温度 T_m。实际结晶温度低于理论结晶温度的现象，称为金属结晶时的过冷现象。实际结晶温度与理论结晶温度之间的温度差，称为过冷度，用 ΔT 表示，$\Delta T = T_m - T_n$。实际结晶温度越低，过冷度 ΔT 越大。

过冷度 ΔT 的大小，主要取决于金属的本性、纯度和冷却速度的影响。金属不同，过冷度的大小也不同。金属的纯度越高，则过冷度越大。如果金属的种类和纯度都确定，则过冷度主要取决于冷却速度，冷却速度越大，则过冷度越大，即实际结晶温度越低；反之，冷却速度越慢，则过冷度越小，即实际结晶温度越高。

综上所述，过冷是结晶的必要条件，液态金属必须具有一定过冷度才能够开始结晶。但应注意过冷并不是结晶的充分条件，这是因为除了热力学条件之外，还要求具有动力学条件，例

如原子移动和扩散等因素的作用。

2.3.2　金属结晶的条件

2.3.2.1　金属结晶的热力学条件

为什么液态金属在理论结晶温度不能结晶，而必须在一定过冷度条件下才能进行呢？这是由热力学条件决定的。热力学第二定律指出，在等温等压条件下，物质系统总是自发地从自由能较高的状态向自由能较低的状态转变。这就说明，对于结晶过程而言，结晶能否发生，就看液相和固相的自由能哪个更低。如果液相比固相自由能低，金属就会自发地从固相转变为液相，即发生熔化；如果液相比固相自由能高，则金属就会自发地从液相转变为固相，即发生结晶。而液相金属和固相金属的自由能差就是结晶的驱动力。如图 2-16 所示，金属在液、固两种状态下体系的自由能都随着温度的升高而降低，但由于液态金属中原子排列的规律性比固态金属差，故其自由能曲线较固态金属的自由能曲线变化快，斜率较大。两条曲线斜率不同，必然相交，交点所对应的温度就是理论结晶温度 T_0，此时液态与固态的自由能相等，既不结晶，也不熔化，处于热力学平衡状态。如果温度低于 T_0，则液态金属的自由能高于固态，结晶过程可以自动进行；如果温度高于 T_0，则液态金属的自由能低于固态，熔化过程可以自动进

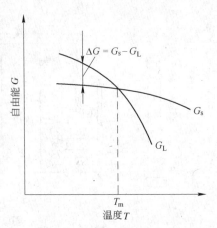

图 2-16　液相和固相自由能
随温度的变化

行。因此，要是结晶过程自动进行，必须将液态金属冷却到 T_0 以下某一温度，使液态金属的自由能高于固态金属。

2.3.2.2　结晶的结构条件

金属的结晶是晶核的形成和长大过程，而晶核的形成过程与液态金属的结构条件密切相关。因此，了解液态金属的结构，对于深入理解结晶时的形核和长大过程十分重要。大量的实验结果表明，液态金属，特别是在熔点附近的液态金属，其结构特征是：在液体中的微小范围内，存在着紧密接触规则排列的原子集团，称为近程有序。但这种原子集团并不是固定不动、一成不变的，而是处于不断的变化之中。由于液态金属原子的热运动很激烈，而且原子间距较大，结合较弱，所以液态金属原子在其平衡位置停留的时间很短，很容易改变自己的位置，这就是近程有序的原子集团只能维持短暂的时间就被破坏而消失的原因。与此同时，在其他地方又会出现新的近程有序原子集团。前一瞬间属于这个近程有序原子集团的原子，下一瞬间可能属于另一个近程有序的原子集团。液态金属的这种近程有序的原子集团就是这样处于瞬间出现，瞬间消失，此起彼伏，变化不定的状态之中，仿佛在液态金属中不断涌现出一些极微小的固态结构一样。这种不断变化着的近程有序原子集团称为结构起伏或相起伏。

在液态金属中，每一瞬间都涌现出大量的尺寸不等的相起伏，在一定温度下，不同尺寸的相起伏出现的概率不同，尺寸大的和尺寸小的相起伏出现的概率都很小，中等尺寸的相起伏出现的概率最大。而只有在过冷液体中出现的尺寸较大的相起伏才有可能成为结晶时的晶核。

2.3.3　纯金属的结晶过程

金属结晶时，首先在液体中出现极微小的晶体，然后以它们为核心向液体中长大。与此同

时在金属液体中还会不断出现极微小的晶体，并不断向液体中长大，直至长大的晶体相遇，所有液体全部消失为止，这时整个结晶过程才告完成。在整个结晶过程中，直接从液体中出现的微小晶体称为晶核。晶体向液体中长大的全过程，称为晶核长大。因此可以认为，金属结晶的全过程，是通过不断形核和晶核长大两个过程来完成的。图 2-17 为金属结晶全过程示意图。

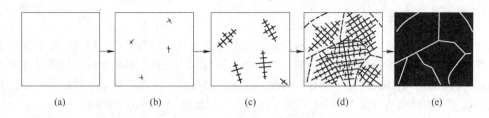

| (a) | (b) | (c) | (d) | (e) |

图 2-17　金属结晶全过程示意图

2.3.3.1　晶核的形成

液体中晶核的形成，一般有两种途径。一种依靠液态金属中存在的类似于固态金属结构的一些原子小集团形成，这种形核方式称为均质形核。经 X 射线和中子衍射证明，在液体从高温冷却到结晶温度的过程中会产生大量的具有近程有序的不稳定的原子集团，这就是均质晶核的来源，称之为"晶胚"。当液体过冷到结晶温度以下时，某些尺寸较大因而比较稳定的晶胚有了进一步生长的条件而形成了晶核。由于是在均匀单一的母相中形成的晶核，所以必须在大的过冷条件下才能发生，过冷度越大，液相形核的概率越大。另一种是依附于液相中未熔固体表面而形成的结晶核心，称为异质形核。异质形核较均质形核更为容易，形核速率更快，它可以在较小的过冷度下发生。

2.3.3.2　晶核的长大

晶核一旦形成，便开始长大，其长大方式对晶体的形状和构造以及晶体的许多特性有很大的影响。由于结晶条件的不同，晶核一般呈现两种长大方式：平面长大方式和树枝状长大方式。平面长大方式在实际金属结晶中极少见到，以下主要讨论树枝状长大方式。

当过冷度较大时，特别是存在杂质时，金属晶体往往以树枝状的形式长大。开始，晶核可长为很小的但形状规则的晶体，然后由于热力学、晶体结构等方面的原因，在晶体继续长大的过程中优先沿一定方向生长出空间骨架形成树干，称为一次晶轴。在一次晶轴增长和变粗的同时，在其侧面生出新的枝芽，枝芽发展成枝干，称为二次晶轴。随着时间的推移，二次晶轴成长的同时又可长出三次晶轴，三次晶轴上再长出四次晶轴……，如此不断成长和分枝下去，直至液体完全消失，结果结晶出一个具有树枝形状的所谓树枝晶。具体过程如图 2-18 所示。

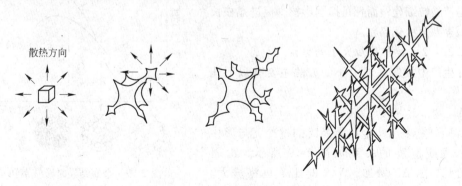

图 2-18　树枝状晶体生长示意图

　　当结晶完成时，每个晶核就长成大小不一、外形不规律的晶体，称为晶粒。一般金属材料都有大量的晶粒组成，称为多晶体金属。若材料只是由一个晶粒组成，则称为单晶体材料。由于单晶体是由一个晶粒组成，晶体中的原子都是按照一个规律和一致位向排列的，所以单晶体具有高的强度和方向性能。

2.3.4　晶粒大小的控制

　　由于在常温下，具有细晶粒组织的金属材料的力学性能（包括强度、硬度、塑性和冲击韧性）都比由粗晶粒组织组成的金属材料优良。所以一般用来制造工程结构件、机械零件和工具的金属材料，都希望晶粒越细小越好。为此，控制结晶过程，进而控制结晶后晶粒大小，是研究结晶规律应用的重要方面。表 2-1 列出了晶粒大小对纯铁力学性能的影响。

表 2-1　晶粒大小对纯铁力学性能的影响

晶粒平均直径 d/mm	抗拉强度 σ_b/MPa	屈服强度 σ_s/MPa	伸长率 δ/%
9.7	165	40	28.8
7.0	180	38	30.6
2.5	211	44	39.5
0.20	263	57	48.8
0.16	264	65	50.7
0.10	278	116	50.0

2.3.4.1　影响晶粒大小的因素

　　对于多晶体金属，其内部晶粒的大小，取决于结晶时液体中产生的晶核总数以及晶核长大速度。同体积金属内产生晶核总数越多，生长的速度越慢，晶粒也就越细，反之亦然。衡量晶核形成和晶核长大的指标为形核率与长大线速度。形核率（N）是指单位时间内，在单位体积的液体中晶核生成的数目；长大线速度（G）是指在单位时间内晶核生长的线长度。结晶的晶粒大小，是用单位体积内的晶粒数（Z）的多少表示。Z 越多，材料内的晶粒越细小。上述三种指标存在以下关系式：

$$Z = 0.9(N/G)^{3/4}$$

　　从上式可看出，晶粒粗细，主要取决于形核率（N）与长大线速度（G）的比值。凡能使 N/G 比值提高的都能细化晶粒。凡能够促进形核，即增加 N，抑制长大，即减小 G，都能够提高 Z，也就是使晶粒细化；而凡是抑制形核，促进晶核长大的因素都会粗化晶粒。

2.3.4.2　控制晶粒大小的方法

　　在生产中控制晶粒大小的方法主要有以下几种：

　　A　增加过冷度

　　实验研究表明，金属结晶时的过冷度与形核率、长大线速度的关系如图 2-19 所示。由图 2-19可见，随 ΔT 增加，N/G 的比值也将增大。所以，增加过冷度能细化铸件（锭）的晶粒。在

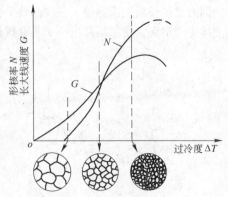

图 2-19　金属结晶时形核率和
长大线速度与过冷度的关系

连续冷却条件下，冷却速度越大，过冷度越大，晶粒越细小。增大冷却速度可以通过降低液体的浇注温度，选用吸热能力强和导热能力强的铸型材料等措施来实现。但在生产实际中，由于铸件（锭）的体积往往很大，难以用快速冷却的方法提高金属液体的过冷度来达到细化晶粒的目的。因此提高过冷度从理论上讲能够细化晶粒，但在实际生产中应用较少。

B 变质处理

在实际生产中，最常用的细化晶粒的方法是变质处理。利用变质剂来细化铸态金属晶粒方法称为变质处理。它的原理是在金属液体中加入变质剂，利用外来质点来促进、提高结晶过程中的形核率，或者是让变质剂吸附在已形成的晶核上，降低晶核的长大线速度，从而来细化晶粒。所以变质剂大致分为两大类，一类是促进形核的，另一类是抑制晶核长大的。

C 振动或搅拌浇注等

在浇注时，对金属液体加以机械振动，超声波处理或者利用电磁搅动等方法，使铸型中液体金属运动，造成枝晶破碎。碎晶块可以起到晶核的作用，同样能细化铸态金属的晶粒。

2.4 金属铸锭结构和缺陷

工业上使用的各种金属材料，大多数要由铸锭经压力加工而制成。铸锭组织的好坏会直接影响它的压力加工性能，并会影响加工后成品的组织和性能。

2.4.1 金属铸锭结构和形成

金属铸锭的组织一般是由三个晶区组成，如图2-20所示，主要包括表面细等轴晶区、柱状晶区、中心粗大等轴晶区。

最表层为细等轴晶区，其特点是晶粒细小、成分均匀、厚度很小。形成原因为当液体金属刚注入锭模时，由于锭模壁温度很低、液体受到激冷，使其获得大过冷度，于是形成了细小晶粒层组织。所以这一层也称为激冷层。但不可忽视的是，在这个过程中模壁上的耐火材料或者未熔质点也发挥着变质剂的作用。当细晶粒层形成后，液体金属与锭模相互隔开，同时模壁温度升高，液体金属散热减慢，结晶前沿的液体中过冷区窄小，形核困难，结晶就只能依靠原有晶核（粒）长大完成。但因为此时散热条件已改变，液体的冷却主要向垂直于模壁方向散热。于是晶体只能向散热最快的反方向长大，而另外一些倾斜于模壁的晶粒的生长受到阻碍，不能继续生长，所以形成了垂直于模壁的粗大而致密的柱状晶区。当柱状晶区发展到一定厚度时，剩余液体要继续通过柱状晶区和模壁向外

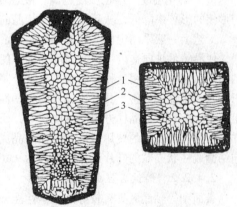

图2-20 铸锭结构示意图
1—表面细等轴晶区；2—柱状晶区；
3—中心粗大等轴晶区

作定向散热会越来越困难。这时，中心区的剩余液体会随温度降低而同时进入过冷状态，但由于散热困难，冷却速度小，因此液体中过冷度较小，于是就形成了粗大的等轴晶区。

2.4.2 金属铸锭结构的控制

2.4.2.1 金属铸锭结构的控制

一般情况下，金属铸锭的宏观组织有三个晶区，当然这并不是说，所有铸锭的宏观组织都

由三个晶区所组成。由于凝固条件的复杂性，在某些情况下有的铸锭可能只有一个或两个晶区所组成。即使是具有三个晶区的宏观组织，其三个晶区的相对厚度也往往不相同。由于不同晶区具有不同的性能，因此必须设法控制结晶条件，使性能好的晶区占有尽可能大的厚度，而使性能差的晶区厚度尽可能小甚至完全消失。例如柱状晶的特点是组织致密，性能具有方向性，缺点是存在弱面，但是这些缺点可以通过改变铸型结构来解决，比如将断面的直角连接改为圆弧连接，因此塑性好的金属都希望得到尽可能多的致密的柱状晶。而对于塑性差的金属，一般都希望得到尽可能多的等轴晶，再通过细化晶粒来提高材料的力学性能。

控制柱状晶区和等轴晶区的相对厚度，主要是控制柱状晶的生长条件。凡是有利于柱状晶生长的结晶条件，都可使铸锭得到较大的柱状晶区，而不利于柱状晶生长的结晶条件，可使铸锭得到较大的等轴晶区。影响柱状晶区生长的主要因素有：

（1）铸锭模的冷却能力。铸锭模及刚结晶的固体的导热能力越大，越有利于柱状晶的生长。生产上经常采用导热性好与热容量大的铸锭模材料，增大铸锭模的厚度及降低铸锭模温度等，以增大柱状晶区。但是对于尺寸较小的铸锭，如果铸锭模的冷却能力很大，以致使整个铸锭都在很大的过冷度下结晶，此时由于形核率很高，不但不能得到较大的柱状晶区，反而促进等轴晶区的发展。如采用水冷结晶器进行连续铸造时，就可以使铸锭全部获得细小的等轴晶粒。

（2）浇注温度与浇注速度。浇注温度越高，浇注速度越快，越有利于柱状晶的生长，可使铸锭得到较大的柱状晶区。这是因为浇注温度或浇注速度的提高，都可使温度梯度增大，因而有利于柱状晶的生长。

（3）熔化温度。熔化温度越高，液态金属的过热度越大，非金属夹杂物溶解得越多，非均匀形核的形核率降低，从而减少了柱状晶前沿液体中形核的可能性，有利于柱状晶的发展。

工艺上一般采用定向结晶的方法制备沿同一方向柱状晶区。其基本原理是通过控制冷却方式，使沿铸件轴向造成一定的温度梯度，使铸件从一端开始凝固，并按一定方向逐步向另一端的结晶。目前，已用这种方法生产出整个制件都是由同一方向的柱状晶所构成的涡轮叶片。由于柱状晶区比较致密，具有比较好的力学性能，并且沿晶柱的方向和垂直于晶柱的方向在性能上有很大差别，沿晶柱方向的性能较好，而叶片工作时恰是沿这个方向承受较大载荷，因此这样的叶片具有良好的使用性能。例如结晶成等轴晶粒的叶片，工作温度最高可达880℃，而定向结晶成柱状晶粒的叶片工作温度可达930℃。

2.4.2.2　铸锭各区的性能

表面细等轴晶区具有较好的力学性能，但厚度薄，故对整个铸锭的性能影响不大。

柱状晶区往往在柱状晶相遇的交界区上存在着脆弱面，在这脆弱面上常有低熔点杂质以及非金属夹杂物存在，在压力加工时容易沿该接合面开裂。但对一些塑性好，杂质少的有色金属（如铜、铝等），柱状晶区有利于提高铸锭的致密度，所以希望柱状晶发达，直至得到"穿晶"组织。

中心等轴区组织疏松，杂质较多，会降低铸件的力学性能。但对铸锭的影响不太大，因为一般情况下，铸锭经过锻压轧制后，疏松等缺陷会得到较大改善。

2.4.3　铸锭的缺陷

铸锭中常见的缺陷有缩孔、疏松、气泡及偏析等。

2.4.3.1　缩孔和疏松

大多数金属和合金，在从高温冷却到室温以及由液态结晶成固态时，都会发生体积收缩。

在铸锭结晶过程中，先结晶部分的体积收缩，可由未结晶的液体补充，但最后结晶部分的体积收缩则得不到补充，于是整个铸锭结晶过程中的体积收缩都集中到最终结晶部分。在不同的结晶条件下，可能形成集中缩孔（包括缩管、缩穴等），也可能在铸锭中形成许多微小而分散的显微缩孔，称为疏松。

2.4.3.2 气泡

在液态金属结晶时，由于溶解度变化以及一些化学反应，会析出气泡并逸出。若气泡在结晶过程中来不及上浮或者铸锭表面已凝固，则气体就将保留在铸锭内部而形成气泡。一般情况下，铸锭内部的气泡，在压力加工时能焊合。但靠近铸锭表面的气泡，若因表面破裂而氧化，则在随后进行压力加工时，就会在表面形成裂纹。

2.4.3.3 偏析

偏析主要是指在合金铸锭中的化学成分不均匀现象。偏析的存在会影响铸锭的工艺性能和力学性能，特别会降低塑性和冲击韧性。

练习题与思考题

2-1 解释下列名词：

晶体、晶格、晶胞、晶格常数、配位数、致密度、原子直径、空位、间隙原子、位错、单晶体、多晶体、晶界、过冷、过冷度、变质处理

2-2 说明金属原子结构特点和结合方式。

2-3 说明金属导电性、导热性以及延展性的形成原因？

2-4 为什么固态金属呈现晶体特性？

2-5 绘图说明体心立方、面心立方、密排六方晶体结构的不同。

2-6 实际晶体中晶体缺陷有哪几种，对晶体性能的影响如何？

2-7 为什么金属结晶存在过冷现象，过冷度与冷却速度的关系如何？

2-8 说明纯金属的结晶过程。

2-9 试比较均质形核和异质形核的不同。

2-10 说明枝晶状生长的具体过程。

2-11 影响晶粒大小的因素有哪些？

2-12 说明生产中控制晶粒大小的方法。

2-13 绘图说明金属铸锭的组织结构，并说明各晶区的形成原因。

2-14 说明铸锭各晶区的性能及对铸锭性能的影响。

2-15 说明缩孔和疏松的形成原因。

3 铁碳合金相图

一般来说，纯金属大多具有优良的塑性、韧性以及导电、导热性能，但它们的制备比较困难，成本较高、种类有限，并且综合力学性能较低，难以满足工程上对材料的要求。因此工程上大量使用的都是根据性能要求而配制的各种不同成分的合金。

本章通过对二元合金相图，特别是铁碳合金相图的讨论，重点在于进一步认识金属材料的内部组织、成分、温度之间的相互关系以及对材料性能所产生的影响。

3.1 合金相结构

3.1.1 基本概念

3.1.1.1 合金

所谓合金，是指由一种金属元素与一种或几种其他元素结合而形成的具有金属特性的新物质。绝大多数的合金都是通过熔化、精炼、浇注制成的，只有少数合金是在固态下通过制粉、混合、压制、烧结等工艺制成的。不同成分的合金可以显著地改变金属材料的结构、组织和性能，在强度、硬度、耐磨性等力学性能方面远远高于纯金属，并且在电、磁以及化学稳定性等方面也不逊于纯金属。所以工程上金属材料的应用大多以合金为主。特别是钢和铸铁这两种现代工业中最重要的金属材料就是由铁和碳为基本组元组成的铁碳合金。

3.1.1.2 组元

组成合金所必需的并能独立存在的物质称为组元。例如普通黄铜是铜元素和锌元素为主的合金，组元就由铜元素与锌元素两种组成。锰钢是在以铁和碳两种元素为主的合金的基础上加入锰元素，所以由铁、碳、锰三种组元组成。另外合金中稳定化合物也可以作为组元，例如铁碳合金中的 Fe_3C 就是以铁碳合金中一个组元形式出现的。

3.1.1.3 合金系

由给定的组元配制的一系列的不同成分量的同类合金，组成了一个系统，称为合金系。由两种组元组成的合金就称为二元合金系。例如上述的黄铜。由三种组元组成的合金就称为三元合金系。如上述的锰钢。而只有一种组元组成的系统，在不同的温度下也会具有不同的形式，例如同一种金属具有不同的同素异构形态，这也组成了一个系统，称为单元系。

3.1.1.4 相

在合金系统中，某一晶体结构相同、化学成分均匀，并有明显界面与其他部分区分开来的部分称为相。例如，在从成分均匀的液体合金中结晶出某种晶体的过程中，合金系统是由两相，即液相和固相组成；当全部凝固成一种晶体后，合金就由单一结构的晶体相组成。又如液体合金在结晶出两种结构各异的晶体过程中，合金是由三相，即液相和两种固体相组成；当全部凝固成上述两种晶体后，合金就由两种固体相组成。由一种固相组成的合金称为单相合金，由几种不同固相组成的合金称为多相合金。

3.1.1.5 组织

组织是指用肉眼或借助于显微镜能够观察到的合金的相组成，包括相的数量、形态、大小、分布及各相之间的结合状态特征。相是组成组织的基本组成部分。但是同样的相可以形成不同的组织。组织是决定材料性能的一个重要因素，在相同条件下，不同的组织使材料表现出不同的性能。如何控制和改变组织对金属材料的生产具有重要意义。

3.1.2　合金相的基本结构

合金相结构是指合金组织中相的晶体结构。根据各组元之间的物理化学性质不同和相互作用关系，固态合金主要有两大类晶体相：固溶体和金属化合物。

3.1.2.1　固溶体

一种组元均匀地溶解在另一组元中而形成的晶体相，称为固溶体。固溶体形成后，它的晶体结构就是在一种组元的晶格上分布着两种组元的原子。组成固溶体的组元也与溶液一样，有溶质和溶剂之分。其中晶格保持不变的组元称为溶剂；晶格消失的组元称为溶质。根据溶质原子在溶剂晶格的分布状态，固溶体可以分为置换固溶体与间隙固溶体，如图 3-1 所示。

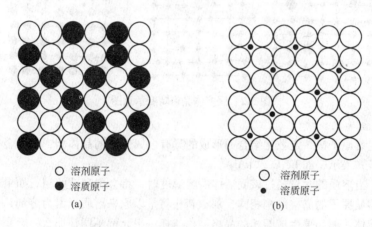

○　溶剂原子
●　溶质原子
(a)

○　溶剂原子
·　溶质原子
(b)

图 3-1　置换固溶体与间隙固溶体示意图
（a）置换固溶体；（b）间隙固溶体

A　置换固溶体

置换固溶体是指溶质原子分布于溶剂晶格的结点上而形成的晶体相。在置换固溶体中，溶质在溶剂中的溶解度主要取决于两者原子直径之差、晶格类型、在元素周期表中的相互位置等因素。一般说来，溶质原子和溶剂原子在元素周期表中的位置越接近，原子直径相差越小，那么这种固溶体的溶解度越大。如果上述条件都能够很好的满足，并且二者的晶格类型也相同，那么就有可能形成无限互溶的固溶体，也就是两种组元可以互为溶质、互为溶剂，可以以任何比例形成置换固溶体。例如铜与镍、铁与铬就可以形成无限固溶体。否则就会形成有限固溶体，即溶质在溶剂中有一定的限度，当超过该溶质的溶解度时，溶质就会以其他方式析出。例如铜与锌、铜与锡都会形成有限固溶体。

在置换固溶体中，溶质原子的分布大多处于无序状态。这种固溶体称为无序固溶体。而在一定条件下，溶质原子和溶剂原子也可以按一定方式作规则的排列，形成有序固溶体。原子排列的无序状态可以在一定温度下向有序状态进行转变。这种转变称为固溶体的有序化。当转变发生时，固溶体的某些物理性能和力学性能会发生变化，主要表现在硬度和脆性上升而塑性和电阻率降低。

B　间隙固溶体

间隙固溶体是指溶质原子不占据晶格的节点，而分布于溶剂晶格的空隙处而形成的晶体相。一般当溶质原子的原子直径与溶剂原子直径之比小于 0.59 时，易于形成间隙固溶体。间隙固溶体都是无序固溶体，并且只能形成有限固溶体。其中最典型的例子就是碳溶于 α 铁中所形成的固溶体（铁素体）和碳溶于 γ 铁中所形成的固溶体（奥氏体）。

由于溶质原子和溶剂原子总存在着大小和电性上的差别，所以不论形成置换固溶体和间隙固溶体，其晶格常数必然会有胀缩的变化，从而导致晶格畸变，如图 3-2 所示。这种晶格畸变使合金的塑性变形抗力提高。因形成固溶体而引起合金强度、硬度升高的现象，称为固溶强化。这是提高金属材料强度的重要途径之一。但单纯的固溶强化对材料强度的提高毕竟是有限的，所以必须在固溶强化的基础上再补充其他的强化方法才能够满足人们对结构材料力学性能日益增长的需要。

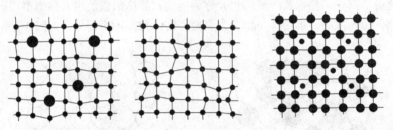

图 3-2　固溶体晶格畸变示意图

3.1.2.2　金属化合物

合金中各组元原子按一定数比结合而形成的具有金属性质的晶体相，称为金属化合物。金属化合物用分子式表示，如 Fe_3C、$CuAl_2$ 等。

在合金中，当溶质的含量超过该固溶体的溶解度时，将会出现新的相。如果新相的晶格结构与合金中的溶质原子的晶格结构相同，那么新相将是以原来溶质元素为溶剂，以原来溶剂元素为溶质的固溶体。而如果生成新相的晶格结构与任一组元都不同，那么将会是由组成元素相互作用而形成的化合物。其中主要是金属化合物。

金属化合物中各种原子的结合方式，有金属键，也有金属键与离子键或金属键与共价键结合形成的混合型。一般都具有比较复杂的晶体结构。在力学性能上金属化合物一般都有比较高的硬度，例如的 α-Fe 布氏硬度为 HBS80，石墨为 HBS3，而 Fe_3C 的硬度可达 HV800 以上，但由于同时也表现出了比较大的脆性，所以一般不能单独使用，而是作为提高纯金属或合金强度、硬度以及耐磨性的强化相。所以金属化合物是各类合金钢、硬质合金和许多有色金属的重要组成相。

3.2　二元合金相图

二元合金相图是研究二元合金结晶过程的简明示意图，它反映不同成分的合金在不同温度下的组成相及相平衡关系，是研究合金相变过程、确定合金组织、判断合金性能的基础。由于二元合金相图能够表明合金系中不同成分的合金在不同温度（或压力）下相的组成以及相之间的平衡关系，所以相图也称为平衡图或状态图。以下介绍相图的基本组成和建立过程。

3.2.1　二元合金相图的构成与建立

3.2.1.1　二元相图的坐标

由于相图是表明合金的成分、温度和相之间的关系，所以这种图形必须采用如图 3-3 所示的坐标：纵坐标表示温度，横坐标表示成分。合金的成分用质量分数或摩尔分数来表示。两端各表示纯组元 A 和 B 的成分（100%），从 A 端到 B 端表示合金成分含 B 的质量分数或摩尔分数由 0 增加到 100%，含 A 的质量分数从 100% 下降到 0。成分轴上任一点表示合金的一种成分，如 E 点成分表示含有 60%A 和 40%B。

3.2.1.2　二元合金相图的建立

合金相图大多是通过实验方法测定的，常用的方法包括热分析法、磁性分析、膨胀分析、显微分析和 X 射线晶体结构分析法等，其中最常用的是热分析法。

如图 3-4 所示，以铜镍合金为例说明用热分析法建立相图的基本步骤：

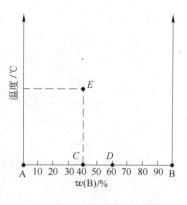

图 3-3　二元相图表示方法

（1）配置一系列不同成分的铜镍合金；

（2）测定各成分合金的冷却曲线，并找到冷却曲线上的临界点（指转折点或平台）温度；

（3）在二元合金相图坐标中标出各临界点（成分与温度）；

（4）将坐标系中具有相同意义的点以光滑曲线连接，即得到铜镍合金相图。相图中每一个点、线都具有一定的物理意义，这些点、线称为特性点和特性线。

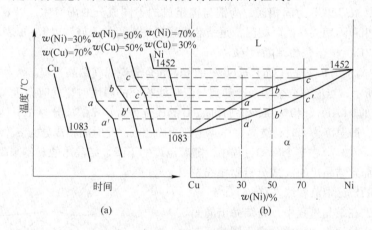

图 3-4　用热分析法建立 Cu-Ni 相图

（a）冷却曲线；（b）相图

不同的特性线把相图分为若干区域，每一个区域表示一个相区，由单相或多相构成。二元合金相图主要包括匀晶相图、共晶相图、包晶相图以及具有固态转变的相图几种。以下以匀晶相图、共晶相图和共析相图为例说明相图的具体构成和不同成分合金的结晶过程。

3.2.2　匀晶相图

匀晶相图是指在液态和固态下均能无限互溶时所构成的合金组成的相图。铁镍相图和铜镍相图都属于此类相图。

3.2.2.1　相图分析

如图 3-5 所示，在铜镍相图中，A 点温度（1083℃）为纯铜的熔点，B 点温度（1455℃）为纯镍的熔点。ALB 为液相线，代表各种成分的铜镍合金在冷却时开始结晶的温度，或在加热

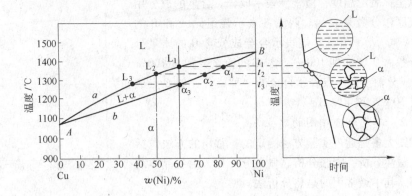

图 3-5　Cu-Ni 合金相图及典型合金平衡结晶过程

过程中熔化终了的温度；$A\alpha B$ 为固相线，代表各种成分的铜镍合金在冷却时结晶终了温度，或在加热时开始熔化的温度。A、B 点就是铜镍相图的特性点，ALB 与 $A\alpha B$ 就是铜镍相图的特性线。需要说明的是，由于相图是代表各相之间平衡关系的图形，所以这里所说的加热与冷却过程是极其缓慢的，以达到平衡状态所需要的时间。

液相线和固相线把相图分为了三个不同的相区，ALB 以上为液相区，其合金处于液相状态，以 L 表示；$A\alpha B$ 以下为固相区，为铜与镍组成的不同成分的固溶体，以 α 表示；ALB 与 $A\alpha B$ 之间是液相和固相共存的两相区，是结晶过程正在进行的区域，以 L + α 表示。

3.2.2.2　Cu-Ni 合金的结晶过程

以下以 $w(\text{Ni}) = 40\%$、$w(\text{Cu}) = 60\%$ 的 Cu-Ni 合金说明其结晶过程。

如图 3-5 所示，当液态合金缓慢冷却到与液相线相交的温度时，此时温度为 t_1，结晶出的固相为 α_1，α_1 的 $w(\text{Ni}) > 40\%$；冷却到 t_2 时，L 的成分为 L_2，α 的成分为 α_2；当合金冷却到与固相线相交时，即温度为 t_3 时，结晶完毕，全部为固相 α，此时固相成分为 α_3，即合金自身的成分（$w(\text{Ni}) = 40\%$）。在整个冷却过程中，随着温度的下降，结晶出的 α 越来越多，剩余的液相越来越少。而且结晶出的 α 成分沿固相线左移，剩余液相的成分沿液相线左移。

如上所述，在结晶过程中，先结晶出的固溶体和后结晶出的固溶体的成分是不同的。在极缓慢冷却的条件下，可通过原子扩散使成分均匀化，固相成分才会沿着固相线均匀变化，最终获得与原合金成分相同的均匀 α 固溶体。若冷却速度较快，固态原子不能得到充分扩散，则成分不均匀的现象将会保留下来，每个晶粒内先结晶部分含高熔点的组元多，后结晶部分含低熔点的组元多，这种在一定范围内成分不均匀的现象称为偏析。由于固溶体结晶一般以树枝状生长为主，这种偏析也在晶粒内部产生的呈现树枝状分布，所以也称为"枝晶偏析"或"晶内偏析"，如图 3-6 所示。

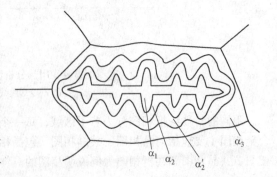

图 3-6　枝晶偏析形成过程示意图

3.2.3　共晶相图

两组元素在液态完全互溶，在固态下有限溶解或不相溶解但有共晶反应发生的合金相图为共晶相图。图 3-7 为固态下两组元有限溶解的 Pb-Sn 合金共晶相图。在铅锡合金中，铅中溶入锡原子可形成有限固溶体 α；锡中溶入铅原子可形成有限固溶体 β。α、β 的溶解度均随温度的降低而减少。

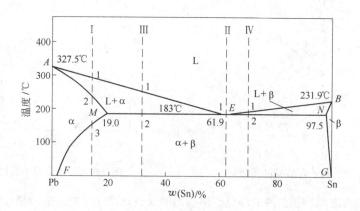

图 3-7　Pb-Sn 合金相图

3.2.3.1　相图分析

相图中 A、B 两点分别为纯铅和纯锡的熔点；AEB 为液相线，由 AE 和 BE 构成；AMENB 为固相线，由 AM、BN 和 MN 构成；MF 表示 α 固溶体的溶解度随温度的变化，称为溶解度曲线（或固溶线）；NG 则为固溶体 β 的溶解度曲线（或固溶线）。上述各特性线把相图分为六个区域，其中 AEB 以上为液相区 L，AMF 左边为固溶体 α 相区，BNG 右边为 β 固体相区，AEM 包围的区域为 L + α 两相区，BEN 所包围的区域为 L + β 两相区，EMFGN 包围的区域为 α + β 两相区。

E 点成分的液态合金冷却到 E 点温度时将同时结晶出 α 和 β 两种固溶体，这种由液态合金同时结晶出两种固相的混合物的过程称为共晶转变。共晶转变是在恒温下进行的，这个温度称为共晶温度。共晶转变时金属液体的成分称为共晶成分。共晶转变的产物称为共晶体。相图中的 E 点称为共晶点。共晶转变可以表示为：

$$L_E \longrightarrow (\alpha_M + \beta_N)$$

M 点和 N 点在相图中也有特殊意义。M 点对应的成分为锡在 α 固溶体中的最大溶解度，N 点对应的成分为铅在 β 固溶体中的最大溶解度。F 和 G 点分别表示 α 和 β 在室温下的溶解度。

3.2.3.2　典型合金的结晶过程

A　合金 I 的结晶过程

成分在 M 点以左的合金即图 3-7 中所示的合金 I。自液态缓慢冷却到 1 点温度开始结晶，到 2 点结晶完毕，得到单一的 α 固溶体。冷却到 3 点以下时由于 α 固溶体过饱和而以固溶体 β 的形式析出多余的溶质。这时析出的 β 固溶体以 β_{II}（二次 β 相）表示，到室温时合金的组织为 $\alpha + \beta_{II}$，具体过程如图 3-8 所示。

B　合金 II 的结晶过程

图 3-7 所示的合金 II 为共晶成分的合金，其结晶过程在共晶转变时已介绍，具体过程如图 3-9 所示。

C　合金 III 的结晶过程

成分在 ME 之间的合金即如图 3-7 所示的合金 III。液态合金冷却到 1 点温度开始结晶出 α，

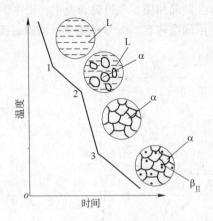

图 3-8 合金 I 的平衡结晶过程图

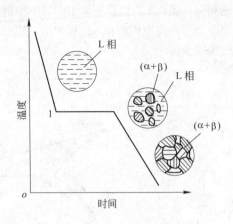

图 3-9 合金 II 的平衡结晶过程

在 1 点至 2 点温度之间，随温度的降低，结晶出的 α 逐渐增多，剩余的液相逐渐减少，同时已结晶出的 α 相的成分沿 AM 线变化，剩余液相的成分沿 AE 线变化。冷却到 2 点温度时，剩余液相成分达到 E 点（即共晶成分）并发生共晶转变，得到共晶体（α + β）；先结晶出的 α 相达到 M 点成分。随着温度的继续降低，先结晶出的 α 相及共晶体（α + β）中的 α 相和 β 相都会因溶解度的降低而以 $β_{II}$ 和 $α_{II}$ 的形式析出多余的溶质。由于共晶体中的析出相与共晶体混合体在一起，难以区分，故常忽略。合金冷却到室温的组织为 α + $β_{II}$ +（α + β），具体过程如图 3-10 所示。

　　D　合金 IV 的结晶过程

　　合金 IV（即成分在 EN 之间的合金）可参照合金 III 的结晶过程进行分析，其室温组织为 β + $α_{II}$ +（α + β），具体过程如图 3-11 所示。

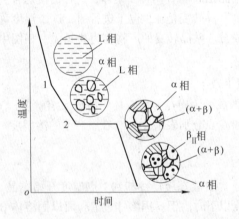

图 3-10 合金 III 的平衡结晶过程

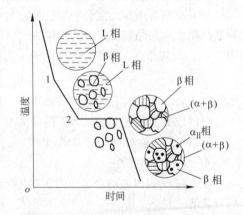

图 3-11 合金 IV 的平衡结晶过程

　　成分在 N 点以右的合金可参照合金 I 的结晶过程进行分析，其室温组织为 β + $α_{II}$。

　　属于这一相图的合金，一般以共晶点 E 为准分为三类：E 点成分的合金为共晶合金；成分位于 E 点左边的合金为亚共晶合金；成分位于 E 点右边的合金为过共晶合金。MEN 线为共晶线。

　　在具有亚共晶或过共晶转变的合金结晶过程中，如果先结晶的晶体密度与其余的液体密度相差较大，则这些先结晶出来的晶体就会产生上浮或下沉，使最后凝固的合金上、下的成分出现不同，这种现象称为比重偏析。

　　比重偏析与合金组元的密度差、相图的结晶成分间隔及温度间隔等因素有关。合金组元间的密度越大，相图的结晶成分间隔越大，则初晶与剩余液相的密度差也越大；相图的结晶的温度间隔越大，冷却速度越小，则初晶在液体中有更多的时间上浮或下沉，合金的比重偏析也越严重。

　　比重偏析不能用热处理的方式进行消除或减轻，只能通过控制结晶成分或在凝固时采用加大冷却速度或进行搅拌的方法进行控制。

　　与共晶反应类似的是包晶反应。包晶反应是首先从液相中形成一种固相，然后这种固相与包围它的液相作用，形成一种新的固相的反应。例如铜锡合金、铜锌合金等合金系在结晶时都会发生包晶反应。但由于在铁碳合金相图中体现较少，在这里不做具体介绍。

3.2.4　共析相图

　　共析转变是指在较高温度下，经过液相结晶得到的单相固溶体在冷却到一定温度时，又发生析出两个成分、结构与母相完全不同的新的固相的过程。与共晶转变类似，共析反应也是一个恒温转变过程，也具有与共晶点和共晶线相似的共析点和共析线。而与共晶转变相比，由于共析转变的母相是固相而不是液相，所以原子的扩散比共晶转变中更加困难，因此共析转变需要更大的过冷度，这样所形成的共析体比共晶体更为细密，弥散程度也更高。共析相图是表示共析转变的相图。如图 3-12 所示。

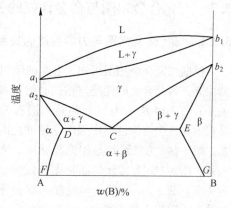

图 3-12　共析转变相图

　　图中 C 点成分的合金自液态冷却，并通过匀晶结晶过程得到单一的固溶体 γ 相，继续冷却到 C 点温度又发生了共析转变，即由 γ 相中同时析出两个成分与结构均与原固相不同的新相 α 和 β 的混合物，这种混合物称为共析体，可表示为（$\alpha + \beta$），共析转变可以表示为

$$\gamma_C \longrightarrow (\alpha_D + \beta_E)$$

　　与共晶相图类似，C 点成分为共析成分；DC 之间的成分为亚共析成分；CE 点之间的成分为过共析成分。发生共析转变的温度为共析温度，C 点为共析点。DCE 线称为共析线。

3.2.5　具有稳定化合物的相图

　　在有些二元合金系中，组元间可能形成稳定化合物。所谓稳定化合物是指具有一定熔点，在熔点以下既不发生分解，也不发生任何化学反应的化合物。这类合金的相图中一般有一条代表稳定化合物的垂直线，表示化合物的单相区。例如，在 Mg-Si 二元合金系中，当 Si 的含量达到 36.6% 时，Mg 与 Si 形成稳定的化合物 Mg_2Si，它具有一定的熔点，在熔点以下能保持其固有的结构。在相图中，垂直线就表示 Mg_2Si 的单相区。在分析这类相图时，可以把 Mg_2Si 看作一个独立组元，从而把相图分成两个独立的部分，即 Mg-Mg_2Si 相图和 Mg_2Si-Si 相图。这样，Mg-Si 合金相图（图 3-13）就分成了两个简单的共晶相图，可以分别对它们进行分析，使问题

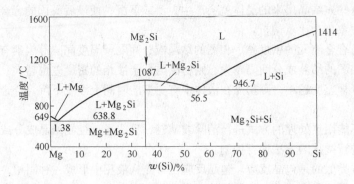

图 3-13　Mg-Si 合金相图

大大简化。有时两个组元可以形成多个稳定化合物，在分析时就可以将相图分成多个简单相图来进行。例如下面重点讨论的铁碳合金相图实际上就是铁与铁和碳形成的稳定化合物渗碳体（Fe_3C）之间的相图。

3.3　二元合金相图与合金性能的关系

3.3.1　二元合金相图与力学性能的关系

根据二元合金相图可知，合金的组织是由合金的成分决定的，而合金的组织又决定了合金的性能，因此合金的性能与相图必然具有一定关系。图 3-14 所示为二元共晶相图和二元匀晶相图与合金力学性能中强度、硬度之间的关系。图 3-14a 为二元共晶相图与强度、硬度的关系；图 3-14b 为二元匀晶相图与强度、硬度的关系；图 3-14c 所示力学性能与状态图之间的关系，实际上是上述两种情况的综合。

3.3.1.1　二元共晶或共析相图与力学性能的关系

如图 3-14a 所示，当合金形成为共晶组织或者共析组织这样的两相机械混合物时，合金的强度和硬度大约是两种组织性能的平均值，即性能与成分呈直线关系。但合金的性能并不仅取决于合金的成分，也取决于合金组成相的形状和组织的细密程度。例如铁碳合金中的共

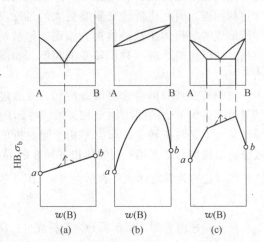

图 3-14　二元共晶相图和二元匀晶相图与强度、硬度的关系

析体（珠光体），它是一种固溶体（铁素体）与一种具有复杂晶格结构的金属化合物（渗碳体）所组成的机械混合物。当作为强化相的渗碳体呈粒状分布时比呈片层状分布具有更高的韧性和综合力学性能。而组织如果越细密，合金的强度、硬度以及电阻率等性能的提高越大。

这里必须指出，当合金为晶粒较粗且均匀分布的两相时，性能才符合直线关系；如果形成细小的共晶组织，片间距离越小或层片越细，合金的强度、硬度就越高，如图 3-14a 中虚线所示。

此外，一相在另一相基体上的分布状况，也显著影响机械混合物的强度和塑性。例如，硬而脆的第二相若在第一相的晶界呈网状分布时，合金脆性较大，强度显著下降；当硬而脆的第二相以颗粒状均匀地分散在基体金属上时，则其塑性较前者大为增加，强度也明显上升；当硬而脆的第二相以针状或片层状分布在基体上时，强度、塑性和韧性介于上述两者之间。

3.3.1.2 二元匀晶相图与力学性能的关系

如图 3-14b 所示，当合金形成单相固溶体的匀晶相图时，由于溶质原子促使溶剂基体晶格产生畸变，提高了合金的强度和硬度。对于一定的溶质和溶剂而言，溶质的溶入量越多，合金的强度、硬度提高的幅度越大。显然通过选择适当的合金组成元素和组成关系，可以获得比纯金属高得多的强度和硬度，并保持较高的塑性和韧性，也就是较好的综合力学性能。

3.3.2 二元合金相图与工艺性能的关系

3.3.2.1 二元合金相图与铸造性能的关系

合金的铸造性能主要表现在流动性、偏析、缩孔等方面，这主要取决于液相线与固相线之间的温度间隔。固溶体合金的成分与流动性的关系如图 3-15 所示。

固相线与液相线的距离越大，在结晶过程中树枝状晶体越发达，越能阻碍液体流动，因此流动性越低。此外，结晶范围大的固溶体合金，由于结晶时析出的固相与液相的浓度差阻碍液体流动，因此流动性越低。此外，结晶范围大的固溶体合金，结晶时析出的固相与液相的浓度差也大，在快冷时，由于不能进行充分扩散，因此，偏析也严重些。

固溶体合金的成分与缩孔、体积收缩的关系如图 3-16 所示。结晶温度范围大时，树枝状晶体发达，各枝晶所包围的空间较多，所以容易形成较多的分散缩孔；结晶范围小时，枝晶不发达，金属液易补充收缩而使缩孔集中，容易形成集中缩孔。

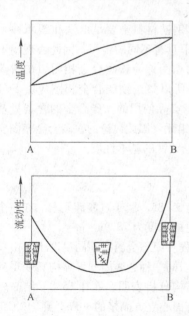
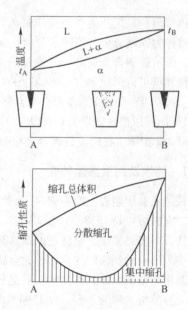

图 3-15　固溶体合金的成分与流动性的关系　　图 3-16　固溶体合金的成分与缩孔的关系

共晶合金相图与铸造性能的关系，如图 3-17 所示。这种合金的铸造性能也决定于固、液相之间的距离，即结晶温度间隔。在恒温下结晶的合金，具有最好的流动性，分散缩孔越少，越容易铸成致密件。共晶点两侧的合金，由于树枝晶发达，流动性逐渐降低，结晶间隔越大，流动性越差，易形成较多的分散缩孔。所以偏离共晶点成分越远，铸造效果越不理想。当然，合金的流动性还决定于合金的熔点。共晶点在整个共晶合金成分中熔点最低，所以流动性最好，铸件性能最好。

3.3.2.2　二元合金相图与压力加工性能的关系

完全由固溶体组成的合金，因为保持其单相组织，在不出现严重偏析的情况下，各部分的变形特征是基本相同的，所以具有良好塑性，压力加工性能良好，可以进行锻、轧、拉拔、冲压等。所以在进行压力加工时一般都采用某些工艺，使材料形成单相组织然后进行。例如对于具有共析成分的钢进行轧制时都是通过加热，使钢处于单相的奥氏体状态。而由两相机械混合物组成的合金，由于是混合物，各相的变形能力不同，造成一相阻碍另一相的变形，使塑性变形阻力增加，其压力加工性能不如单相固溶体。因而共晶体的压力加工性最差。例如对接近共晶成分的铸铁在不经过特殊处理的情况下，一般不能采用压力加工工艺。

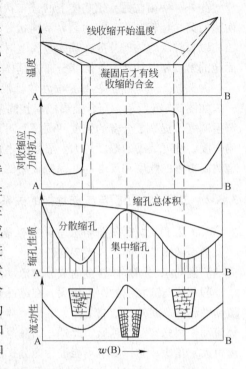

图 3-17　共晶合金成分与铸造性能的关系

3.4　铁碳合金相图

钢和铸铁是工业生产中应用最为广泛的金属材料。钢铁材料主要是由铁和碳两种元素组成，故称为铁碳合金。不同成分的铁碳合金在不同温度下具有不同的组织，因此表现出不同的性能。表示铁碳合金成分、温度和组织三者之间关系的相图称为铁碳合金相图。在铁碳合金中，铁和碳可以形成 Fe_3C、Fe_2C、FeC 等各种化合物。所以整个铁碳合金相图应由 $Fe-Fe_3C$、Fe_3C-Fe_2C、Fe_2C-FeC 等多个二元合金相图组成。但由于实际使用的铁碳合金的含碳量基本在 5% 以下，所以把含碳量为 6.69% 的 Fe_3C 作为一个基本组元。因此讨论的铁碳合金相图实际上是 $Fe-Fe_3C$ 相图。在讨论铁碳合金相图之前首先需要讨论纯铁的基本性质。

3.4.1　纯铁及同素异晶转变

铁是元素周期表上的第 26 个元素，相对原子质量为 55.85，属于过渡族元素。在一个大气压下，它的熔点是 1538℃，在 2738℃ 下汽化。在 20℃ 时的密度为 7879kg/m³。

铁具有多晶型性，也就是说铁具有同素异晶转变过程。固态金属在不同温度下，由一种晶格转变为另一种晶格的变化，称为金属的同素异晶转变。同一种金属因同素异构转变得到具有不同晶格类型的晶体，称为同素异晶体。通过 X 射线结构分析表明，铁在 1538℃ 结晶后具有体心立方晶格，称为 δ-Fe，在 1394℃ 时 δ-Fe 转变为具有面心立方晶格的 γ-Fe，到 912℃ 时，γ-Fe 又转变为具有体心立方晶格的 α-Fe。图 3-18 表示铁的同素异晶转变现象。

铁的同素异晶转变过程是内部铁原子重新排列的过程，所以同素异构转变过程，也可以认为是一种在固态下重新结晶的过程。为了与液态结晶相区别，将这种固态下的相变结晶过程称为重结晶。它也遵循结晶的一般规律，需要一定过冷度和通过形核长大过程来完成。但是同素异构转变毕竟不同于液态结晶过程。同素异物转变形核一般在旧相的晶界上形成新相的核心，然后逐渐长大，直到完全取代旧相为止。

金属的同素异晶转变现象，影响了金属的许多性能。例如：Fe 在912℃时发生 γ-Fe 转变为 α-Fe 时其体积约膨胀了 0.9% 左右。它是金属是否能通过热处理改变其组织和性能的重要依据之一。

3.4.2　铁碳合金基本相

不同含碳量的铁碳合金，在平衡冷却至固态时基本相包括铁素体、奥氏体、渗碳体三种，由这几种基本相又可以组成珠光体、莱氏体等组织。铁碳合金的基本组织实际上是固溶体和金属化合物两种基本相以不同的数量、大小和形状互相搭配构成的。

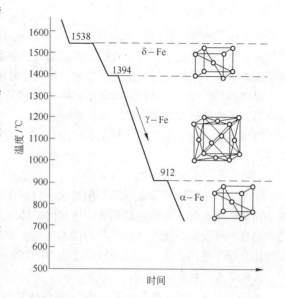

图 3-18　铁的同素异构转变示意图

3.4.2.1　铁素体（F）

碳溶解在 α-Fe 中形成的固溶体称为铁素体，以 F 表示。它存在于912℃以下，具有体心立方晶格。铁素体是间隙固溶体，溶解碳的能力很低，在室温下仅能溶解约 0.0008% 的碳；当温度达到727℃时，含碳量为最大，达 0.0218%。实际上，碳是以原子的形式存在于 α-Fe 中的错位、空位晶界等缺陷处。铁素体的组织和性能与纯铁没有明显的区别，它的强度和硬度低而塑性和韧性好。图 3-19 为铁素体的显微组织。

3.4.2.2　奥氏体（A）

碳溶解在 γ-Fe 中形成的固溶体称为奥氏体，以 A 表示。奥氏体具有面心立方晶格，其间隙较大，所以 γ-Fe 溶碳能力较 α-Fe 大，在727℃时为 0.77%，随着温度的升高，溶碳量不断增加，到1148℃时其溶碳量最大为 2.11%。在没有其他合金元素作用的情况下，铁碳合金中的奥氏体，只有在727℃以上才存在。

奥氏体的力学性能与其溶碳量及晶粒度大小有关。一般情况下，奥氏体的硬度为 HBS170～220 左右，伸长率为 40%～50%，具有良好的塑性变形能力和低的变形抗力，是绝大多数钢种在高温进行压力加工时需要的组织，也是钢和生铁在进行某些热处理时所需要的晶体相。除某些高合金钢外，一般钢材在正常室温下是不会得到奥氏体的。图 3-20 为奥氏体的显微组织。

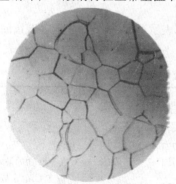

图 3-19　铁素体显微组织

图 3-20　奥氏体显微组织

3.4.2.3　渗碳体（Fe₃C）

渗碳体是铁与碳形成的化合物，以其分子式 Fe_3C 表示。其含碳量为 6.69%，熔点约为 1227℃。当含碳量超过铁素体或奥氏体的最大溶解度时，多余的碳即从上述固溶体中析出并与铁形成渗碳体。如果将碳在铁素体里的溶解度忽略的话，则每 1% 的碳能形成 15% 的渗碳体。

渗碳体是一种晶体结构较为复杂的间隙化合物。它的性能特点是硬而脆，硬度为 HV800，熔点高，塑性和韧性几乎为零，不能单独使用。

渗碳体在铁碳合金中是一种主要的强化相，其数量、形状与分布情况对铁碳合金的性能都有很大影响。

3.4.2.4　珠光体（P）

珠光体是铁素体和渗碳体两个相组成的机械混合物，其含碳量为 0.77%，以 P 表示。利用高倍显微镜观察时，能清楚看到铁素体和渗碳体间隔分布、交错排列的片状组织。由于珠光体是由强度和硬度低、塑性和韧性好的铁素体与硬而脆的渗碳体所组成的两相混合组织，所以它的性能介于上述两者之间，缓冷时硬度为 HBS180～220。图 3-21 为珠光体显微组织。

3.4.2.5　莱氏体（L_d）

含碳量为 4.3% 的液态合金，冷却到 1148℃ 时，可以同时结晶出奥氏体和渗碳体的共晶体。该共晶体称为高温莱氏体，以 L_d 表示。在温度低于 727℃ 时，组织发生转变，形成渗碳体和铁素体组成的机械混合物。该共晶体称为低温莱氏体，以 L_d' 表示。莱氏体中存在着大量的渗碳体，性能硬又脆，是白口铸铁的基本组织。图 3-22 为低温莱氏体的显微组织。

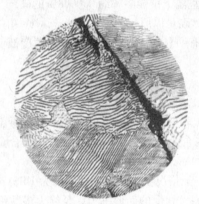

图 3-21　珠光体显微组织　　　　　　　　图 3-22　低温莱氏体的显微组织

3.4.3　铁碳合金相图分析

图 3-23 所示为简化的铁碳合金相图。状态图的纵坐标表示温度，横坐标表示含碳量的质量分数。相图中各主要特性点的温度、成分及物理意义见表 3-1。各主要特性线及物理意义见表 3-2。

表 3-1　Fe-Fe₃C 相图主要特性点的温度、成分及物理意义

符号	温度/℃	含碳量 $w(C)/\%$	物理意义	符号	温度/℃	含碳量 $w(C)/\%$	物理意义
A	1538	0	纯铁的熔点	G	912	0	同素异构转变温度
C	1148	4.3	共晶点	S	727	0.77	共析点
D	1227	6.69	渗碳体的熔点	P	727	0.0218	C 在 α-Fe 中的最大溶解度
E	1148	2.11	C 在 γ-Fe 中的最大溶解度	Q	室温	0.0008	室温下 C 在 α-Fe 中的最大溶解度

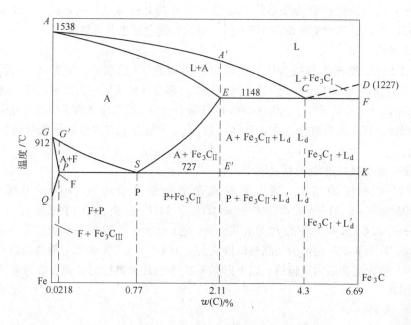

图 3-23 简化的铁碳合金相图

表 3-2 Fe-Fe₃C 相图中的主要特性线及物理意义

特性线	特性线的物理意义	特性线	特性线的物理意义
ACD	液相线	ES	奥氏体的溶解度曲线
AECF	固相线	PQ	铁素体的溶解度曲线
ECF	共晶线	GS	奥氏体中析出铁素体开始开始温度线
PSK	共析线	GP	奥氏体中析出铁素体开始终了温度线

上述特性线把铁碳合金相图分为 9 个相区，其中包括 4 个单相区和 5 个双相区。各相区组成见相图。

3.4.3.1 铁碳合金主要转变

铁碳合金相图包含以下三个主要转变。

A 共晶转变

共晶转变发生于 1148℃，其转变式为

$$L_C \longrightarrow A_E + Fe_3C$$

铁碳合金共晶转变的产物为奥氏体与渗碳体组成的共晶体（A + Fe₃C），即高温莱氏体。在继续降温过程中，莱氏体还会进行变化，形成低温莱氏体。凡 $w(C) > 2.11\%$ 的铁碳合金冷却到 1148℃时，都会发生共晶转变。

B 共析转变

共析转变发生在 727℃，其转变式为

$$A_S \longrightarrow F_P + Fe_3C$$

　　铁碳合金共析转变的产物为铁素体与渗碳体组成的共析体（F + Fe$_3$C），即珠光体。凡 w(C) > 0.0218% 的铁碳合金冷却到727℃时，奥氏体都会发生共析转变。

　　C　渗碳体的析出

　　随温度的变化，奥氏体与铁素体的溶碳量都会随着 ES 线和 PQ 线变化。凡是 w(C) > 2.11% 的铁碳合金自1148℃冷却到727℃的过程中，都会从奥氏体中析出渗碳体，通常称为二次渗碳体（Fe$_3$C$_{II}$）。凡是 w(C) > 0.0008% 的铁碳合金自727℃冷却到室温的过程中，都会从铁素体中析出渗碳体，通常称为三次渗碳体（Fe$_3$C$_{III}$）。但由于三次渗碳体的数量极少，所以通常忽略不计。

3.4.3.2　典型铁碳合金的结晶过程

　　根据 Fe-Fe$_3$C 相图的结构，通常把铁碳合金分为工业纯铁（w(C) < 0.0218%）、钢（w(C) = 0.0218% ~ 2.11%）和白口铸铁（w(C) > 2.11%）三类。在钢中把 w(C) = 0.77% 的称为共析钢；把 w(C) < 0.77% 的称为亚共析钢；把 w(C) > 0.77% 的称为过共析钢。在白口铸铁中，把 w(C) = 4.3% 的称为共晶白口铸铁，把 w(C) < 4.3% 的称为亚共晶白口铸铁；把 w(C) > 4.3% 称为过共晶白口铸铁。以下以图3-24中的几种典型的铁碳合金为例讨论其结晶过程及室温组织。

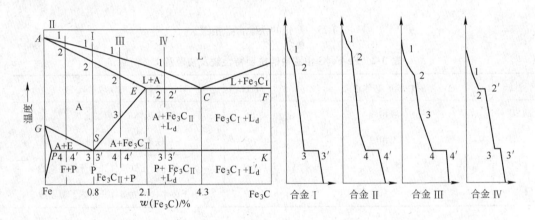

图 3-24　典型的铁碳合金结晶过程及室温组织

　　A　共析钢

　　共析钢（见图3-24中的合金 I）自高温液态冷却到1点开始结晶出奥氏体，到2点全部结晶为奥氏体。此时奥氏体为合金 I 的成分，当奥氏体冷却至3点时发生共析转变，形成完全的珠光体组织并保留到室温。珠光体是铁素体和渗碳体组成的片状共析体，其中铁素体的体积约占88%；渗碳体的体积约占12%。呈层片状分布。共析钢冷却时的组织转变如图3-25所示，其室温组织见图3-26。

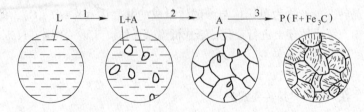

图 3-25　共析钢组织转变示意图

B　亚共析钢

亚共析钢（见图 3-24 中的合金 Ⅱ）自高温液
态冷却至 3 点前与共析钢相同，得到单相的奥氏
体。奥氏体冷却到 3 点开始析出铁素体，同时由于
铁素体的不断析出使奥氏体的成分沿 *GS* 线变化，
向 *S* 点靠近。冷却到 4 点，剩余的奥氏体发生共析
转变，形成珠光体。室温下亚共析钢的组织为铁素
体和珠光体。亚共析钢冷却时的组织转变过程如图
3-27 所示，其室温组织见图 3-28。

C　过共析钢

过共析钢（见图 3-24 中的合金 Ⅲ）自高温液

图 3-26　共析钢显微组织

态冷却至 3 点前与共析钢相同，得到单相的奥氏体。奥氏体冷却到 3 点开始析出二次渗碳体，

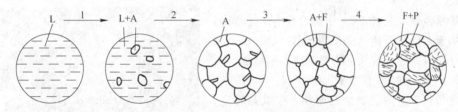

图 3-27　亚共析钢组织转变示意图

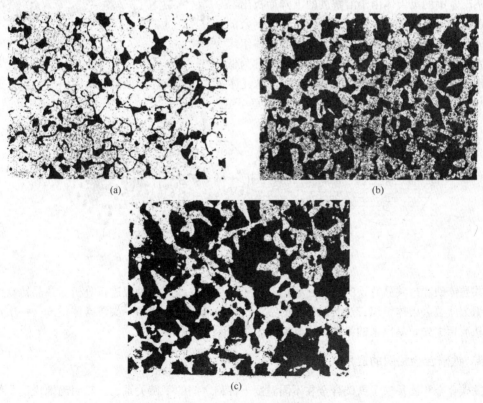

(a)

(b)

(c)

图 3-28　亚共析钢显微组织

(a)$w(C) = 0.20\%$；(b)$w(C) = 0.40\%$；(c)$w(C) = 0.60\%$

同时由于二次渗碳体的不断析出使奥氏体的成分沿 *ES* 线变化，向 *S* 点靠近。冷却到 4 点，剩余的奥氏体发生共析转变，形成珠光体。室温下过共析钢的组织为二次渗碳体和珠光体。过共析钢冷却时的组织转变过程如图 3-29 所示，其室温组织见图 3-30。

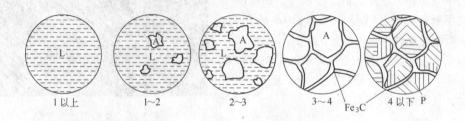

图 3-29 过共析钢组织转变示意图

D 亚共晶铸铁

亚共晶铸铁（见图 3-24 中的合金Ⅳ）自高温液态冷却至 1 点时开始结晶出奥氏体。在 1 点到 2 点之间冷却时，随着结晶出的奥氏体不断增加，剩余液相 L 的成分沿 *AC* 线变化而向 *C* 点（共晶点）靠近。冷却到 2 点时，剩余的液相发生共晶转变，形成高温莱氏体。继续冷却时，先结晶的奥氏体与高温莱氏体中的奥氏体由于溶解度的下降而析出二次渗碳体，成分沿 *ES* 线变化。到 3 点时。剩余的奥氏体发生共析转变形成珠光体。此时莱氏体组织由珠光体 + 二次渗碳体 + 共晶渗碳体组成，称为低温莱氏体。而亚共晶白口铸铁的室温组织为珠光体 + 二次渗碳体 + 低温莱氏体组成。亚共晶铸铁冷却时的组织转变过程如图 3-31 所示，其室温组织见图 3-32。

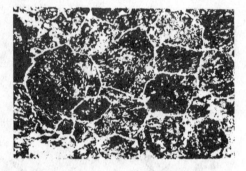

图 3-30 过共析钢显微组织

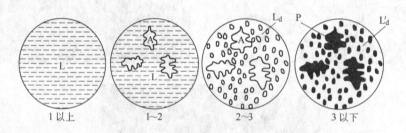

图 3-31 亚共晶铸铁组织转变示意图

共晶铸铁和过共晶铸铁的结晶过程可参照亚共晶铸铁的结晶过程进行分析。共晶铸铁的室温组织为低温莱氏体组织；过共晶铸铁的室温组织为低温莱氏体和一次渗碳体组成，一次渗碳体为从液相中先结晶出来的渗碳体，其室温组织见图 3-33。

3.4.4 铁碳合金相图的应用

铁碳合金相图反映了铁碳合金在不同温度下各相之间的平衡关系，比较明确地说明了铁碳合金的相变过程与组织转变规律。表示出铁碳合金的成分、温度与组织、性能之间的关系，因此它可以作为材料的选用和工艺制定的可靠依据。

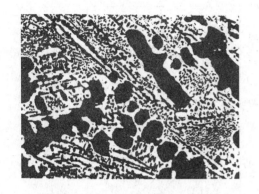

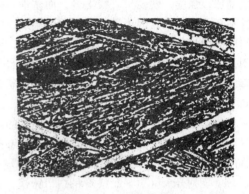

图 3-32　亚共晶铸铁显微组织　　　　　　　　图 3-33　过共晶铸铁显微组织

3.4.4.1　含碳量的影响

A　含碳量对铁碳合金相的影响

由图 3-34 可见，当含碳量增大时，组织中的渗碳体数量增多。但不仅是数量发生变化，而且其形态也在发生变化。由三次渗碳体的点状结构到珠光体的片层状结构，再到二次渗碳体的网状结构，最后到一次渗碳体的块状结构。渗碳体的数量、分布及形态是影响铁碳合金力学性能的主要因素之一。

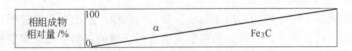

图 3-34　含碳量与铁碳合金相变化的关系

B　含碳量对铁碳合金组织的影响

根据铁碳合金相图，可以看到随着含碳量的变化，铁碳合金的室温组织也随之发生变化。当 $w(C) < 0.0218\%$ 时，工业纯铁的室温组织是铁素体和少量三次渗碳体（$F + Fe_3C_{\rm III}$）；当 $w(C) = 0.0218\% \sim 0.77\%$ 时，亚共析钢的室温组织是铁素体和珠光体（$F + P$）；当 $w(C) = 0.77\%$ 时，共析钢的室温组织是珠光体（P）；当 $w(C) = 0.77\% \sim 2.11\%$ 时，过共析钢的室温组织是珠光体和二次渗碳体（$P + Fe_3C_{\rm II}$）；当 $w(C) = 2.11\% \sim 4.3\%$ 时，亚共晶铸铁的室温组织是珠光体和二次渗碳体和低温莱氏体（$P + Fe_3C_{\rm II} + L'_d$）；当 $w(C) = 4.3\%$ 时，共晶铸铁的室温组织是低温莱氏体（L'_d）；当 $w(C) > 4.3\%$ 时，过共晶铸铁的室温组织是低温莱氏体和一次渗碳体（$L'_d + Fe_3C_{\rm I}$）。当 $w(C) = 6.69\%$ 时，组织为单相的渗碳体。上述组织的变化见图 3-35。

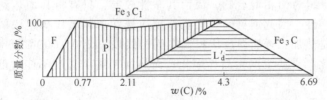

图 3-35　含碳量与铁碳合金组织变化的关系

C　含碳量对铁碳合金力学性能的影响

铁碳合金的力学性能与含碳量的关系如图 3-36 所示。当 $w(C) < 0.90\%$ 时，随着含碳量

的增加，强度、硬度呈直线上升，而塑性、韧
性不断下降。这是因为随着含碳量的增加，组
织中作为强化相的渗碳体的数量不断增加，而
引起强度、硬度的上升，而塑性、韧性的下
降。当 $w(C) > 0.90\%$ 时，渗碳体将以网状分
布于晶界处或以粗大的片状存在于基体上，这
不仅使塑性和韧性进一步下降，而且使钢的强
度明显下降。所以为了保证工业用钢有足够的
强度和塑性、韧性，一般钢的 $w(C) < 1.3\% \sim$
1.4%。而对于 $w(C) > 2.11\%$ 的白口铸铁，由
于组织中存在着较多的渗碳体，力学性能硬而
脆，并且难以切削加工，所以一般在机械制造
工业中应用不大。

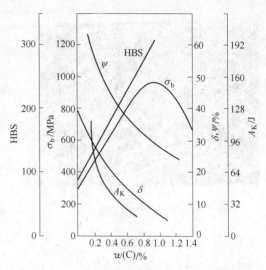

图 3-36　含碳量与铁碳合金力学性能关系

3.4.4.2　铁碳合金相图的应用

铁碳合金相图对工业生产具有重要的指导
意义，它不仅是合理选用材料的理论基础，而且是制定铸造、压力加工、焊接和热处理等工艺
规范的重要依据。

A　在选材方面的应用

铁碳合金相图提供了合金的相与组织随成分变化的规律，进而可以通过相与组织的变化判
断其性能。这就便于根据制造产品的力学性能要求选择合适的材料。如果需要材料具有较高的
塑性和韧性，应选择低碳钢（$w(C) < 0.25\%$）；如果需要材料的强度、塑性和韧性都较好，应
选择中碳钢（$w(C) = 0.25\% \sim 0.55\%$）；如果需要材料具有较高的硬度和耐磨性，应选择高碳
钢（$w(C) > 0.55\%$）。其中，低碳钢一般应用于建筑结构和型材用钢；中碳钢一般应用于机械
零部件的制造；高碳钢一般应用于工具和耐磨用钢。白口铸铁由于其耐磨性好，铸造性能优
良，适用于制造耐磨，但不受冲击且形状复杂的铸件。

B　在制定工艺方面的应用

a　在铸造工艺方面的应用

根据铁碳合金相图，可以确定比较合适的浇注温度。由相图可知，共晶成分合金的凝固温
度间隔最小，所以流动性最好，缩孔及疏松产生可能性较低，可以得到比较致密的铸件。并且
共晶成分合金的熔点最低，所以可以使用温度要求较低的简易加热设备，因此在铸造生产中，
接近共晶成分的铸铁被广泛应用。

b　在压力加工方面的应用

钢在室温时的组织为两相混合物，因而其塑性较差，只有将其加热到单相奥氏体状
态，才能有较好的塑性，因此钢材的热加工温度应选在单相奥氏体组织的温度范围内进
行。其选择的原则是热加工开始温度应控制在固相线以下 200 ~ 300℃ 范围内，温度不易
太高，以免钢材氧化严重甚至产生晶界熔化；而热加工终了温度不能过低，以免钢材塑
性下降而产生裂纹。

c　在焊接工艺方面的应用

焊接时，焊缝到母材各区域的受热温度是不同的。由铁碳合金相图可知，热影响区加热温
度不同，则该区的组织及性能必然有所不同，在随后的冷却过程中得到的组织和性能也不尽相
同，所以焊接之后都需要用一定的热处理方法进行改善。

d　在热处理工艺方面的应用

各种热处理工艺与铁碳合金相图具有密切的联系。热处理中退火、正火和淬火的加热温度都应当参考铁碳合金相图。具体的温度选择原则将在"钢的热处理"一章中介绍。

必须说明，铁碳合金相图各相的相变温度是在所谓平衡条件（即极其缓慢的加热或冷却状态）下得到的，所以不能反映实际快速加热或冷却时组织的变化情况。铁碳合金相图也不能反映各种组织的形状和分布状况。由于在通常使用的铁碳合金中，除了含有铁、碳两种元素之外，还含有许多的杂质元素和其他合金元素，它们会影响相图中各点、各线和各区的位置和形状，所以在应用铁碳合金相图时，必须充分考虑其他元素对相图的影响。

实验　铁碳合金平衡组织观察

A　实验目的

（1）了解金相显微镜的构造，熟悉金相显微镜的使用方法；

（2）观察铁碳合金在平衡状态下的显微组织，以进一步熟悉 Fe-Fe$_3$C 相图；

（3）分析和研究含碳量对铁碳合金显微组织的影响，加深理解成分、组织与性能之间的相互关系。

B　实验设备及材料

金相显微镜、金相图谱、各种铁碳合金的金相试样。

C　实验原理

所谓平衡状态的组织是指合金在极为缓慢的冷却条件下所得到的组织。一般退火状态就接近平衡状态。可以根据 Fe-Fe$_3$C 相图来分析铁碳合金在平衡状态下的显微组织。室温下铁碳合金的组织都由铁素体和渗碳体两个基本相组成。但由于含碳量的不同，铁素体和渗碳体的相对数量、分布状况均有所不同，从而不同成分的铁碳合金呈现不同的组织形态。

（1）工业纯铁在室温下为单相铁素体组织，呈白亮色多边形晶粒，块状分布。有时在晶界处可观察到不连续的薄片状三次渗碳体。

（2）亚共析钢的室温组织为铁素体和珠光体。当含碳量较低时，白色的铁素体包围黑色的珠光体。随着含碳量的增加，铁素体量逐渐减少，珠光体量逐渐增多。

（3）共析钢的室温组织全部为珠光体。在显微镜下看到铁素体和渗碳体呈层片状交替排列。若显微镜分辨率低，则分辨不出层片状结构，看到的则是指纹状或暗黑块组织。

（4）过共析钢的室温组织为珠光体和二次渗碳体。经质量分数为 4% 硝酸酒精溶液侵蚀后，Fe$_3$C 为白色细网状，暗黑色的是珠光体。若采用苦味酸钠水溶液侵蚀，渗碳体被染成黑色，铁素体仍保留白色。

（5）亚共晶白口铁的室温组织为珠光体、二次渗碳体和低温莱氏体，在显微镜下，珠光体呈黑色块状或树枝状，莱氏体为白色基体上散布黑色麻点和黑色条状，二次渗碳体则分布在珠光体枝晶的边缘。

（6）共晶白口铁的室温组织为低温莱氏体。显微镜下看到的是黑色粒状或条状珠光体散布在白色渗碳体基体上。

（7）过共晶白口铁由先结晶的一次渗碳体与低温莱氏体所组成。显微镜下看到的是一次渗碳体呈亮白色条状分布在莱氏体基体上。

D　实验步骤

（1）实验前复习铁碳合金相图，并了解显微镜的操作过程。

（2）按观察要求，选择物镜和目镜，装在显微镜上。

（3）将试样磨面对着物镜放在显微镜载物台上。

（4）接通电源。

（5）用手慢旋显微镜粗调焦手轮，视场由暗到亮，直至看到组织为止。然后再旋微调焦手轮，直到图像清晰为止。调节动作要缓慢，不允许试样与物镜相接触。

（6）逐个观察全部试样。

E　实验结果

（1）根据观察结果填写表 3-3。

（2）将观察到的试样组织形态与金相图谱进行比较，画 3~5 个试样的组织示意图。

F　分析与讨论

（1）根据实验结果说明含碳量对铁碳合金组织的影响。

（2）根据在显微镜下观察到的珠光体和铁素体各自所占面积的百分数，如何近似地估算钢的含碳量，举一例说明。

表 3-3　铁碳合金平衡组织

编　号	试样材料	状态	显微组织	侵蚀剂	放大倍数
1	工业纯铁	退火			
2	20 号钢	退火			
3	45 号钢	退火			
4	T8 钢	退火			
5	T12 钢	退火		质量分数为 4% 硝酸酒精	
6	T12 钢	退火		苦味酸钠水溶液	
7	亚共晶白口铁	铸态			
8	共晶白口铁	铸态			
9	过共晶白口铁	铸态			

练习题与思考题

3-1　解释下列名词：

合金、组元、系、相、固溶体、置换固溶体、间隙固溶体、固溶体的有序化、固溶强化、金属化合物、枝晶偏析、比重偏析、铁素体、奥氏体、渗碳体、珠光体、莱氏体

3-2　试比较置换固溶体和间隙固溶体结构的不同。

3-3　说明金属化合物的性能及主要作用。

3-4　举例说明二元合金相图绘制的基本过程。

3-5　试比较枝晶偏析和密度偏析形成过程的不同。

3-6　说明二元共晶合金组织形态与力学性能的关系。

3-7　说明二元共晶合金相图与铸造性能的关系。

3-8　为什么共晶成分的铸铁在不经过特殊处理的情况下，一般不能采用压力加工工艺？

3-9　试比较铁素铁和奥氏体的不同。

3-10　画出铁碳合金相图，并说明各特性点、各特性线的含义。

3-11　说明 $w(C) = 0.4\%$、$w(C) = 0.8\%$、$w(C) = 3\%$ 的铁碳合金的具体结晶过程。

3-12　说明含碳量对铁碳合金组织的影响。

3-13　说明含碳量对铁碳合金力学性能的影响。

4 金属的塑性变形和再结晶

在工业生产中，广泛采用锻造、冲压、轧制、挤压、拉拔等压力加工工艺生产各种工程材料。各种压力加工方法都会使金属材料按预定的要求进行塑性变形而获得成品或半成品。其目的不仅是为了获得具有一定形状和尺寸的毛坯和零件，更重要的是使金属的组织和性能得到改善，所以塑性变形是强化金属材料力学性能的重要手段之一。研究金属塑性变形规律具有重要的理论与实际意义。

4.1 金属的塑性变形

从力学性能试验中可知，金属材料在外力作用下会发生一定的变形。金属变形包括塑性变形和弹性变形。当外力去除后能够完全恢复的变形称为弹性变形；当外力去除后不能完全恢复的变形称为塑性变形。由于塑性在变形过程中其内部结构发生了变化，所以通过塑性变形可以改善金属材料的各种性能。本节首先讨论较为简单的单晶体塑性变形，然后再讨论较为复杂的多晶体（实际金属）的塑性变形。

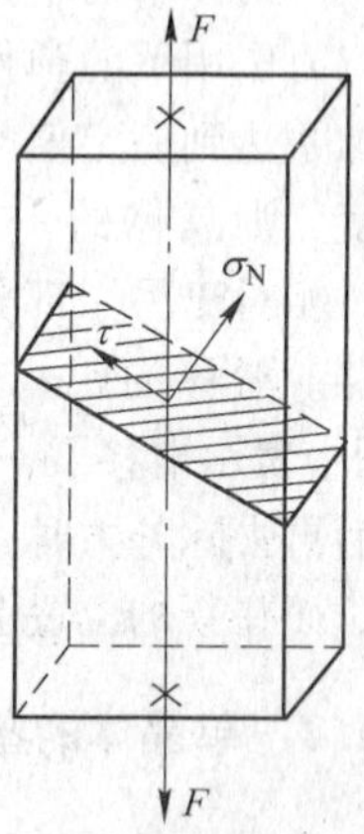

图 4-1 应力的分解

4.1.1 弹性变形与塑性变形的微观机理

如图 4-1 所示，当受到外力作用时，金属内某一晶面上会产生一定的正应力（σ_N）和切应力（τ）。在不受外力作用时，单晶体内晶格是规则的，而在应力作用下，晶格就会出现一系列的变化。

正应力的主要作用是使晶格沿其受力的方向进行拉长，如图 4-2 所示。在正应力作用下，晶格中的原子偏离平衡位置，此时正应力的大小与原子间的作用力平衡。当外力消失以后，正应力消失，在原子间吸引力的作用下，原子回到原来的平衡位置，表现为受拉长的晶格恢复原

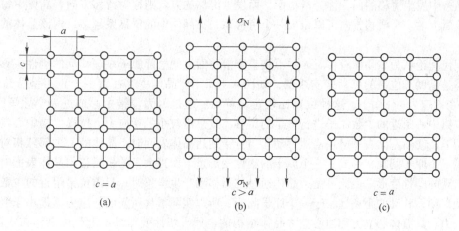

图 4-2 正应力作用下晶体变形示意图

(a) 变形前；(b) 弹性变形；(c) 变形后

状，变形消失，表现为弹性变形。而当正
应力大于原子间作用力时，晶体被拉断，
表现为晶体的脆性断裂。所以正应力只能
使晶体产生弹性变形和断裂。

切应力的主要作用则可以使晶格在弹
性歪扭的基础上，进一步造成滑移，产生
塑性变形，如图4-3所示。具体情况如下：
在产生的切应力很小时，原子移动的距离
不超过一个原子间距，晶格发生弹性歪
扭，若此时去除外力，切应力消失，则晶
格恢复到原来的平衡状态，此种变形是在
切应力作用下的弹性变形。若切应力继续
增加并达到一定值时，晶格歪扭超过一定
程度，则晶体的一部分将会沿着某一晶
面，相对于另一部分发生移动，通常称为
滑移。滑移的距离为原子间距的正数倍
（图中表示滑移了一个原子间距）。产生滑

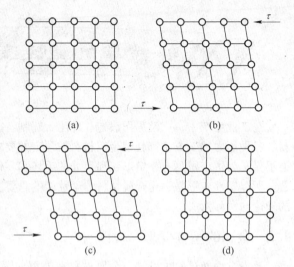

图 4-3　切应力作用下晶体变形示意图
(a) 变形前；(b) 弹性变形；
(c) 弹塑性变形；(d) 变形后

移后再去除外力时，晶格的弹性歪扭随之减小，但滑移到新位置的原子，已不能回到原来的位置，而在新的位置上重新处于平衡状态，于是晶格就产生了微量的塑性变形。

4.1.2　单晶体的塑性变形方式

单晶体的塑性变形方式包括两种，即滑移与孪生。

4.1.2.1　滑移

滑移是单晶体塑性变形最普遍的方式。晶体在进行塑性变形时，出现的切应力将使晶体内部上下两部分的原子沿着某特定的晶面相对移动。滑移主要发生在原子排列最紧密或较紧密的晶面上，并沿着这些晶面上原子排列最紧密的方向进行，这是因为只有在最紧密晶面以及最紧密晶向之间的距离最大，原子结合力也最弱，所以引起它们之间的相对移动的切应力最小。

晶格中发生滑移的面，称为滑移面，而发生滑移的方向则称为滑移方向。晶体中每个滑移面和该面上的一个滑移方向可以组成一个滑移系，在晶体中的滑移系越多，则该晶体的塑性越好。

现代理论认为，晶体滑移时，并不是整个滑移面上的全部原子一起移动的刚性位移，实际上滑移是借助于位错的移动来实现的，如图4-4所示。晶体中存在着一个正刃型位错（符号⊥）。在切应力τ作用下，这种位错比较容易移动。这是因为位错中心前进一个原子间距时，只是位错中心附近的少数原子进行微量的位移，故只需较小的切应力。这样位错中心在切应力的作用下，便由左向右一格一格地移动，当位错到达晶体表面时，晶体的上半部就相对下半部滑移了一个原子间距，形成了一个原子的塑性变形量。而当大量的位错移出晶体表面时，就产生了宏观的塑性变形。由此可见，晶体通过位错移动产生滑移时，只需位错附近的少数原子做微量的移动，移动的距离远小于一个原子间距，所以实际滑移所需的切应力远远小于刚性位移的切应力。具有体心立方和面心立方晶体结构的金属，塑性变形基本上是以滑移方式进行的，例如铁、铜、铝、铅、金、银等。

实际金属的滑移痕迹一般在显微镜下是观察不到的，这是因为试样在制备过程中已经

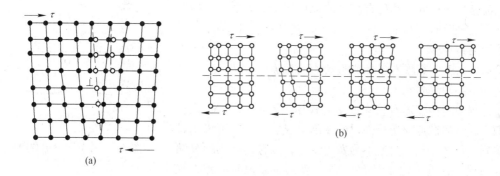

图 4-4 刃型位错运动形成滑移示意图

将痕迹磨掉了。但若将试样预先经抛光后再进行塑性变形，就可以观察到试样表面的一条条台阶状平行的滑移痕迹。这种滑移痕迹称为滑移带，滑移带之间的区域称为滑移层。在电子显微镜下观察，可以发现每一条滑移带是由几条平行的滑移线组成，如图 4-5 所示。

4.1.2.2 孪生

所谓孪生是指晶体中的一部分原子对应特定的晶面（孪生面）沿一定晶向（孪生方向）产生的剪切变形。产生孪生变形部分的晶体位向发生变化，并且以孪生面为对称面与未变形部分呈镜像关系。这种对称的两部分晶体称为孪晶。如图 4-6 所示，从结构上看，虽然孪生好像是晶体中的一部分发生转动而改变了取向，但孪生时真实发生的是相邻面的切移运动。孪生部分的所有原子面在同一方向移动，每个面的相对移动量只有一个原子间距的几分之一。这与滑移的相对移动量为原子间距的整数倍不同，并且移动量比例于该面到孪生面的距离。和滑移一样，孪生也有临界切应力值，不达到此应力孪生不能发生。

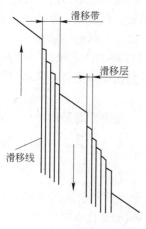

图 4-5 滑移带结构示意图

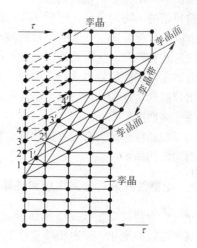

图 4-6 孪晶结构示意图

4.1.3 多晶体塑性变形

工程上应用的金属，绝大多数是多晶体。多晶体是由形状、大小、位向都不相同的许多晶粒组成的。就其中每个晶粒来说，其塑性变形与单晶体大体相同。但是，由于多晶体中各个晶粒的晶格位向不同，并且有晶界的存在，使得各个晶粒的塑性变形受到阻碍与约束。因此多晶体的塑性变形比单晶体塑性变形复杂得多。

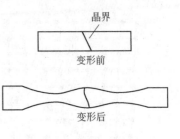

图 4-7 竹节现象示意图

4.1.3.1 多晶体塑性变形的影响因素

A 晶界的作用

晶界对塑性变形有较大的阻碍作用。图 4-7 是一个只包含两个晶粒的试样经受拉伸时的变形情况。从图中可以明显地看到，试样在晶界附近不易发生变形，晶粒内部则明显缩小，出现了所谓"竹节现象"。这一变形特点说明晶界抵抗塑性变形的能力大于晶粒本身。其原因是由晶界处的结构特点所决定的。因为晶界是相邻晶粒的过渡层，原子排列比较紊乱，而且往往杂质较多，处于高能状态，因而阻碍了滑移的进行。很显然，金属的晶粒越细，则晶界越多，塑性变形的阻力就越大，多晶体塑性变形抗力越大。

B 晶粒位向的影响

多晶体中各个晶粒的位向不同，在外力作用下，有的晶粒处于有利于滑移的位置，有的晶粒处于不利于滑移的位置。当有利于滑移的晶粒要发生滑移时，必然要受到周围位向不同的其他晶粒的阻碍与约束，使滑移的阻力增加，提高了塑性变形抗力。

4.1.3.2 多晶体的塑性变形过程

在多晶体金属中，由于每个晶粒的晶格位向都不同，其滑移面和滑移方向的分布也不同，所以在外力作用下，每个晶粒中不同滑移面和滑移方向上所受到的切应力也不同。从金属拉伸试验可知，试样中的切应力与外力呈 45°的方向上最大，在与外力相平行或垂直的方向为最小。所以在多晶体中，凡滑移面和滑移方向处于与外力呈 45°附近的晶粒必将首先产生滑移，通常称这些位向的晶粒为"软位向晶粒"；在与外力相平行或垂直的方向的晶粒最难产生滑移，而称这些位向的晶粒为"硬位向晶粒"。所以多晶体金属的塑性变形过程实际上是先从少量软位向晶粒开始的不均匀变形，然后逐步过渡到大量硬位向晶粒的均匀变形，这样分批次完成的。

由以上分析可知，金属的晶粒越细小，则单位体积内晶粒数目越多，晶界也越多，并且晶粒的位向差也越大，金属的强度和硬度越高。同时，晶粒越细，在总变形量相同的条件下，变形被分散在较多的晶粒内进行，因而比较均匀，所以使金属在断裂前能承受较大的塑性变形，表现出较好的塑性和韧性。反之，晶粒越粗，变形局限在少数晶粒内进行，容易过早断裂，因而塑性、韧性比较差。

由于细晶粒金属具有较好的强度、塑性与韧性，故在生产中通常总是设法使金属材料得到细小而均匀的晶粒。

4.1.4 冷塑性变形对金属组织和性能的影响

塑性变形包括冷塑性变形和热塑性变形。其中冷塑性变形可使金属的性能发生明显的变化。这种性能的变化，是由于冷塑性变形时金属内部组织结构的变化而引起的。

4.1.4.1 冷塑性变形对金属性能的影响

随着冷塑性变形程度的增加，金属的强度和硬度逐渐提高，而塑性、韧性下降，这种现象称为加工硬化或冷作硬化。图 4-8 表示工业纯铁和低碳钢的强度和塑性随变形程度增加而变化的情况。金属的加工硬化在生产中具有很大的实际意义，在工程技术上有广泛的应用。首先，它是强化金属的重要手段。对于纯金属以及不能用热处理强化的合金来说，显得尤为重要，如纯金属、某些铜合金、镍铬不锈钢等主要是利用加工硬化使其强化的。即使经过热处理的某些金属也可以通过加工硬化来提高材料的强度。例如热处理后的冷拉钢丝强度可以提高到3100MPa。此外，加工硬化也是工件能够用冷塑性变形方法成形的重要因素。例如在冷冲压杯状制品的过程中，当冷塑性变形达到一定程度后，已变形金属产生加工硬化，不再变形，而未变形的部分将继续变形，这样便可得到壁厚均匀的冲压制品。另外，加工硬化使金属具有变形强化的能力，当零件万一超载时，也可防止突然断裂。但是加工硬化也有它不利的一面。由于塑性的降低，给金属进一步冷塑性变形加工造成困难。对设备和工具的强度、硬度、功率等提出了更高的要求。为使金属材料继续变形，必须进行退火处理，以消除加工硬化现象。这就使工序增加、生产周期延长，产品成本增大。此外，加工硬化也会使金属某些物理、化学性能显著变差，如电阻增大，耐蚀性降低等。

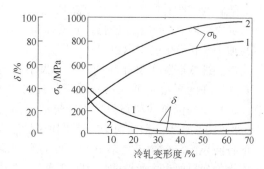

图 4-8 工业纯铁和低碳钢的强度和
塑性与变形度的关系
1—工业纯铁；2—低碳钢

4.1.4.2 冷塑性变形对金属组织的影响

冷塑性变形之所以引起金属性能的变化，是由于金属内部组织结构发生变化引起的。通过显微分析，可以看到，金属在外力作用下，随着外形的变化，其内部的晶粒沿着变形的方向伸长。当变形程度加大时，晶粒伸长成纤维状，并且晶界也变得模糊了，形成了纤维组织，如图4-9所示。形成纤维组织后，金属的力学性能会有明显的方向性，其纵向（沿纤维的方向）的力学性能高于横向（垂直纤维的方向）的力学性能。

随着冷变形量的增加，产生滑移的地带增多，此时晶粒逐渐"碎化"成许多位向略有不同的小晶块，就像在原晶粒内又出现许多小晶粒，这种组织称为亚结构。每个小晶块称为亚晶

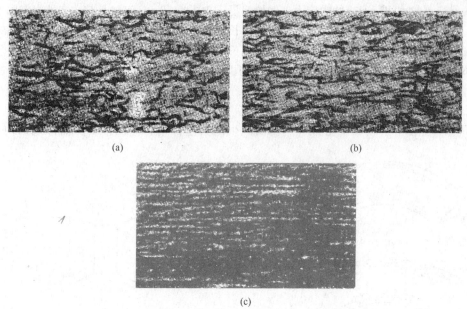

(a)

(b)

(c)

图 4-9 纯铜经不同程度冷轧变形后的显微组织
（a）30%压下量；（b）50%压下量；（c）99%压下量

粒。随着冷塑性变形的加大，亚晶粒将进一步细化，并在亚晶粒的边界上产生严重的晶格畸变，从而阻碍滑移的继续进行，显著提高金属的变形抗力。这是加工硬化产生的主要原因。

冷塑性变形除了使晶粒的形状、大小和内部结构出现变化外，在变形量足够大的情况下，还可以使晶粒转动，使晶粒从不同位向转动到与外力相近的方向，形成所谓的"形变织构"现象。形变织构的产生使多晶体金属出现了明显的各向异性，在冲压复杂形状零件时有可能由于各方向的不均匀变形而产生所谓的"制耳现象"，造成废品，如图4-10所示。但其在提高硅钢片磁导率方面具有很大的作用。

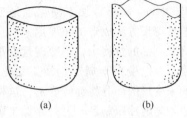

图 4-10　制耳现象示意图

（a）无制耳；（b）有制耳

4.1.4.3　内应力与冷塑性变形

实验证明，施加在金属上并使其变形的外力所消耗的机械功，大约90%以热能的形式散失，只有10%以位能的形式储存于金属内部，从而导致金属内能的升高。其表现为大量金属原子偏离了原来的平衡位置而处于不稳定的状态。这种不稳定状态在各种应力的作用下，有向稳定状态恢复的趋势。这些在外力消失后仍保留在金属内部的应力，称为残余内应力或形变内应力，简称内应力。内应力的产生是由于金属在外力作用下内部各部分变形不均匀而引起的。根据内部不均匀变形部位的不同，可以分为以下三种：

（1）宏观内应力（第一类内应力）。由于金属材料的各部分变形不均匀而造成的在宏观范围内互相平衡的内应力称为宏观内应力。如图4-11所示，因受外力而引起塑性弯曲的梁，当外力取消后，梁的顶侧在其邻近金属层因弹性伸长而力图回缩，就会产生残余压应力；而梁的底层在其邻近金属层因弹性收缩而力图伸直，就会产生残余拉应力。这两种残余应力对应于距离梁的中心层的间距大小相等，方向相反。

（2）晶间内应力（第二类内应力）。晶间内应力是指由于晶粒或亚晶粒之间变形不均匀而在晶粒或亚晶粒之间所形成的内应力。例如，图4-12中 A、B、C 三颗晶粒，在外力作用下，因各晶粒取向不同，A 和 C 晶粒已发生了塑性伸长，B 晶粒发生弹性伸长。当外力取消后，B 晶粒力图恢复原来的形状，但受到相邻已永久伸长的 A、C 晶粒的牵制，B 晶粒便处于残余拉应力状态；而 A、C 晶粒在 B 晶粒弹性收缩的作用下，处于残余压应力状态。这些应力平衡于各晶粒或亚晶粒之间。

（3）晶格畸变内应力（第三类内应力）。晶格畸变内应力是在金属冷塑性变形后，由于在晶界、亚晶界、滑移面等晶粒内部所产生的大量位错，使晶格畸变而形成的内应力。

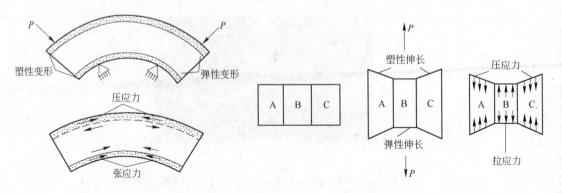

图 4-11　金属梁形成宏观内应力示意图　　　　图 4-12　金属内部晶粒形成晶间内应力示意图

根据实验测定，宏观内应力仅占储存能的 0.1% 左右；晶间内应力占储存能的 2% ~ 3%；晶格畸变内应力占储存能的 97% ~ 98%。所以晶格畸变内应力是残余内应力的主要形式。

残余内应力对金属的工艺性能和力学性能有很大的影响。它会导致工件的变形、开裂和抗蚀性的降低，使工件降低抗负荷能力。例如，残余内应力如在某部位表现为拉应力，则在与外加拉应力互相叠加时，可以使材料过早断裂。但如果控制得当，比如使内、外的拉、压应力相互叠加后减小或消失，就可以提高工件的抗负荷能力。例如，钢板弹簧经喷丸处理后，在表层造成压应力，可以提高弹簧的疲劳强度。

4.2 金属的再结晶

经过冷塑性变形的金属，其组织结构发生了变化，即晶格畸变严重、位错密度增加、晶粒碎化，并且由于金属各部分变形不均匀，形成了金属内部残余内应力，这些情况都表明冷变形金属处于不稳定状态，它具有恢复到原来稳定状态的自发趋势。但在常温下，由于金属晶体中原子的活动能力不够大，这种恢复过程很难进行，需要很长时间才能过渡到较稳定的状态。如果对冷变形的金属进行加热，使原子活动能力增强，它就会发生一系列组织与性能的变化，使金属恢复到变形前的稳定状态。随加热温度的升高，这种变化过程可分为回复、再结晶、晶粒长大三个阶段，如图 4-13 所示。各阶段性能变化如图 4-14 所示。

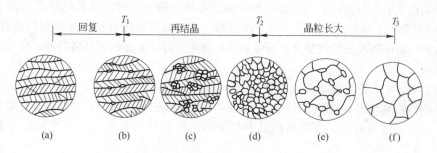

图 4-13 冷塑性变形金属退火时组织变化示意图

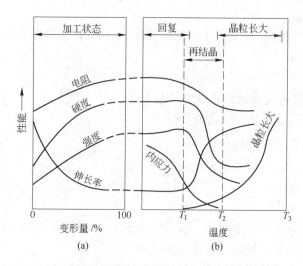

图 4-14 冷塑性变形金属加热时性能的变化

（a）冷塑性变形状态；（b）加热时性能的变化

4.2.1　回复

当加热温度不太高时（低于后面介绍的再结晶温度），原子的扩散能力较低，这时从组织上看不到任何变化，但由于原子已能作短距离扩散，使晶格畸变程度大为减轻，从而使内应力大大下降，金属的强度、硬度略有下降，塑性略有升高，而导电性、耐蚀性等显著提高。这个变化阶段称为回复。见图4-13、图4-14所示回复阶段。

工艺上常利用回复现象，将冷塑性变形后的金属再加热到一定温度，保温一定时间，以消除其内应力。在这个过程中，金属的某些物理性能和工艺性能可以有所提高，但其力学性能，例如强度、硬度、塑性和韧性可以基本保持不变。这种工艺在热处理中被称为"去应力退火"。

4.2.2　再结晶

当冷塑性变形后的金属加热到比回复阶段更高的温度时，由于原子活动能力的增大，金属的显微组织会发生明显的变化，由破碎的晶粒变为均匀整齐的晶粒，由拉长或压扁的晶粒变为细小的等轴晶粒，见图4-13所示再结晶阶段。此时金属的力学性能将全部恢复到它原来未加工的状态，即强度和硬度降低，而塑性和韧性提高，同时使加工硬化和残余应力完全消除，如图4-14所示。这种冷塑性变形加工后的金属组织及性能在加热时全部恢复的过程叫做再结晶。

4.2.2.1　再结晶过程

再结晶也是形核和核长大的过程。再结晶的晶核一般是在破碎晶粒的晶界处或滑移面上（即晶格畸变最严重的地方）形成无畸变的晶核，这些晶核通过消耗旧晶粒而长成为新晶粒，直至最后形成新的等轴晶粒代替变形及破碎晶粒为止。再结晶过程无晶格类型的变化，所以不是相变过程。

4.2.2.2　再结晶温度及影响因素

金属的再结晶过程不是恒温过程，而是在一定温度内进行的过程。它是随温度的升高而大致从某一温度开始进行的。所谓再结晶温度是指再结晶开始的温度（发生再结晶的最低温度）。

实验表明金属的最低再结晶温度与金属的熔点、成分、预先变形程度等因素有关。

A　预先变形程度

金属预先变形程度越大，它越处于不稳定状态，再结晶的倾向也越大，因此再结晶开始温度越低，如图4-15所示。

B　金属熔点

大量实验表明，各种纯金属结晶温度（$T_{再}$）与其熔点（$T_{熔}$）间的关系，大致可用下式表示：

$$T_{再} = 0.4T_{熔}$$

可见，金属熔点越高，在其他条件相同时，其再结晶温度越高。

C　金属纯度

再结晶温度还与金属的纯度有关。这是因为金属中的微量杂质和合金元素，特别是高熔点的元素，会阻碍原子的扩散或晶界的迁移，所以金属纯度的降低可以显著提高其再结晶温度。例如纯铁的最低再结晶

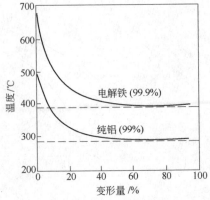

图4-15　电解铁与纯铝再结晶
温度与变形量的关系

温度约为450℃，当加入少量碳元素成为钢后，其最低再结晶温度可提高到500~650℃。

　　D　加热速度和保温时间

　　再结晶温度与加热速度和保温时间也存在关系。加热速度越小，保温时间越长，再结晶温度越低。在实际生产中，为了消除加工硬化，以便进一步进行加工，常把冷塑性变形加工后的金属加热到再结晶温度以上，使其发生再结晶过程以恢复金属的塑性，这种工艺称为再结晶退火。而为了缩短再结晶退火时间，再结晶退火温度，一般比该金属的再结晶温度高100~200℃。

4.2.3　晶粒长大

　　冷塑性变形金属在刚刚完成再结晶过程时，一般都可以得到细小而均匀的等轴晶粒。但是，如果加热温度过高或保温时间过长，再结晶后的晶粒又会以晶界迁移、互相吞并的方式长大，使晶粒变粗，如图4-13所示晶粒长大阶段。这主要是因为晶粒长大可以减少晶界面积，从而降低表面能。而能量的降低是一个自发的过程，所以只要温度足够高，原子具有足够的活动能力，晶粒就会迅速长大。这种晶粒长大的过程，又称为二次再结晶。随着晶粒的粗化，晶体的强度、塑性和韧性也相应降低，如图4-14所示。

4.2.4　影响再结晶晶粒大小的因素

　　二次再结晶所引起的晶粒粗化现象，会使金属材料的强度、塑性和韧性显著降低，并且会对后续的冷变形加工质量产生很大的影响。所以必须了解影响再结晶晶粒大小的因素，通过控制其影响因素，避免晶粒粗化现象。其影响因素主要有以下两个方面：

　　（1）加热温度影响。再结晶退火时加热温度越高，金属的晶粒越大，见图4-16。此外，在加热温度一定时，加热时间过长也会使晶粒长大，但其影响不如加热温度过高的影响大。

　　（2）变形程度影响。变形程度的影响实际上是一个变形均匀的问题。变形程度越大，变形越均匀，再结晶后的晶粒越细，见图4-17。从图中可见，当变形度很小时，金属不发生再结晶，因而晶粒大小基本不变。当变形度在2%~10%范围内时，再结晶后的晶粒度比较粗大。因为在此情况下，金属中仅有部分晶粒发生变形，变形极不均匀，再结晶时的生核数目很少，再结晶后的晶粒度很不均匀，晶粒极易相互吞并长大。这个变形度称为"临界变形度"。生产中应尽量避免这一范围的加工变形，以免形成粗大晶粒而降低力学性能。当大于临界变形度之后随着变形度的增加，变形便越均匀，再结晶时的生核率便越大，再结晶后的晶粒便会越细越均匀。

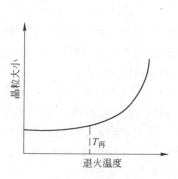

图4-16　晶粒大小与加热温度的关系

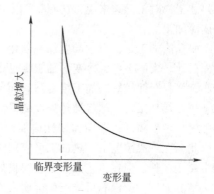

图4-17　晶粒大小与变形量的关系

由此可见，为了获得优良的组织和性能，在制定压力加工工艺时，必须避免在临界变形程度附近进行加工。如工业上冷轧金属，一般多采用 30% ~ 60% 变形量。但是当金属是不均匀变形时，这一现象很难避免，例如冲制薄板零件，其变形与未变形区之间在再结晶退火后会出现粗晶粒区。

如果将加热温度、变形度和晶粒大小三者之间的关系表现在一个立体图中，就获得了再结晶全图。图 4-18 为低碳钢的再结晶全图。各种金属的再结晶全图是制定冷变形工艺及冷加工零件退火工艺的主要依据之一。

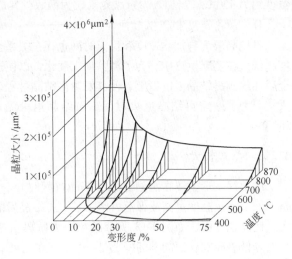

图 4-18　低碳钢再结晶全图

4.3　金属的热塑性变形

以上所讨论的都仅限于金属的冷塑性变形加工（冷加工），未涉及金属的热塑性变形加工（热加工）。由于金属在高温下强度下降，塑性提高，所以在高温下对金属进行塑性变形加工比低温容易得多，因此金属热塑性变形加工在生产中得到极广泛的应用。

所谓金属热塑性变形加工，就是指金属材料在其再结晶温度以上由外力作用而使金属产生塑性变形，从中获得具有一定形状、尺寸和力学性能的零件及毛坯的加工方法。

4.3.1　金属热变形加工与冷变形加工的比较

从金属学的观点来说，冷加工与热加工的区别，是以金属的再结晶温度为界限的。凡是在再结晶温度以下进行的变形加工，称为冷加工。冷加工时，必然产生加工硬化。反之，在再结晶温度以上进行的塑性变形加工称为热加工。热加工后不留有加工硬化。其实热加工过程中金属也会产生加工硬化，但由于热加工变形的温度远高于再结晶温度，变形所引起的加工硬化很快被同时发生的再结晶过程所消除。由此可见，冷变形加工与热变形加工并不是以具体的加工温度的高低来区分的。例如，钨的最低再结晶温度约为 1200℃，故钨即使在 1190℃ 的高温下进行的变形加工仍属冷加工，锡的再结晶温度约为 -7℃，故锡即使在室温下进行变形加工仍属于热加工。对于钢铁来说，在 600℃ 以上的变形加工便称热加工，而在 400℃ 左右的变形加工仍属冷加工。

金属在冷加工时，由于产生加工硬化，使变形抗力增大。因此，对于那些要求变形量较大和截面尺寸较大的工件，冷变形加工将是十分困难的。所以冷加工变形一般适用于制造截面尺寸较小，材料塑性较好，加工精度与表面粗糙度要求较高的金属件。

金属在热加工时，随着加热温度的升高，原子间结合力减小，而且加工硬化被消除，故金属的强度、硬度降低，塑性和韧性增加，因此热加工可用较小的能量消耗，获得较大的变形量。因此，在一般情况下，热加工可应用于截面尺寸较大、变形量较大、材料在室温下硬脆性高的金属毛坯件。但在工艺上为了获得良好的塑性和加速再结晶过程，通常采用热加工温度远超过再结晶温度，所以有可能产生金属表面严重氧化，粗糙且精度差的情况。

热加工除了高温下塑性好，变形抗力小等优点以外，在金属组织和性能方面还具有其他的优点。

4.3.2 热塑性变形对金属组织和性能的影响

热塑性变形加工虽然不使金属产生加工硬化，但它将使金属的组织和性能发生显著的改变。在一般情况下，正确地采用热塑性变形加工工艺可以改善金属材料的组织和性能，表现在以下几个方面。

4.3.2.1 改善铸锭和坯料的组织和性能

金属经过热塑性变形加工（通常是热轧、热锻）后，可使金属毛坯中气孔和疏松焊合；部分消除某些偏析；将粗大的柱状晶粒与枝状晶粒变为细小均匀的等轴晶粒；改善夹杂物、碳化物的形态、大小与分布；可以使金属材料的致密程度与力学性能提高。表 4-1 为碳的质量分数等于 0.3% 的碳钢在铸态和锻态时的力学性能比较。从表 4-1 中可以看出经热塑性变形后，钢的强度、塑性、冲击韧性均较铸态为高，因此在工程上受力复杂、载荷较大的工件（如齿轮、轴、刃具、模具等）大多数要通过热塑性变形加工来制造。

表 4-1 碳钢（$w(C) = 0.3\%$）铸态和锻态时的力学性能

毛坯状态	σ_b/MPa	σ_s/MPa	$\delta/\%$	$\psi/\%$	$a_K/J \cdot cm^{-2}$
铸 造	500	280	15	27	35
锻 造	530	310	20	45	70

4.3.2.2 形成热加工纤维组织（流线）

热塑性变形加工时，铸态金属毛坯中粗大枝晶及各种夹杂物，都要沿变形方向伸长，使铸态金属枝晶间密集的夹杂物，逐渐沿变形方向排列成纤维状。这些夹杂物在再结晶时不会再改变其纤维状。这样在坯料或工件的纵向宏观试样上，可见到沿变形方向的一条条细线，即热加工的纤维组织（流线）。形成纤维组织后，金属材料的力学性能呈现各向异性，即顺着纤维方向（纵向）的力学性能较好。表 4-2 列出 45 钢在不同纤维方向的力学性能。

表 4-2 45 钢在不同纤维方向的力学性能

性能\取样	σ_b/MPa	$\sigma_{0.2}/MPa$	$\delta/\%$	$\psi/\%$	$a_K/J \cdot cm^{-2}$
横 向	675	440	10	31	30
纵 向	715	470	17.5	62.8	62

因此，用热加工方法制造工件时，应考虑纤维分布状态，使纤维方向与工件工作时所受到的最大拉应力方向一致；与剪应力或冲击力方向相垂直。对重要的零件，纤维组织分布状态在图纸上应标明。必要时，应对锻件纤维组织分布状态做检验，一般情况下，流线如能沿工件外形轮廓连续分布，则最为理想。生产中广泛采用模型锻造方法制造齿轮及中小型曲轴，如图 4-19 所示。其优点之一就是使流线沿工件外形轮廓连续分布，并适应工件工作时的受力情况。图 4-19a、图 4-19c 所示的锻造齿轮和曲轴，要比图 4-19b、图 4-19d 所示切削加工齿轮和曲轴的纤维组织分布更为合理，因此具有较高的力学性能。

必须指出，热处理方法是不能消除或改变工件中的流线分布的，而只能依靠适当的塑性变形来改善流线的分布。在某些情况下，是不希望金属材料中出现各向异性的，此时必须采用不同方向的变形（如锻造时采用镦粗与拔长交替进行）以打乱流线的方向性。

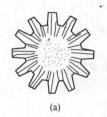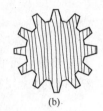

(a)　　　　　　　　(b)　　　　　　　　(c)　　　　　　　　(d)

图 4-19　锻造和切削加工齿轮和曲轴纤维组织

（a）锻造齿轮；（b）切削加工齿轮；（c）锻造曲轴；（d）切削加工曲轴

4.3.2.3　形成带状组织

若钢在铸态下存在严重夹杂物偏析，或热塑性变形加工的温度过低时，不仅会引起加工硬化现象，在金属中造成残余应力，而且使钢中的铁素体和珠光体沿变形方向形成带状或层状分布的组织。这种带状或层状分布的组织称为带状组织，如图4-20所示。这种组织呈明显的层状特征，使钢的力学性能变坏，特别是使钢横向的塑性、韧性降低。热处理时易产生变形，且钢材的组织、硬度不均匀，从而影响材料的使用寿命。

此外，在工艺中必须严格控制热加工温度和变形度。这是因为如果金属在热加工临近终了时，由于变形量较小或加工终了温度过大，再结晶后晶粒有充分长大的机会，则冷却后将得到粗大的晶粒，使金属的力学性能降低。相反如果金属变形量大而加工温度又

图 4-20　钢中的带状组织

较低，则冷却后加工硬化便会保留下来，达不到力学性能所要求的全面指标。因此金属热塑性加工时，必须通过严格控制加工终了温度和最终变形度，并与冷却方式密切配合，才能够达到细化晶粒，提高力学性能的目的。

练习题与思考题

4-1　解释下列名词：

滑移、滑移带、孪生、加工硬化、纤维组织、形变织构、残余内应力、宏观内应力、晶间内应力、晶格畸变内应力、回复、再结晶、临界变形度、流线、带状组织

4-2　说明正应力和切应力对晶格变形的影响。

4-3　为什么滑移主要发生在原子排列最紧密或较紧密的晶面上？

4-4　为什么实际滑移所需的切应力远远小于刚性位移的切应力？

4-5　试比较孪生和滑移变形过程。

4-6　说明晶界对多晶体塑性变形的影响。

4-7　说明多晶体的塑性变形过程。

4-8　为什么细晶粒的力学性能好于粗晶粒？

4-9　说明加工硬化对金属性能的影响。

4-10　说明制耳现象的形成原因。

4-11　试比较宏观内应力、晶间内应力和晶格畸变内应力的形成原因。

4-12　说明残余内应力对金属性能的影响。

4-13　试比较回复、再结晶、晶粒长大三个阶段的形成过程及各阶段对金属性能的影响。

4-14　说明影响再结晶温度的因素。

4-15　说明影响再结晶晶粒大小的因素。

4-16　试比较冷加工和热加工的不同。

4-17　为什么热加工一般应用于金属毛坯件？

4-18　说明热塑性变形对金属组织和性能的影响。

4-19　为什么热加工方法制造工件时，应考虑纤维分布状态？

5 钢的热处理

5.1 热处理概述

5.1.1 热处理的作用

热处理是改善金属材料性能的一种重要加工工艺。它是将金属通过适当的方式，在固态下加热到预定的温度，保温一定的时间，然后以预定的方式冷却到室温，从而改变钢的组织结构，获得所需的性能。其工艺曲线如图 5-1 所示。

正确的热处理工艺还可以消除金属材料经铸造、锻造、焊接等热加工工艺造成的各种缺陷，能够细化晶粒、消除偏析、降低内应力，使组织和性能更加均匀，改善金属材料的工艺性能和使用性能。它不仅使材料得到强化，延长其使用寿命，而且还可以提高产品质量，是节约材料和降低成本的主要措施之一。

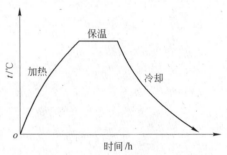

图 5-1 热处理工艺示意图

由于热处理是一种极为重要的金属加工工艺，所以在机械制造工业中得到了广泛的应用。例如，汽车、拖拉机工业中需要进行热处理的零件占 70% ~ 80%，机床工业中占 60% ~ 70%，而轴承及各种工模具则达 100%。凡是重要的机械零件，几乎都需要进行热处理后才能使用。

5.1.2 热处理的基本类型

根据加热和冷却方式的不同，可把热处理分为以下几类：

（1）普通热处理。包括退火、正火、淬火和回火等。

（2）表面热处理。包括表面淬火和化学热处理。表面淬火包括感应加热表面淬火、火焰加热表面淬火、电接触加热表面淬火等；化学热处理包括渗碳、渗氮、碳氮共渗、多元共渗等。

（3）其他热处理。包括可控气氛热处理、真空热处理、形变热处理等。

根据热处理在零件加工过程中所处工序位置和作用不同，热处理还可分为预备热处理和最终热处理。

预备热处理是零件加工过程中的一道中间工序，目的是改善锻、铸毛坯件的组织，消除内应力，为后续的机械加工或最终热处理做准备。最终热处理是零件加工的最后一道工序，目的是使经过成形加工后得到最终形状和尺寸的零件达到所需使用性能的要求。

5.1.3 钢的固态转变及转变临界温度

在固态下具有相变是金属材料能够进行热处理的前提。某些在固态下不发生相变的纯金属或合金是不能用热处理的方法进行强化的。钢之所以能进行热处理，正是由于钢在固态下具有相变。

以下以共析钢为例说明钢在固态下进行转变的过程。

根据 Fe-Fe₃C 相图可知，共析钢在加热和冷却过程中经过 PSK 线（A_1）时，发生珠光体与奥氏体之间的相互转变，亚共析钢经过 GS 线（A_3）时，发生铁素体与奥氏体之间的相互转变，过共析钢经过 ES 线（A_{cm}）时，发生渗碳体与奥氏体之间的相互转变。A_1、A_3、A_{cm} 称为钢加热或冷却过程中组织转变的临界温度。但是，Fe-Fe₃C 相图上反映出的临界温度 A_1、A_3、A_{cm} 是平衡临界温度，即在非常缓慢加热或冷却条件下钢发生组织转变的温度。

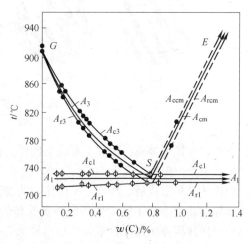

实际上，钢进行热处理时，组织转变并不在平衡临界温度发生，大多数都存在着不同程度的滞后现象。实际转变温度与平衡临界温度之差称为过热度（加热时）或过冷度（冷却时）。过热度或过冷度随加热或冷却速度的增大而增大。通常把加热时的实际临界温度加注下标"c"，如 A_{c1}、A_{c3}、A_{ccm}，而把冷却时的实际临界温度加注下标"r"，如 A_{r1}、A_{r3}、A_{rcm}。图 5-2 为加热和冷却速度均为 0.125℃/min 时对临界温度的影响。

图 5-2 加热和冷却速度均为 0.125℃/min 时对临界温度的影响

5.2 钢在加热时的转变

对钢进行热处理时，为了使钢在热处理后获得所需要的组织和性能，大多数热处理工艺都必须先将钢加热至临界温度以上，获得奥氏体组织，然后再以适当方式（或速度）冷却，以获得所需要的组织和性能。通常把钢加热获得奥氏体的转变过程称为奥氏体化过程。

钢在加热时形成的奥氏体的化学成分、均匀性、晶粒大小以及加热后未溶入奥氏体中的碳化物、氮化物等剩余相的数量、分布状况等都对钢的冷却转变过程及转变产物的组织和性能产生重要的影响。因此，研究钢在加热时奥氏体的形成过程具有重要的意义。

5.2.1 奥氏体的形成过程

碳钢在室温下的组织基本上是由铁素体和渗碳体两个相构成的。铁素体、渗碳体与奥氏体相比，不仅晶格类型不同，而且含碳量的差别也大。因此，铁素体、渗碳体转变为均匀的奥氏体必须进行晶格改组和铁原子、碳原子的扩散。这也是一个结晶过程，也应当遵循形核和核长大的基本规律。

下面以共析钢为例说明奥氏体的形成过程。

共析钢由珠光体到奥氏体的转变包括以下四个阶段：奥氏体形核、奥氏体长大、残余渗碳体的溶解和奥氏体均匀化，如图 5-3 所示。

5.2.1.1 奥氏体的形核

当共析钢被加热到 A_1 线以上温度，就会发生珠光体向奥氏体转变。奥氏体晶核首先在铁素体和渗碳体的相界面上形成。这是因为在相界面上碳浓度分布不均匀，原子排列不规则，易于产生浓度和结构起伏区，为奥氏体形核创造了有利条件。同样，珠光体的边界也可成为奥氏体的形成部位。而在快速加热时，由于过热度大，奥氏体临界晶核半径小，相变所需的浓度起伏

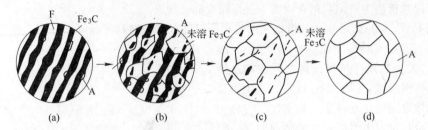

图 5-3 珠光体向奥氏体转变过程示意图

(a) 奥氏体形核; (b) 奥氏体长大; (c) 残余渗碳体的溶解; (d) 奥氏体均匀化

小, 也可以在铁素体亚晶边界上形成奥氏体晶核。

5.2.1.2 奥氏体长大

奥氏体晶核形成后, 出现了奥氏体与铁素体和奥氏体与渗碳体的相平衡, 但与渗碳体接触的奥氏体的碳浓度高于铁素体接触的奥氏体的碳浓度, 因此在奥氏体内部发生了碳原子的扩散, 使奥氏体同渗碳体和铁素体两边相界面上的碳的平衡浓度遭到破坏, 为了维持浓度的平衡关系, 渗碳体必须不断溶解而铁素体也必须不断转变为奥氏体。这样, 奥氏体晶核就分别向两边长大。

5.2.1.3 残余渗碳体的溶解

在奥氏体形成过程中, 铁素体转变为奥氏体的速度高于渗碳体的溶解速度, 当铁素体完全转变成奥氏体后, 仍有部分渗碳体尚未溶解, 随着保温时间的延长, 残余渗碳体不断溶入奥氏体中, 直至完全消失。

5.2.1.4 奥氏体均匀化

当残余渗碳体全部溶解时, 奥氏体中的碳浓度仍是不均匀的。在原来渗碳体的区域碳浓度较高, 继续延长保温时间或继续升温, 使碳原子继续扩散, 奥氏体碳浓度逐渐趋于均匀化。最后得到均匀的单相奥氏体。至此, 奥氏体形成过程全部完成。

亚共析钢和过共析钢的奥氏体形成过程与共析钢基本相同, 当加热温度超过 A_{c1} 时, 只能使原始组织中的珠光体转变为奥氏体, 仍保留一部分先共析铁素体或先共析渗碳体。只有当加热温度超过 A_{c3} 或 A_{ccm}, 并保温足够的时间, 才能获得均匀的单相奥氏体。

5.2.2 影响奥氏体形成速度的因素

奥氏体的形成是通过形核与长大过程进行的, 整个过程受原子扩散的影响。因此, 只要影响原子扩散的一切因素, 都会影响奥氏体的形成速度。

5.2.2.1 加热温度和加热速度

为了研究珠光体向奥氏体的转变过程, 通常将所研究钢的试样迅速加热到 A_1 以上各个不同的温度保温, 记录各个温度下珠光体向奥氏体转变开始、奥氏体转变完成、渗碳体全部溶解和奥氏体成分均匀化所需要的时间, 绘制在转变温度和时间坐标图上, 便得到钢的奥氏体等温形成曲线图, 见图 5-4。

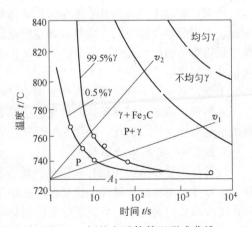

图 5-4 钢的奥氏体等温形成曲线

由图5-4可见，在A_1以上某一温度保温时，奥氏体并不立即出现，而是保温一段时间后才开始形成，这段时间称为孕育期。其原因是形成奥氏体晶核需要原子的扩散，而扩散需要一定的时间完成。而随着温度的提高，原子扩散速率急剧加快，奥氏体的形核率和长大速度大大提高，所以转变的孕育期和转变完成时间也显著缩短，奥氏体形成速度越快。在影响奥氏体形成速度的诸多因素中，温度的作用最为显著，所以控制奥氏体的形成温度至关重要。但是加热温度过高也往往会引起诸如氧化、脱碳以及晶粒粗大等的缺陷。而从图5-4中也可以看到，在较低温度下长时间加热和较高温度下短时间加热都可以得到相同的奥氏体状态，只不过形成的时间不同。所以在制定加热工艺时，应当综合考虑加热温度和保温时间的影响。

在实际生产采用的连续加热过程中，奥氏体等温度转变的基本规律仍是不变的。但是与等温度转变不同，钢在连续加热时的转变是在一个温度范围内进行的。图5-4所示的不同速度的加热曲线（如v_1、v_2），可以说明钢在连续加热条件下奥氏体形成的基本规律。加热速度越快（如v_2），孕育期越短，奥氏体开始转变的温度和转变终了的温度越高，转变终了所需的时间越短。加热速度较低（如v_1），转变将在较低温度下进行，孕育期也较长。当加热速度非常缓慢时，珠光体向奥氏体的转变在接近于A_1点温度下进行，这符合铁碳合金相图所示平衡的转变的情况。

5.2.2.2 原始组织的影响

钢的原始组织为片状珠光体，铁素体和渗碳组织越细，它们的相界面越多，则形成奥氏体的晶核越多，晶核长大速度越快，因此可加速奥氏体的形成过程。但若预先经球化处理，使原始组织中渗碳体为球状，因铁素体和渗碳体的相界面减小，则将减慢奥氏体的形成速度。如共析钢在原始组织为淬火马氏体、正火索氏体等非平衡组织时，则等温奥氏体化曲线如图5-5所示。每组曲线的左边一条是转变开始线，右边是一条转变终了线，由图可见，奥氏体化最快的是淬火状态的钢，其次是正火状态的钢，最慢的是球化退火状态的钢。这是因为淬火状态的钢在A_1点以上升温过程中已经分解为微细粒状态珠光体，组织最弥散，相界面最多，有利于奥氏体的形核与长大，所以转变最快。正火状态的细片状珠光体，其相界面也很多，所以转变也快。球化退火态的粒状珠光体，其相界面最少，因此奥氏体化最慢。

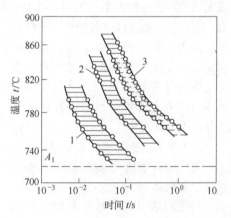

图 5-5 不同原始组织共析钢
等温奥氏体形成曲线
1—淬火状态；2—正火状态；
3—球化退火状态

5.2.2.3 化学成分的影响

A 碳的影响

钢中的含碳量越高，奥氏体形成速度越快。这是因为钢中含碳量越高，原始组织中渗碳体数量越多，从而增加了铁素体和渗碳体的相界面，使奥氏体的形核率增大。此外，碳的质量分数增加又使碳在奥氏体中的扩散速度增大，提高了奥氏体长大速度。

B 合金元素的影响

合金元素主要从以下几个方面影响奥氏体的形成速度。首先是合金元素影响碳在奥氏体中的扩散速度。Cr和Ni提高碳在奥氏体中的扩散速度，故加快了奥氏体的形成速度。Si、Al、Mn等元素对碳在奥氏体中扩散能力影响不大。而Cr、Mo、W、V等碳化物形成元素显著降低碳在奥氏体中的扩散速度，故大大减慢奥氏体的形成速度。其次是合金元素改变了钢的临界点和碳在奥氏体中的溶解度，于是就改变了钢的过热度和碳在奥氏体中的扩散度，从而影响奥氏体的形成过程。此外，钢中合金元素在铁素体和碳化物中的分布是不均匀的，在平衡组织中，碳化物形成元素集中在碳化物中，而非碳化物形成元素集中在铁素体中，因此，奥氏体形成后碳和合金元素在奥氏体中的分布是不均匀的。所以在合金钢中除了碳的均匀化之外，还有一个合金元素的均匀化过程，在相同条件下，合金元素在奥氏体中的扩散速度要远比碳小得多，仅为碳的万分之一到千分之一。因此，合金钢的奥氏体均匀化时间要比碳钢长得多。所以在制定合金钢的加热工艺时，与碳钢相比，加热温度要高，保温时间要长。

5.2.3　奥氏体晶粒的大小及其影响因素

钢在加热后形成的奥氏体组织，特别是奥氏体晶粒大小对冷却转变后钢的组织和性能有着重要的影响。一般说来，奥氏体晶粒越小，钢热处理后的强度越高，塑性越好。冲击韧性越高，但是奥氏体化温度过高或在高温下保持时间长，将使钢的奥氏体晶粒长大，显著降低钢的冲击韧性、减小裂纹扩展和提高脆性转变温度。此外，晶粒粗大的钢件，淬火变形和开裂倾向增大。尤其当晶粒大小不匀时，还显著降低钢的结构强度，引起应力集中，易于产生脆性断裂。因此，在热处理过程中应当十分注意防止奥氏体晶粒粗化。为了获得所期望的合适奥氏体晶粒尺寸，必须弄清楚奥氏体粒度的概念，了解影响奥氏体晶粒大小的各种因素以控制奥氏体晶粒大小的方法。

5.2.3.1　奥氏体的晶粒度

奥氏体晶粒度是衡量晶粒大小的尺度。奥氏体晶粒大小通常以单位面积内晶粒的数目或以每个晶粒的平均面积与平均直径来描述。但是要测定这样的数据很麻烦。实际生产中奥氏体晶粒尺寸通常用与8级晶粒度标准金相图（见图5-6）相比较的方法来度量，确定奥氏体晶粒度级别 N。

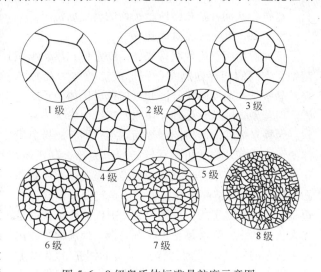

图 5-6　8级奥氏体标准晶粒度示意图

晶粒大小按标准晶粒度分为8级，晶粒度级别越大则单位面积内晶粒数越多，表示晶粒尺寸越小。通常1~4级为粗晶粒，5~8级为细晶粒。晶粒大小与晶粒度级别关系如下式：

$$n = 2^{N-1}$$

式中　　n——放大100倍时每6.45mm² 视野中所观察到的晶粒数；

　　　　N——晶粒度级别。

在研究奥氏体晶粒度的大小变化时，通常有三种不同晶粒度的概念。

A　起始晶粒度

钢在临界温度以上奥氏体形成刚结束，其晶粒刚刚相互接触时的晶粒大小称为奥氏体的起始晶粒度。

B　本质晶粒度

本质晶粒度表示钢在一定条件下奥氏体晶粒长大的倾向性。为了表征奥氏体晶粒长大倾向，通常采用将钢加热到930℃±10℃，保温3~8h测定其奥氏体晶粒大小。如晶粒度在1~4级，称为本质粗晶粒钢，如晶粒度在5~8级，则称为本质细晶粒钢。

一般钢的热处理加热温度都低于930℃，如果钢在930℃以前奥氏体晶粒没有明显长大，那么在一般热处理条件下也不会出现粗大的奥氏体晶粒，所以该钢的奥氏体晶粒长大倾向小，反之亦然。因此，本质晶粒度只反映钢加热至930℃以前奥氏体晶粒长大的倾向性。碳钢在930℃以下，随温度升高，晶粒不断迅速长大，则称为本质粗晶粒钢；如在930℃以下，随着温度的升高，晶粒长大速度很缓慢，则称为本质细晶粒钢。超过930℃，本质细晶粒钢也可能得到很粗的奥氏体晶粒，甚至比本质粗粒钢还粗。

本质晶粒度是钢的工艺性能之一，对于确定钢的加热工艺有重要参考价值。本质细晶粒钢淬火加热度范围较宽，这种钢可在930℃高温下渗碳后直接淬火，不致引起奥氏体晶粒粗化。而本质粗晶粒钢必须严格控制加热温度，以免引起奥氏体晶粒粗化。

C 实际晶粒度

所谓实际晶粒度是指钢在某一具体热处理加热条件下所获得的奥氏体晶粒大小。显然，奥氏体的实际晶粒尺寸要比起始晶粒大。而本质粗晶粒钢与本质细晶粒钢也不意味着钢具有粗大晶粒或细小晶粒。实际晶粒度与钢件具体的热处理工艺有关，即奥氏体晶粒完全由其所达到的最高加热温度和在该温度下的保温时间所决定。一般说来，在一定加热速度下，加热温度越高，保温时间越长，得到的实际奥氏体晶粒越粗大。在相同的实际条件下，奥氏体的实际晶粒则取决于钢材的本质晶粒度。钢在加热后的冷却条件并不改变奥氏体晶粒大小，但奥氏体的实际晶粒度却决定钢件冷却后的组织和性能。细小的奥氏体晶粒可使钢在冷却后获得细小的室温组织，从而具有优良的综合力学性能。

5.2.3.2 奥氏体晶粒长大的影响因素

A 加热温度和保温时间的影响

奥氏体形成后，随着加热温度的升高，晶粒急剧长大。在一定温度下，保温时间越长，则晶粒长大越明显。

B 加热速度的影响

采用高温快速加热的方法可使奥氏体形核率越高，起始晶粒越细。快速加热，保温时间短，有利于获得细晶粒奥氏体。

C 钢中成分的影响

碳是促进奥氏体晶粒长大的元素。随着奥氏体含碳量的增加，晶粒长大的倾向也越明显，但当碳以未溶碳化物形式存在时，则会阻碍晶粒的长大。

钢中加入能生成稳定碳化物的元素（如铌、钒、钛、锆等）和能生成氧化物及氮化物的元素（如铝），都会不同程度地阻止奥氏体晶粒长大。而锰和磷是促进奥氏体长大的元素。

5.3 钢在冷却时的转变

因为大多数的零构件都是在室温下工作的，所以热处理的最后一个环节通常将加热和保温之后的金属通过一定的方式冷却至室温。那么在钢的加热过程中获得的均匀、细小的奥氏体晶粒只是作为冷却前的组织准备。因为钢的性能最终取决于奥氏体冷却后转变的组织，所以钢从奥氏体状态下的冷却过程则是热处理的关键工序。因此研究不同条件下奥氏体的组织转变规律具有重要的现实意义。

在热处理工艺中，奥氏体化后的冷却方式通常有两种：等温冷却和连续冷却。

等温冷却是将已奥氏体化的钢迅速冷却到临界点以下的某一温度进行保温，使其在该温度

发生组织转变，这种冷却方式称为等温冷却，如图5-7
中曲线1所示。

　　连续冷却是将已奥氏体化的钢，以某种速度连续
冷却，使其组织在临界点以下的不同温度上转变。这
种冷却方式称为连续冷却，如图5-7中曲线2所示。

5.3.1　过冷奥氏体的等温冷却转变

　　所谓"过冷奥氏体"，是指在相变温度A_1以下，未
发生转变而处于不稳定状态的奥氏体。温度低于A_1的
差值称为过冷度。过冷奥氏体处于不稳定状态，总是
要自发地转变为稳定的新相。过冷奥氏体等温转变曲
线是通过试验方法测定的，是研究过冷奥氏体等温转

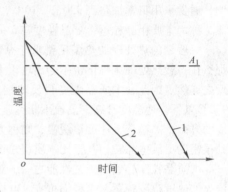

图5-7　冷却方式示意图
1—等温冷却曲线；2—连续冷却曲线

变的重要工具。下面以共析钢为例，分析过冷奥氏体等温转变的规律。

5.3.1.1　过冷奥氏体等温转变曲线分析

　　图5-8所示为共析钢过冷奥氏体等温转变曲线。因曲线呈"C"字形，通常又称"C"曲
线。根据英语名称缩写，也称"TTT"曲线。

　　在C曲线中，左边的一条曲线为过冷奥氏体等温转变开始线，右边的一条为等温转变终了
线。在转变开始线的左方是过冷奥氏体区，在转变终了线的右方是转变产物区，两条曲线之间
是转变区，在C曲线下部有两条水平线，一条是马氏体转变开始线（以M_s表示），一条是马氏
体转变终了线（以M_f表示）。

　　由共析钢的C曲线可以看出：

　　（1）在A_1温度以上为奥氏体区，处于稳定状态。

　　（2）在A_1温度以下，过冷奥氏体在各个温度下的等温转变并非瞬时就开始，而是经过一
段"孕育期"（以转变开始线与纵坐标之间的距离表示）。孕育期越长，表示过冷奥氏体就越

稳定；反之，就越不稳定。孕育期的长
短随过冷度的不同而变化，在靠近A_1线
处，过冷度较小，孕育期较长。随着过
冷度增大，孕育期逐渐缩短。这是由于
过冷奥氏体转变速度与形核率和生长速
度有关，而形核率和生长速度又取决于
过冷度。随着过冷度增大，转变温度降
低，奥氏体与珠光体自由能差大，转变
速度应当加快。到达约550℃时孕育期
最短。随后随温度的降低，孕育期反而
增长。其原因是过冷奥氏体的分解是一
个扩散过程，随着过冷度增大，原子扩
散速度显著减小，形核率和生长速度减
小，故过冷度增大又会使转变速度减
慢。因此，这两个因素综合作用的结
果，导致在鼻温以上随着过冷度增大，
转变速度增大，转变过程受新旧两相相

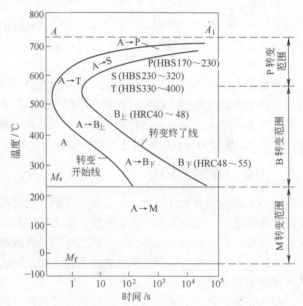

图5-8　共析钢过冷奥氏体等温转变图

变自由能差所控制，鼻温以下，随着过冷度增大，转变速度减慢，转变受原子扩散速度所控制。故而在鼻温附近转变速度达到一个极大值。

需要指出，和鼻温附近 C 曲线相切的奥氏体冷却速度，可定义为钢的临界冷却温度。当实际冷却速度小于临界冷却速度时，过冷奥氏体将发生扩散性分解，形成珠光体等类型的组织。钢的临界冷却速度越小，过冷奥氏体越稳定。

（3）对于过冷奥氏体在 A_1 温度以下等温转变，在不同温度范围内，可发生三种不同类型的转变：高温珠光体型转变、中温贝氏体型转变和低温马氏体型转变。

5.3.1.2 过冷奥氏体等温转变的组织和性能

A 珠光体转变

共析钢过冷奥氏体在 C 曲线鼻温至 A_1 线之间较高温度范围内等温停留，将发生珠光体转变，形成含碳量和晶体结构相差悬殊并和母相奥氏体截然不同的两个固态新相：铁素体和渗碳体，因此，奥氏体到珠光体的转变，必然发生碳的重新分布与铁晶格的改组。由于相变在较高温度下发生，铁和碳原子都能够进行扩散，所以珠光体转变是典型的扩散型相变。

根据奥氏体化温度和奥氏体化程度不同，过冷奥氏体可以形成片层状珠光体和粒状珠光体两种组织状态。前者渗碳体呈片层状，后者呈粒状。它们的形成条件、组织和性能均不同。

a 片层状珠光体

在 $A_1 \sim 550℃$ 温度范围内，奥氏体等温分解为片层状的珠光体组织。其金相形态是铁素体与渗碳体交替排列成片层状。珠光体片层间距随过冷度的增大而减小。按其片层间距的大小，高温转变的产物可分为珠光体、索氏体（细珠光体）和屈氏体（极细珠光体）三种，如图 5-9

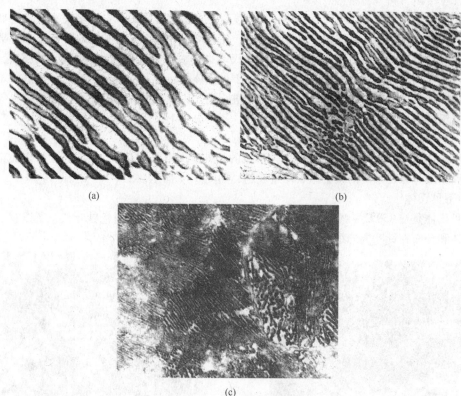

(a)　　　　　　　　　　(b)

(c)

图 5-9　珠光体、索氏体、屈氏体的组织形态

（a）珠光体；（b）索氏体；（c）屈氏体

所示。实际上这三种组织都是珠光体没有本质的区别，也没有严格的界限，只是片间距大小不同而已，而引起性能的差异。其硬度、强度与塑性随片层间间距的缩小而增大。

　　b　粒状珠光体

　　粒状珠光体是通过渗碳体球化获得的，如图5-10所示。当奥氏体化温度较低，形成成分不太均匀的奥氏体时，尤其是原始组织为片状珠光体或片状珠光体加网状二次渗碳体，加热温度略高于 A_1 温度时，便得到奥氏体加未溶渗碳体的组织。随后，缓慢冷却时易于形成粒状珠光体。在粒状珠光体组织中，渗碳体呈颗粒状分布在铁素体基体中。渗碳

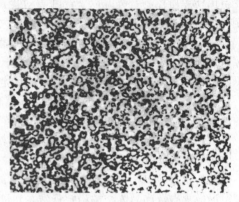

图 5-10　粒状珠光体的组织形态

体颗粒的大小与奥氏体转变的温度有关，当转变温度较低时，渗碳体的颗粒更为细小。可见，渗碳体颗粒大小依奥氏体转变温度而定；而渗碳体的形态则取决于奥氏化的温度。在热处理工艺中常采用球化退火工艺使片层状渗碳体转变为粒状渗碳体。

　　粒状珠光体的性能与渗碳体颗粒粗细有关。渗碳体颗粒越细，相界面越多，则钢的强度和硬度越高。渗碳体呈颗粒时，硬度和强度一般较片状珠光体低。球状珠光体的硬度和强度较低，但塑性较好。

　　B　贝氏体转变

　　钢在珠光体转变温度以下、马氏体转变温度以上的温度范围内，过冷奥氏体将发生贝氏体转变，又称中温转变。贝氏体转变具有珠光体转变和马氏体转变某些共同的特点，又有某些区别于它们的独特之处。同珠光体转变相似，贝氏体也是由铁素体和碳化物组成的机械混合物，在转变过程中发生碳在铁素体中的扩散。但由于贝氏体的转变温度较低，铁原子扩散困难，所以奥氏体向铁素体的晶格改组是通过切变方式进行的。因此贝氏体转变是半扩散型的转变。

　　根据组织形态和转变温度的不同，贝氏体一般可分为上贝氏体和下贝氏体两类。

　　a　上贝氏体

　　上贝氏体是在 550～350℃ 温度范围内形成的，其显微组织呈羽毛状，它是由许多成束的铁素体条和断续分布在条间的细小渗碳体组成的，如图 5-11 所示。

　　b　下贝氏体

　　下贝氏体是在 350℃～M_s 点温度范围内形成的，其显微组织是黑色针叶状，所以它由针叶状铁素体和分布在针叶内的细小渗碳体粒子组成，如图 5-12 所示。

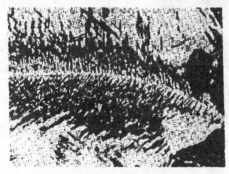

图 5-11　上贝氏体的组织形态

图 5-12　下贝氏体的组织形态

贝氏体的性能主要取决于贝氏体的组织形态,上贝氏体的硬度为 HRC 40 ~ 45,下贝氏体的硬度为 HRC 45 ~ 55。二者比较,下贝氏体不仅硬度、强度较高,而且塑性和韧性也较好,具有良好的综合力学性能。因此,在生产中常用等温淬火来获得下贝氏体组织。而上贝氏体虽然硬度较高,但脆性大,生产上很少应用。

C 马氏体转变

马氏体转变在低温（M_s 点以下）下进行。由于过冷度很大,奥氏体向马氏体转变时难以进行铁、碳原子的扩散,只发生 γ-Fe 向 α-Fe 的晶格转变,所以称为无扩散型相变。固溶在奥氏体中的碳全部保留在 α-Fe 晶格中,形成碳在 α-Fe 中的过饱和固溶体,称为马氏体。

a 马氏体转变特点

马氏体转变属无扩散型转变,马氏体转变前后的碳浓度没有变化。由于过饱和的碳原子被强制地固溶在体心立方晶格中,所以晶格严重畸变,成为具有一定正方度的体心正方晶格。马氏体含碳量越高,则晶格畸变越严重。α-Fe 的晶格致密度比 γ-Fe 的小,而马氏体是碳在 α-Fe 中的过饱和固溶体,质量体积更大。因此,当奥氏体向马氏体转变时,体积要增大。含碳量越高,体积增大越多,这是工件淬火时产生淬火内应力、导致工件淬火变形和开裂的主要原因。

马氏体转变速度极快。马氏体随温度的不断降低而增多,一直到 M_f 点为止。马氏体转变一般不能进行到底,总有一部分奥氏体未能转变而残留下来,这部分奥氏体称为残余奥氏体。残余奥氏体的存在有两个原因:一是由于马氏体形成时伴随着体积的膨胀,对尚未转变的奥氏体产生了多向压应力,抑制奥氏体转变;二是因为钢的 M_f 点大多低于室温,在正常淬火冷却条件下,必然存在较多的残余奥氏体。钢中残余奥氏体的数量随 M_f 和 M_s 点的降低而增加。残余奥氏体的存在,不仅降低淬火钢的硬度和耐磨性,而且在工件长期使用过程中,残余奥氏体会继续成为马氏体,使工件尺寸发生变化。因此,生产中对一些高精度工件常采用冷处理的方法,将淬火钢件冷至低于 0℃ 的某一温度,以减少残余奥氏体量。

b 马氏体的组织和性能

马氏体的组织类型主要与奥氏体的含碳量有关,主要有板条状和片状两种。含碳量较低的钢淬火时几乎全部转变为板条状马氏体组织,而含碳量高的钢转变为片状马氏体组织,含碳量介于中间的钢则转变为两种马氏体的混合组织。应该指出,马氏体形态变化没有严格的含碳量界限。图 5-13、图 5-14 是两种马氏体的显微组织。

板条状马氏体显微组织呈相互平行的细板条束状,束与束之间具有较大的位相差。片状马氏体呈针片状,在正常淬火条件下,马氏体针片十分细小,在光学显微镜下不易分辨其形态。

图 5-13 板条状马氏体的显微组织形态

图 5-14 片状马氏体的显微组织形态

板条状马氏体不仅具有较高的强度和硬度，而且具有较好的塑性和韧性。片状马氏体的强度、硬度很高，但塑性和韧性较差。表 5-1 为 $w(C) = 0.10\% \sim 0.25\%$ 的碳钢淬火形成的板条马氏体与 $w(C) = 0.77\%$ 的碳钢淬火形成的片状马氏体的性能比较。

表 5-1　板条状马氏体和片状马氏体的性能比较

淬火钢含碳量 $w(C)/\%$	马氏体形态	σ_b/MPa	σ_s/MPa	HRC	$\delta/\%$	$\psi/\%$	$a_{KU}/J \cdot cm^{-2}$
0.10 ~ 0.25	板条状	1020 ~ 1330	820 ~ 1330	30 ~ 50	9 ~ 17	40 ~ 65	60 ~ 80
0.77	片　状	2350	2040	65	≈1	30	10

马氏体的硬度主要取决于含碳量。$w(C) < 0.60\%$ 时，随含碳量的增加，马氏体硬度升高，但当 $w(C) > 0.60\%$ 后，硬度升高不明显。马氏体的塑性和韧性与其含碳量及形态有着密切的关系。低碳板条状马氏体具有强韧性，在生产中得到了广泛的应用。

5.3.1.3　影响过冷奥氏体等温转变的因素

C 曲线揭示了过冷奥氏体在不同温度下等温转变的规律，因此，从 C 曲线形状、位置的变化，可反映各种因素对奥氏体等温转变的影响。其主要影响因素有含碳量、合金元素、加热温度和时间三个方面。

A　含碳量的影响

在正常加热条件下，亚共析钢的 C 曲线随含碳量的增加向右移，过共析钢的 C 曲线随含碳量的增加向左移，所以，碳钢中以共析钢的过冷奥氏体最为稳定。与共析钢的 C 曲线相比，如图 5-15 所示，在鼻尖温度以上，亚共析钢的 C 曲线多出一条先共析铁素体析出线，过共析钢的 C 曲线多出一条二次渗碳体的析出线。这表明，在发生珠光体转变之前，亚共析钢先析出铁素体；过共析钢先析出渗碳体。

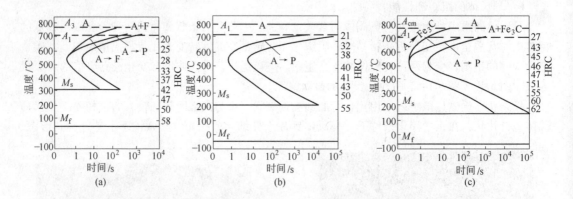

图 5-15　亚共析钢、共析钢及过共析钢的 C 曲线比较
(a) 亚共析钢；(b) 共析钢；(c) 过共析钢

由 Fe-Fe$_3$C 相图可知，在平衡冷却条件下，亚共析钢从奥氏体状态首先转变为铁素体，剩余奥氏体中含碳量不断增加；过共析钢首先析出渗碳体，剩余奥氏体中含碳量则不断降低。当剩余奥氏体中含碳量达到 0.77% 则发生珠光体转变。如果在快速冷却条件下，先共析相铁素体或渗碳体的量是随着冷却速度的加快而减少的，甚至可能消失。这种含碳量不是 0.77% 而形成的完全珠光体组织称为伪珠光体。

在热处理生产中，为了提高低碳钢板的强度，可采用热轧后立即水冷或喷雾冷却的方法减小先共析铁素体数量，增加伪珠光体数量。对于存在网状二次渗碳体的过共析钢，可以采用加快冷却速度的方法（如从奥氏体状态空冷正火）抑制先共析渗碳体的析出，从向消除网状二次渗碳体。

B 合金元素的影响

除钴以外，所有融入奥氏体的合金元素都能使过冷奥氏体的稳定性增加，使 C 曲线右移并使 M_s 点降低。当奥氏体中溶入较多碳化物形成元素（铬、钼、钒、钨、钛等）时，不仅 C 曲线的位置会改变，而且曲线的形状也会改变，C 曲线可以出现两个鼻尖。图 5-16 所示为不同含铬量的合金钢的 C 曲线。

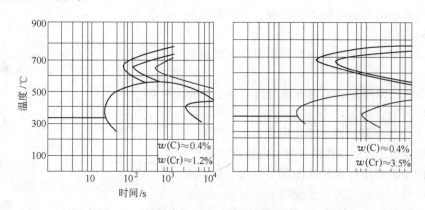

图 5-16 含铬合金钢的 C 曲线

C 加热温度和时间的影响

随着奥氏体化的温度提高和保温时间延长，奥氏体成分越均匀，同时晶粒粗大，晶界面积减少。这样，会降低过冷奥氏体转变的形核率，不利于过冷奥氏体的分解，使其稳定性增大，C 曲线右移。因此，应用 C 曲线时，需要注意其奥氏体化条件的影响。

5.3.2 过冷奥氏体的连续冷却转变

在实际生产中，过冷奥氏体一般都是在连续冷却过程中进行的。因此，需要应用钢的连续冷却转变曲线（CCT 曲线）了解过冷奥氏体连续冷却转变的规律。对于确定热处理工艺和选材具有重要意义。CCT 曲线也是通过实验方法测定的。

图 5-17 是共析钢的连续冷却转变曲线，图中 P_s 线为珠光体的转变开始线，P_f 线为珠光体的转变终了线，KK' 线为珠光体转变的终止线。当实际冷却速度小于 v_K 时，只发生珠光体转变；当实际冷却速度大于 v_K 时，则只发生马氏体转变；当冷却速度介于两者之间，冷却曲线与 K 线相交时，有一部分奥氏体已转变为珠光体，珠光体转变终止，剩余的奥氏体在冷至 M_s 点以下时发生马氏体转变。图中的 v_K 为马氏体转变的临界冷却速度，又称上临界冷却速度，是钢在淬火时为得到马氏体转变所需的最小冷却速度。v_K 越小，钢在淬火时越容易获得马氏体组织。$v_{K'}$ 为下临界冷却速度，是保证奥氏体全部转变为珠光体的最大冷却速度。$v_{K'}$ 越小，则退火所需时间越长。

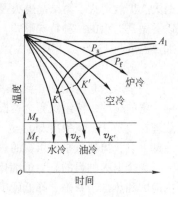

图 5-17 共析钢的连续
冷却转变曲线

5.3.3　连续冷却转变图与等温冷却转变图的比较和应用

图 5-18 为 $w(C) = 0.84\%$ 碳钢的连续冷却转变图与等温转变图。图中，实线为共析钢的 CCT 曲线，虚线为 C 曲线，两种曲线的不同点有：

（1）同一成分钢的 CCT 曲线位于 C 曲线的右下方。这说明要获得同样的组织，连续冷却转变比等温转变的温度要低些，孕育期要长些。

（2）连续冷却时，转变是在一个温度范围内进行的，转变产物的类型可能不止一种，有时是几种类型组织的混合。

（3）连续冷却转变时，共析钢不发生贝氏体转变。

CCT 曲线准确地反映了钢在连续冷却条件下的组织转变，可作为制定和分析热处理工艺的依据。但是，由于 CCT 曲线的测定比较困难，至今尚有许多钢种未测定出来，而各种钢种的 C 曲线都已测定。因此，生产中常利用等温转变图来定性地、近似地分析连续冷却转变的情况，分析的结果可作为制定热处理工艺的参考。由此可见，C 曲线与 CCT 曲线虽有区别，但本质上还是一致的。

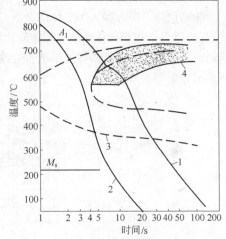

图 5-18　$w(C) = 0.84\%$ 碳钢的连续冷却转变图与等温转变图

5.4　钢的退火和正火

退火和正火是生产中应用很广泛的预备热处理工艺。对于一些受力不大、性能要求不高的机器零件，也可以做最终热处理。铸件退火或正火通常就是最终热处理。

5.4.1　钢的退火目的及工艺

所谓退火是将钢加热到适当的温度，保温一定时间，然后缓慢冷却，以获得接近平衡状态组织的热处理工艺。

钢的退火工艺种类很多，根据工艺特点和目的不同，可分为：完全退火、不完全退火、等温退火、球化退火、扩散退火、再结晶退火及去应力退火等。正火可以看做是退火的一种特殊形式。正火与各种退火方法的加热温度与 Fe-Fe₃C 相图的关系如图 5-19 所示。

5.4.1.1　完全退火

完全退火是将钢加热到 A_{c3} 温度以上 20～30℃，保温一定的时间，使组织完全奥氏体化后缓慢冷却（随炉或埋在砂中、石灰中冷却）至 500℃ 以下，再在空气中冷却，以获得接近平衡组织的热处理工艺。

完全退火的目的是为了细化晶粒、均匀组织、消除内应力和热加工缺陷、降低硬度、改善切削加工性能和冷塑性变形性能，或作为某些重要零件的预备热处理。

在中碳结构钢铸件和锻、轧件中，常见的缺陷组织

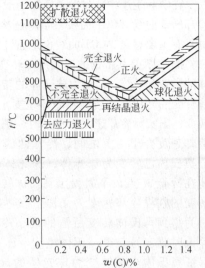

图 5-19　退火、正火加热温度示意图

有魏氏组织、晶粒粗大的过热组织和带状组织等。特别是在焊接工件中焊缝处的组织也不均匀，并且热影响区具有过热组织和魏氏组织，存在很大的内应力。这些组织使钢的性能变坏。经过完全退火后，组织发生重结晶，使晶粒细化，组织均匀，魏氏组织及带状组织基本消除。

对于锻、轧件，完全退火工序一般安排在工件热锻、热轧之后，切削加工之前进行；对于焊接件和铸钢件，一般安排在焊接、浇铸后（或扩散退火后）进行。

退火保温时间不仅取决于工件热透（即工件心部达到所要求的温度）所需要的时间，而且还取决于组织转变所需要的时间。完全退火保温时间与钢材的化学成分、工件的形状和尺寸、加热设备类型、装炉量以及装炉方式等因素有关。通常加热时间以工件的有效厚度来计算。一般碳素钢或低合金钢工件，当装炉量不大时，在箱式炉中的保温时间可按下式计算：

$$t = KD$$

式中　t——保温时间，min；

　　　D——工件有效厚度，mm；

　　　K——加热系数，一般 K 取 $1.5 \sim 2.0$ min/mm。

若装炉量过大，则根据情况延长保温时间。对于亚共析钢锻、轧件，一般可用下列经验公式计算保温时间（单位为 h）：

$$t = (3 \sim 4) + (0.2 \sim 0.5)Q$$

式中　Q——装炉量，t。

退火后的冷却速度应缓慢，以保证奥氏体在 A_{r1} 温度以下不大的过冷条件下进行珠光体转变，避免硬度过高。一般碳钢的冷却速度应小于 $200℃/h$，低合金钢的冷却速度应为 $100℃/h$，高合金钢的冷却速度更小，一般为 $50℃/h$。出炉温度在 $600℃$ 以下。

5.4.1.2 不完全退火

不完全退火是将钢加热至 $A_{c1} \sim A_{c3}$（亚共析钢）或 $A_{c1} \sim A_{ccm}$（过共析钢）之间，保温后缓慢冷却，以获得接近平衡组织的热处理工艺。

由于加热到两相区温度，组织没有完全奥氏体化，仅使珠光体发生相变重结晶转变为奥氏体，因此，基本上不改变先共析铁素体或渗碳体的形态及分布。

不完全退火主要应用于大批量生产原始组织中铁素体均匀、细小的亚共析钢的锻件。目的是降低硬度，改善切削加工性能，消除内应力。优点是加热温度比完全退火低，消耗热能少，降低工艺成本，提高生产率。

5.4.1.3 球化退火

球化退火是将钢加热到 A_{c1} 以上 $20 \sim 30℃$，保温一定时间后随炉缓冷到 $600℃$ 以下，再出炉空冷的一种热处理工艺。

球化退火主要应用于共析钢、过共析钢和合金工具钢。其目的是使渗碳体球化，降低硬度、改善切削加工性能，以及获得均匀的组织，为以后的淬火作组织准备。

过共析钢锻件在锻后的组织一般为细片状珠光体，如果锻后冷却不当，还存在网状渗碳体，不仅硬度高，难以进行切削加工，而且增大钢的脆性，淬火时容易产生变形或开裂。因此，锻后必须进行球化退火，使碳化物球化，获得粒状珠光体组织。

球化退火的加热温度不宜过高，一般在 A_{c1} 温度以上 $20 \sim 30℃$，采用随炉加热。保温时间也不能太长，一般 $2 \sim 4$ h。冷却方式通常采用炉冷，或在 A_{r1} 以下 $20℃$ 左右进行较长时间的等温处理。球化退火的关键在于使奥氏体中保留大量未溶的碳化物质点，并造成奥氏体中碳浓度分布的不均匀性。如果加热温度过高或保温时间过长，则使大部分碳化物溶解，并形成均匀的奥氏体，在随后冷却时球化核心减少，使球化不完全。渗碳体颗粒大小取决于冷却速度或等温温度，冷却速度快或等温温度低，珠光体在较低温度下形成，碳化物聚集作用小，容易形成片状碳化物，从而使硬度偏高。

常用的球化退火工艺主要有以下三种，如图 5-20 所示。

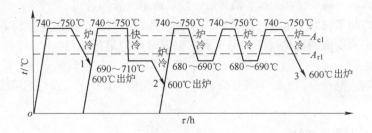

图 5-20　碳素工具钢的几种球化退火工艺

1——一次球化退火；2—等温球化退火；3—往复球化退火

A　一次球化退火

一次球化退火的工艺曲线如图 5-20 中曲线 1 所示。将钢加热到 A_{c1} 以上 20～30℃，保温一定时间后，缓慢冷却（20～60℃/h），待炉温降至 600℃ 以下出炉空冷。

B　等温球化退火

等温球化退火的工艺曲线如图 5-20 中曲线 2 所示。将钢加热到 A_{c1} 以上 20～30℃，保温 2～4h 后，快冷至 A_{r1} 以下 20℃ 左右，等温 3～6h，再随炉降至 600℃ 以下出炉空冷。等温球化退火工艺是目前生产中广泛应用的球化退火工艺。

C　往复球化退火

往复球化退火的工艺曲线如图 5-20 中曲线 3 所示。将钢加热至略高于 A_{c1} 的温度，保温一定时间后，随炉冷至略低于 A_{r1} 的温度等温处理。如此多次反复加热和冷却，最后冷至室温，以获得球化效应更好的粒状珠光体组织。这种工艺特别适用于前两种工艺难于球化的钢种，但在操作和控制上比较繁琐。

球化退火前，钢的原始组织中，如果有严重的网状渗碳体存在时，应该事先进行正火，消除网状渗碳体，然后再进行球化退火。

5.4.1.4　等温退火

等温退火是将钢件加热到 A_{c3} 或 A_{c1} 以上温度，保温一定时间后，较快地冷却到稍低于 A_{r1} 的某一温度进行等温转变，使奥氏体转变为珠光体后再空冷的工艺方法。

等温退火主要用于 C 曲线的位置远离坐标纵轴的合金钢。其目的与完全退火相同。等温温度和时间则应根据对钢性能的要求，利用该钢种的 C 曲线来确定。等温退火与完全退火相比，不仅极大地缩短了退火时间，而且由于工件内外是在同一温度下进行的组织转变，所以组织与性能较为均匀。

5.4.1.5　扩散退火

扩散退火是将钢加热到略低于固相线温度（A_{c3} 或 A_{ccm} 以上 150～300℃），长时间保温（10～15h），然后随炉缓冷的热处理工艺。高温下原子的扩散作用，使钢的化学成分和组织均匀化，因此又称为均匀化退火。

扩散退火温度高、时间长，因此能耗高，易使晶粒粗大。为了细化晶粒，扩散退火后应进行完全退火或正火。这种工艺主要用于质量要求高的合金钢铸锭、铸件或锻坯。

5.4.1.6 去应力退火和再结晶退火

去应力退火又称低温退火，是将钢加热到A_{c1}以下某一温度（一般为500~600℃），保温一定时间，然后随炉冷却至200℃以下出炉空冷的退火工艺。去应力退火过程中不发生组织的转变，目的是为了消除铸、锻、焊件和冷冲压件的残余应力。

再结晶退火主要用于处理冷变形钢。将经过冷变形的钢件加热到再结晶温度以上150~250℃，保温适当时间后缓慢冷却，使冷变形后被拉长、破碎的晶粒重新形核、长大成均匀的等轴晶粒，从而消除加工硬化和残余应力。

5.4.2 钢的正火目的及工艺

正火是将钢加热到A_{c3}或A_{ccm}以上30~50℃，保温适当时间后，在静止的空气中冷却的热处理工艺，正火工艺的主要特点是完全奥氏体化和空冷。与退火相比，正火的冷却速度稍快，过冷度较大。因此，正火组织中先共析相的量较少，组织较细，其强度、硬度比退火高一些。

正火保温时间和完全退火相同，应以工件烧透，即心部达到要求的加热温度为准，还应考虑钢材成分、原始组织、装炉量和加热设备等因素。通常根据具体工件尺寸和经验数据加以确定。

正火冷却方式最常用的是将钢件从加热炉中取出并在空气中自然冷却。对于大件也可采用吹风、喷雾和调节钢件堆放距离等方法控制钢件的冷却速度，达到要求的组织和性能。

正火工艺是较简单、经济的热处理方法，主要用于以下几个方面：

（1）改善钢的切削加工性能。$w(C) < 0.25\%$ 的碳素钢和低合金钢，退火后硬度较低，切削加工时易于"粘刀"，通过正火处理，可以减少铁素体，获得细片状珠光体，使硬度提高至140~190HB，可以改善钢的切削加工性，提高刀具的寿命和工件的表面光洁程度。

（2）消除热加工缺陷。中碳结构钢件、锻轧件以及焊接件在热加工后易于出现魏氏组织、粗大晶粒等过热缺陷和带状组织。通过正火处理可以消除这些组织缺陷，达到细化晶粒、均匀组织、消除内应力的目的。

（3）消除过共析钢的网状碳化物，便于球化退火。过共析钢在淬火之前要进行球化退火，以便于机械加工并为淬火做好组织准备。但过共析钢中存在严重网状碳化物时，将达不到良好的球化效果。通过正火处理可以消除网状碳化物。为此，正火加热时要保证碳化物全部溶入奥氏体中，需采用较快的冷却速度抑制二次碳化物的析出，获得伪共析组织。

（4）提高普通结构零件的力学性能。一些受力不大、性能要求不高的碳钢和合金钢零件采用正火处理，达到一定的综合力学性能，可以代替调质处理，作为零件的最终热处理。

正火适用于中、高碳钢和中、低合金钢的热处理。它可以作为中碳钢和低合金结构钢淬火前的预先热处理，或者作为要求不高的普通结构件的最终热处理。

5.4.3 退火工艺与正火工艺选择

生产上退火和正火工艺的选择应当根据钢种、冷热加工工艺、零件的使用性能及经济性综合考虑。

$w(C) < 0.25\%$ 的低碳钢，通常采用正火代替退火。因为较快的冷却速度可以防止低碳钢沿晶界析出游离二次渗碳体，从而提高冲压件的冷变形性能，用正火可以提高钢的硬度，改善低碳钢的切削加工性能，在没有其他热处理工序时，用正火可以细化晶粒，提高低碳钢强度。

$w(C) = 0.25\%~0.5\%$ 的中碳钢也用正火代替退火，虽然接近上限含碳量的中碳钢正火后硬度偏高，但尚能进行切削加工，而且正火成本低，生产率高。

$w(C) = 0.5\% \sim 0.75\%$ 的高碳钢或工具钢，因含碳量较高，正火后的硬度显著高于退火的情况，难以进行切削加工，故一般采用完全退火，降低硬度，改善切削加工性。

$w(C) > 0.75\%$ 的高碳钢或工具钢一般采用球化退火作为预备热处理。如有网状二次渗碳体存在，则应先进行正火消除。

随着钢中碳和合金元素的增多，过冷奥氏体稳定性增加，C 曲线右移。因此，一些中碳钢及中碳合金钢正火后硬度偏高，不利于切削加工，应当采用完全退火。尤其是含较多合金元素的钢，过冷奥氏体特别稳定，甚至在缓慢冷却条件下也能得到马氏体和贝氏体组织。因此应当采用高温回火来消除应力，降低硬度，改善切削加工性能。

此外，从使用性能考虑，如钢件或零件受力不大，性能要求不高，不必进行淬、回火，可用正火提高钢的力学性能，作为最终热处理。从经济原则考虑，由于正火比退火生产周期短，操作简便，工艺成本低。因此，在钢的使用性能和工艺性能满足要求的条件下，应尽可能用正火代替退火。

5.5　钢的淬火

将钢加热到 A_{c1} 或 A_{c3} 以上，保温一定时间后，以大于临界冷却速度 v_k 的冷却速度冷却，获得马氏体或贝氏体组织的热处理工艺称为淬火。淬火是强化钢的最有效手段之一。

5.5.1　淬火工艺的选择

5.5.1.1　淬火加热温度的选择

钢的淬火温度主要根据钢的相变临界点来确定。一般情况下，亚共析钢的淬火加热温度为 A_{c3} 以上 30 ~ 50℃；共析钢和过共析钢的淬火温度为 A_{c1} 以上 30 ~ 50℃。碳钢淬火的加热温度范围如图 5-21 所示。在这样的温度范围内加热，奥氏体晶粒不会显著长大，并溶有足够的碳。淬火后可以得到细晶粒、高强度和高硬度的马氏体组织。

亚共析钢加热到 A_{c3} 以下时，淬火组织中会出现自由铁素体，使钢的硬度降低。过共析钢加热到 A_{c1} 以上时，有少量的二次渗碳体未溶到奥氏体中，这有利于提高钢的硬度和耐磨性。而且，适当控制奥氏体中的含碳量，还可以控制马氏体的形态，从而降低马氏体的脆性，并减少淬火后的残余奥氏体量。

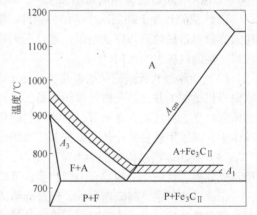

图 5-21　碳钢淬火的加热温度范围

淬火温度太高时，形成粗大的马氏体，使力学性能恶化，同时也增加淬火应力，使变形和开裂的倾向增大。

对于含有阻碍奥氏体晶粒长大的强碳化物形成元素（如钛、锆、铌等）的合金钢，淬火加热温度可以高一些，以加速其碳化物的溶解，获得较好的淬火效果。而对于含促进奥氏体长大元素（如锰）等较多的合金钢，淬火加热温度则应低一些，以防晶粒长大。

5.5.1.2　加热时间的确定

加热时间包括加热钢件所需的升温时间和保温时间。通常把钢件入炉后，炉温升至淬火温度的时间作为升温时间，并以此作为保温时间的开始；保温阶段是指钢件热透并完成奥氏体化所需的时间。

加热时间受钢的化学成分、工件尺寸、形状、装炉量、加热类型、炉温和加热介质等因素的影响，可根据热处理手册中介绍的经验公式来估算，也可由实验来确定。

5.5.1.3　淬火冷却介质选择

冷却是淬火的关键工序，既要保证淬火钢件获得马氏体组织，又要保证钢件不开裂和尽量减小变形。因此，选择适宜的冷却方式非常关键。理想的淬火冷却曲线如图 5-22 所示，由图可见，在 C 曲线"鼻尖"附近快速冷却，使冷却曲线避开 C 曲线"鼻尖"，就可以获得马氏体组织。而在"鼻尖"以上及以下温度范围可以放慢冷却速度，以减小热应力。但是迄今为止，还没有完全满足理想冷却速度的冷却介质。最常用的冷却介质有水、盐水、碱水和油等，见表 5-2。

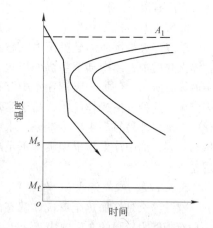

图 5-22　淬火时的理想冷却曲线示意图

表 5-2　常用淬火介质的冷却性能

淬火介质	最大冷却速度[①]		平均冷却速度[①]/℃·s⁻¹		备注
	所在温度/℃	冷却速度/℃·s⁻¹	650~550℃	300~200℃	
静止自来水，20℃	340	775	135	450	
静止自来水，40℃	285	545	110	410	
静止自来水，60℃	220	275	80	185	
10% NaCl 水溶液，20℃	580	2000	1900	1000	冷却速度由 ϕ20mm 银球所测
15% NaOH 水溶液，20℃	560	2830	2750	775	
15% Na$_2$CO$_3$ 水溶液，20℃	430	1640	1140	820	
10 号机油，20℃	430	230	60	65	
10 号机油，80℃	430	230	70	55	
3 号锭子油，20℃	500	120	190	50	

① 各冷却速度值均系根据有关冷却速度特性曲线估算的。

水是最廉价而冷却能力又强的一种冷却介质。但水淬时工件表面易形成蒸汽膜，降低冷却速度，淬火变形和开裂倾向较大，它仅适用于形状简单、尺寸不大的碳钢淬火。

油也是一种常用的淬火冷却介质。目前主要采用矿物油，如机油、柴油等。它的主要优点是在低温区的冷却速度比水小很多。从而可以显著降低淬火工件的应力，减小工件变形和开裂倾向。缺点是在高温区的冷却速度也比较小。所以，它适用于过冷奥氏体比较稳定的合金钢淬火。

此外，还有盐水、碱水、聚乙烯醇水溶液等冷却介质，它们的冷却能力介于水和油之间，适用于油淬不硬而水淬开裂的碳钢淬火。

5.5.2　常用的淬火方法

为了取得满意的淬火效果，除选择适当的淬火介质外，还要选择正确的淬火方法，常用的淬火方法有以下几种。

5.5.2.1　单液淬火

单液淬火是将加热至奥氏体状态的工件淬入到一种淬火介质中连续冷却至室温的淬火工艺，如图5-23中曲线1所示。例如，碳钢在水中淬火，合金钢在油中淬火。这种方法操作简单，易于实现机械化和自动化，不足之处是易产生淬火缺陷。水中淬火易出现变形和开裂，油中淬火易出现硬度不足或硬度不均匀等现象。

5.5.2.2　双液淬火

双液淬火是将加热至奥氏体状态的工件先淬入到一种冷却能力较强的介质中快速冷却，冷至接近 M_s 点温度时，然后再淬入冷却能力较弱的另一种介质中冷却的淬火工艺，如图5-23中曲线2所示。例如，形状复杂的碳钢工件采用水淬油冷，合金钢工件采用油淬

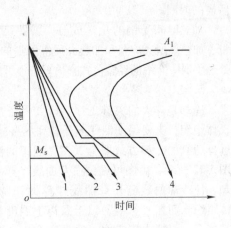

图 5-23　不同淬火方法示意图
1—单液淬火；2—双液淬火；
3—分级淬火；4—等温淬火

空冷等。双液淬火可使低温转变时的内应力减少，从而有效防止工件的变形与开裂。能否准确地控制工件从一种介质转到第二种介质时的温度，是双介质淬火的关键，需要一定的实践经验。

5.5.2.3　分级淬火

分级淬火是将加热至奥氏体状态的工件先淬入温度稍高于 M_s 点的盐浴或碱浴中，稍加停留（2~5min），等工件整体温度趋于均匀时，再取出空冷以获得马氏体的淬火工艺，如图5-23中曲线3所示。分级淬火能有效地避免变形和裂纹的产生，而且比双液淬火易于操作，一般适用于处理形状较复杂、尺寸较小的工件。

5.5.2.4　等温淬火

等温淬火是将加热至奥氏体状态的工件淬入稍高于 M_s 点温度的盐浴或碱浴中保温足够的时间，使其发生下贝氏体组织转变后取出空冷的淬火方法，如图5-23中曲线4所示。等温淬火的内应力很小，工件不易变形与开裂，而且具有良好的综合力学性能。等温淬火常用于处理形状复杂、尺寸要求精确并且硬度和韧性都要求较高的工件，如各种冷、热冲模，成形刃具和弹簧等。

5.5.2.5　局部淬火

如果有些工件按其工作条件只是要求局部高硬度，则可进行局部加热淬火或整体加热局部淬火，以避免工件其他部分产生变形和裂纹。

5.5.3　钢的淬透性与淬硬性

对钢进行淬火希望得到马氏体组织，但一定尺寸和化学成分的钢件在某种介质中淬火能否得到全部的马氏体则取决于钢的淬透性。淬透性是钢的重要工艺性能，也是选材和制定热处理工艺的重要依据之一。

5.5.3.1　钢的淬透性

A　钢的淬透性定义

钢的淬透性是指奥氏体化后的钢淬火获得马氏体的能力，其大小用钢在一定条件下淬火获得淬透层的深度表示。一定尺寸的工件在某介质中淬火，其淬透层的深度与工件截面各点的冷

却速度有关。如果工件截面中心的冷却速度高于钢的临界淬火速度，工件就会淬透。然而工件淬火时表面冷却速度最大，心部冷却速度最小，由表面至心部冷却速度逐渐降低。只有冷却速度大于临界淬火速度的工件外层部分才能得到马氏体，这就是工件的淬透层，而冷却速度小于临界淬火速度的心部只能获得非马氏体组织，这就是工件的未淬透区。

B　淬透层深度的测定

因为实际工件淬火后从表面至心部马氏体数量是逐渐减少的，从金相组织上看，淬透层和未淬透区并无明显的界限，淬火组织中混入少量非马氏体组织，其硬度值也无明显变化。因此，金相检验和硬度测量都比较困难。当淬火组织中马氏体和非马氏体组织各占一半，即所谓半马氏体区时，显微观察极为方便，硬度变化最为剧烈。为测试方便，通常采用从淬火工件表面至半马氏体区距离作为淬透层的深度。半马氏体区的硬度称为测定淬透层深度的临界硬度。研究表明，钢的半马氏体的硬度主要取决于奥氏体中的含碳量，而与合金元素的含量关系不大。这样，根据不同含碳量钢的半马氏体区硬度，利用测定的淬火工件界面上硬度的分布曲线，即可方便地测定淬透层深度。

C　影响淬透性的主要因素及应用

钢的淬透性主要取决于钢的临界冷却速度。钢的临界冷却速度越小，即奥氏体越稳定，则钢的淬透性越好。因此，凡是提高奥氏体稳定性的因素，都能提高钢的淬透性。

a　合金元素的影响

除钴以外的大多数合金元素溶于奥氏体后，均使 C 曲线右移，降低临界冷却速度，提高钢的淬透性。

b　含碳量的影响

亚共析钢随含碳量的增加，临界冷却速度降低，淬透性提高；过共析钢随含碳量的增加，临界冷却速度增高，淬透性下降。

c　奥氏体化温度的影响

提高奥氏体化温度将使奥氏体晶粒长大，成分均匀，从而降低珠光体的形核率，降低钢的临界冷却速度，提高钢的淬透性。

d　钢中未溶第二相的影响

钢中未溶入奥氏体的碳化物、氮化物及其他非金属夹杂物可以成为奥氏体转变产物的非自发核心，使临界冷却速度增大，降低淬透性。

钢的淬透性是选择材料和确定热处理工艺的重要依据。若工件淬透了，经回火后，由表及里均可得到较高的力学性能，从而充分发挥材料的潜力；反之，若工件没淬透，经回火后，心部的强韧性则显著低于表面。因此，对于承受较大负荷（特别是受拉、压、剪切力）的结构零件，都应选用淬透性较好的钢。当然，并非所有的结构零件均要求表里性能一致。例如，对于承受弯曲和扭转应力的轴类零件，由于表层承受应力大，心部承受应力小，故可选用淬透性低的钢。

此外，对于淬透性好的钢，在淬火冷却时可采用比较缓和的淬火介质，以减小淬火应力，从而减少工件淬火时的变形和开裂倾向。

5.5.3.2　钢的淬硬性

淬透性表示钢淬火时获得马氏体的能力，它反映钢的过冷奥氏体稳定性，即与钢的临界冷却度有关。过冷奥氏体越稳定，临界淬火速度越小，钢在一定条件下淬透层深度越深，则钢的淬透性越好。而淬硬性表示钢淬火时的硬化能力，用淬成马氏体可能得到的最高硬度表示，它主要取决于马氏体中的含碳量。马氏体中含碳量越高，钢的淬硬性越高。显然，淬透性和淬硬性并无必然联系，例如高碳工具钢的淬硬性高，但淬透性很低；而低碳合金钢的淬硬性不高，但淬透性却很好。

实际工件在具体淬火条件下的淬透层与淬透性不同。淬透性是钢的一种属性，相同奥氏体化温度下的同一种钢，其淬透性是确定不变的。其大小用规定条件下的淬透层深度表示。而实际工件的淬透层深度是指具体条件下测定的马氏体区至工件表面的深度，它与钢的淬透性、工件尺寸及淬火介质的冷却能力等许多因素有关。例如，同一种钢种在相同介质中淬火，小件比大件的淬透层深；一定尺寸的同一钢种，水淬比油淬的淬透层深；工件的体积越小，表面积越小，则冷却速度越快，淬透层越深。决不能说，同一种钢种水淬时比油淬时的淬透性好，小件淬火时比大件淬火时淬透性好。淬透性是不随工件形状、尺寸和介质冷却能力而变化的。

5.5.4 常见的淬火缺陷及预防

在热处理生产中，由于淬火工艺不当，常会产生下列缺陷。

5.5.4.1 过热和过烧

钢在淬火加热时，由于加热温度过高或高温下降停留时间过长而发生奥氏体晶粒显著粗大的现象，称为过热。当加热温度达到固相线附近时，使晶界氧化并部分熔化的现象称为过烧。工件加热后，晶粒粗大，不仅降低了钢的力学性能（尤其是韧性）。而且也容易引起变形和开裂。过热可以用正火处理予以纠正，而过烧后的工件只能报废。为了防止工件的过热和过烧，必须严格控制加热温度和保温时间。

5.5.4.2 氧化与脱碳

钢在加热时，炉内氧化气氛与钢材料表面的铁或碳相互作用，引起氧化脱碳。氧化不仅造成金属的损耗，还影响工件的承载能力和表面质量等。脱碳会降低工件表层的强度、硬度和疲劳强度，对于弹簧、轴承和各种工具、模具等，脱碳是严重的缺陷。为了防止氧化和脱碳，重要受力零件和精密零件通常应在盐浴炉内加热。要求更高时，可在工件表面涂覆保护剂或在保护气氛及真空中加热。

5.5.4.3 应力、变形与开裂

工件在淬火过程中会发生形状和尺寸的变化，有时甚至要产生淬火裂纹。工件变形或开裂的原因是由于淬火过程中在工件内产生的内应力造成的。

淬火应力主要有热应力和组织应力两种。工件最终变形或开裂是这两种应力综合作用的结果。当淬火应力超过材料的屈服极限时，就会产生塑性变形，当淬火应力超过材料的强度极限时，工件则发生开裂。

工件加热或冷却时由于内外温度差异导致热胀冷缩不一致而产生的内应力叫做热应力。热应力是由于快速冷却工件表面温差造成的。因此，冷却速度越大，截面温差越大，则热应力越大。在相同冷却介质条件下，工作加热温度越高、截面尺寸越大、钢材导热系数和膨胀系数越大，工件内外温差越大，则热应力越大。

工件在冷却过程中，由于内外温差造成组织转变不同时，引起内外质量体积不同变化而产生的内应力叫做组织应力。如前所述，钢中各种组织的质量体积是不同的，从奥氏体、珠光体、贝氏体到马氏体，质量体积逐渐增大。奥氏体质量体积最小，马氏体质量体积最大。因此，钢淬火时由奥氏体转变为马氏体将造成显著的体积膨胀。零件从 M_s 点快速冷却的淬火初期，其表面首先冷却到 M_s 点以下发生马氏体转变，体积要膨胀，而此时心部仍为奥氏体，体积不发生变化。因此心部阻止表面体积膨胀使零件表面处于压应力状态，而心部则处于拉应力状态。继续冷却时，零件表面马氏体转变基本结束，体积不再膨胀，而心部温度才下降到 M_s

点以下，开始发生马氏体转变，心部体积要膨胀，此时表面已形成一层硬壳，心部体膨胀将使表面受拉应力，而心部受压应力。可见，组织应力引起的残余应力与热力正好相反，表面为拉应力、心部为压应力。组织应力大小与钢的化学成分、冶金质量、钢件尺寸、钢的导热性及在马氏体温度范围的冷却速度和钢的淬透性等因素有关。

淬火内应力是造成工件变形和开裂的原因。对变形量小的工件采取某些措施予以矫正，而变形量太大或开裂的工件只能报废，为了防止变形或开裂的产生，可采用不同的淬火方法（如分级淬火或等温淬火等）或在设计上采取一些措施（如结构对称、截面积均匀、避免尖角等）。

5.5.4.4 硬度不足与软点

钢件淬火硬化后，表面硬度偏低的局部小区域称为软点，淬火工件的整体硬度都低于淬火要求的硬度时称为硬度不足。

产生硬度不足或软点的原因有：淬火加热温度过低、淬火介质的冷却能力不够、钢件表面氧化脱碳等。一般情况下，可以采用重新淬火来消除。但在重新淬火前要进行一次退火或正火处理。

5.6 钢的回火

回火是紧接淬火以后的一道热处理工艺，大多数淬火钢件都要进行回火。它是将淬火钢再加热到 A_{c1} 以下某一温度，保温一定时间，然后冷却到室温的热处理工艺。

回火的目的是为了稳定组织，减小或消除淬火应力，提高钢的塑性和韧性，获得强度、硬度和塑性、韧性的适当配合，以满足不同的使用性能要求。

5.6.1 回火时的组织转变

淬火钢获得的组织处于不稳定状态，具有向稳定状态转变的自发倾向，回火加热加速了这种自发转变过程。根据组织变化，这一过程可分为四个阶段：

（1）马氏体分解（200℃以下）。在加热温度为 100～200℃ 范围时，马氏体发生分解，过饱和的碳原子以 ε 碳化物形式析出，使马氏体过饱和度降低。弥散度极高的 ε 碳化物呈网状分布在马氏体基体上，这种组织称回火马氏体。此阶段内应力减小，韧性明显提高，硬度变化不大。

（2）残余奥氏体分解（200～300℃）。随着加热回火温度的升高，马氏体的分解，降低了对残余奥氏体的压应力。在 200～300℃ 时残余奥氏体发生分解，转变为下贝氏体，使硬度升高，抵偿了马氏体分解造成的硬度下降，所以，此阶段钢的硬度未明显降低。

（3）渗碳体形成（250～400℃）。马氏体和残余奥氏体继续分解，直至过饱和碳原子全部析出，同时，ε 碳化物逐渐转变为极细的稳定的渗碳体（Fe_3C）。这个阶段直到400℃时全部完成，形成针状铁素体和细球状渗碳体组成的混合组织，这种组织称为回火屈氏体。此时内应力基本消除，硬度随之降低。

（4）渗碳体聚集长大和铁素体再结晶（400～650℃）。温度继续升高到400℃以上时，铁素体发生回复与再结晶，由针片状转变为多边形；与此同时，渗碳体颗粒也不断聚集长大并球化。这时的组织由多边形铁素体和球化渗碳体组成，称回火索氏体。这种组织的强度、塑性和韧性较好。

5.6.2 回火工艺

制定回火工艺时，根据钢的化学成分、工件的性能要求以及工件淬火后的组织和硬度来正确选择回火温度、保温时间、回火后的冷却方式等工艺参数，以保证工件回火后能获得所需要的组织和性能。

决定工件回火后的组织和性能最重要因素是回火温度。根据回火温度高低可分为低温回火、中温回火和高温回火。

5.6.2.1　低温回火

低温回火温度范围一般为 150～250℃。低温回火钢大部分是淬火高碳钢和淬火高合金钢。经低温回火后得到隐晶马氏体加细粒状碳化物组织，即回火马氏体，具有很高的强度、硬度和耐磨性，同时显著降低了钢的淬火应力和脆性。在生产中低温回火主要用于各种工具、滚动轴承、渗碳件、表面淬火工件等。

5.6.2.2　中温回火

中温回火温度一般为 350～500℃。回火组织为回火屈氏体。中温回火后工件的内应力基本消除，具有高的弹性极限、较高的强度和硬度、良好的塑性和韧性。中温回火主要用于各种弹簧零件及模具等。

5.6.2.3　高温回火

高温回火温度约为 500～650℃，习惯上将淬火和随后的高温回火相结合的热处理工艺称为调质处理。高温回火的组织为回火索氏体。高温回火后钢具有强度、塑性和韧性都较好的综合力学性能，广泛用于中碳结构钢和低合金结构钢制造的各种重要结构零件，如各种轴、齿轮、连杆、高强度螺栓等。

除上述三种回火方法之外，某些不能通过退火来软化的高合金钢，可以在 600～680℃ 进行软化回火。

5.6.3　回火脆性

钢的冲击韧度随回火温度升高的变化规律如图 5-24 所示。由图看出，在 250～400℃ 和 450～650℃ 温度范围内，钢的冲击韧度明显降低，这种脆化现象称为回火脆性。

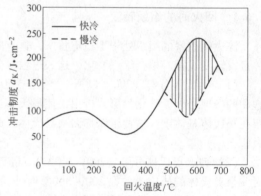

图 5-24　钢的冲击韧度与回火温度的关系

5.6.3.1　低温回火脆性（第一类回火脆性）

淬火钢在 250～400℃ 范围内回火时出现的脆性称低温回火脆性。几乎所有钢都存在这类脆性，这是一种不可逆回火脆性。产生这种脆性的主要原因是，在 250℃ 以上回火时，碳化物沿马氏体晶界析出，破坏了马氏体的连续性，降低韧性。为了防止出现低温回火脆性，一般回火时都要避开这一温度范围。

5.6.3.2　高温回火脆性（第二类回火脆性）

淬火钢在 450～650℃ 范围内回火时出现的脆性称高温回火脆性。一般认为这种脆性主要是一些元素的晶界偏聚造成的。同时也与回火时的加热、冷却条件有关。当加热至 600℃ 以上后，以缓慢的冷却速度通过脆化区时，则出现脆性；快冷通过脆化区，则不出现脆性。这种脆性可通过重新加热至 600℃ 以上快冷予以消除。所以，这种脆性又称为可逆回火脆性。

5.7　钢的冷处理和时效处理

5.7.1　钢的冷处理

高碳钢及一些合金钢，由于 M_f 点位在零度以下，淬火后组织中有大量残留奥氏体。若将钢继续冷却到零度以下，会使残余奥氏体转变为马氏体，称这种操作为冷处理。

冷处理应当紧接着淬火操作之后进行，如果相隔时间过久会降低冷处理的效果。冷处理的温度应由 M_f 决定，一般是在干冰（固态 CO_2）和酒精的混合物或冷冻机中冷却，温度为 $-80 \sim -70℃$。这种方法主要用来提高钢的硬度和耐磨性（例如合金钢渗碳后的冷处理）。为了提高工具的寿命和稳定精密量具的尺寸，往往也进行冷处理。冷处理时体积要增大，所以这种方法也用于恢复某些高度精密件（如量规）的尺寸。冷处理后可进行回火，以消除应力，避免裂纹。

目前，在 $-130℃$ 以下（用液氮）的深冷处理，在工具及耐磨零件处理时获得应用，显著延长了它们的寿命。此外，还用于各种量具、枪杆等要求尺寸准确、稳定的零件。

5.7.2　时效处理

金属和合金经过冷、热加工或热处理后，在室温下保持（放置）或适当升高温度时常发生力学和物理性能随时间而变化的现象，这种现象统称为时效。在时效过程中金属和合金的显微组织并不发生明显变化。但随时效的进行，残余应力会大部或全部消除。工业上常用的时效方法主要有自然时效、热时效、形变时效和振动时效等。

5.7.2.1　自然时效

自然时效是指经过冷、热加工或热处理的金属材料，在室温下发生性能随时间而变化的现象。如钢铁铸件、锻件或焊接件于室温下长期堆放在露天或室内，经过半年或几年后可以减轻或消除部分残余应力（10% ~ 12%），并稳定工件尺寸。其优点是不用任何设备，不消耗能源，即能达到消除部分内应力的效果；但周期太长，应力消除率不高。

5.7.2.2　热时效

随温度不同，α-Fe 中碳的溶解度发生变化，使钢的性能发生改变的过程称为热时效。低碳钢加热到 $650 \sim 750℃$（A_1 附近）并迅速冷却时，使来不及析出的 Fe_3C_{III} 可以保持在固溶体（铁素体）内成为过饱和固溶体。在室温放置过程中，碳有从固溶体析出的自然趋势。由于碳在室温下有一定的扩散速度，长时间放置（保存）时，碳又呈 Fe_3C_{III} 析出，使钢的硬度、强度上升，而塑性韧性下降，如图 5-25 所示。虽然低碳钢中含碳量不高，但硬度的提高可达50%，这对低碳钢压力加工性能是不利的。加热温度越高，热时效过程中，碳的扩散速度越大，则热时效时间也大为缩短。

就某些使用性能和工艺性能而言，热时效现象并不总是有利的，需要加以控制和利用。例如，经过淬火回火或未经淬火

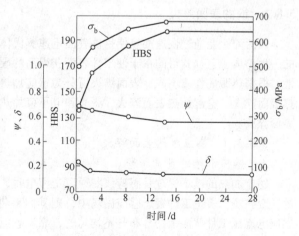

图 5-25　时效后碳钢力学性能的变化

回火的钢铁零件（包括铸锻焊件），长时间在低温（一般小于200℃）加热，可以稳定尺寸和性能；但是冷变形（冷轧等）后的低碳钢板，加热到300℃左右发生的热时效过程，却使钢板的韧性降低，这对低碳钢板的成形十分有害。

5.7.2.3　形变时效

钢在冷变形后进行时效称为形变时效。室温下进行自然时效，一般需要保持（放置）15~16天（大型工件需放置半年甚至1~2年）；而热时效（一般在200~350℃）仅需几分钟，大型工件需几小时。

在冷塑性变形时，α-Fe（铁素体）中的个别体积被碳、氮所饱和，在放置过程析出碳化物和氮化物。形变时效可降低钢板的冲压性能，因而低碳钢板（特别是汽车用板）要进行形变时效倾向试验。

5.7.2.4　振动时效

振动时效即通过机械振动的方式来消除、降低或均匀工件内应力的一种工艺。主要是使用一套专用设备、测试仪器和装夹工具对需要处理的工件（铸、锻、焊件等）施加周期性的动载荷，迫使工件（材料）在共振频率范围内振动并释放出内部残余应力，提高工件的抗疲劳强度和尺寸精度的稳定性。工件在振动（一般选在亚共振区）过程中，材料各点的瞬时应力与工件固有残余应力相叠加，当这两项应力幅值之和大于或等于材料屈服强度时（即 $\sigma_d + \sigma_r \geqslant \sigma_s$），在该点的材料就产生局部微塑性变形，使工件中原来处于不稳定状态的残余应力向稳定状态转变，经一定时间振动（从十几分钟到一小时左右）后，整个工件的内应力得到重新分布（均匀），使它在较低的能量水平上达到新的平衡。其主要优点是：

（1）不受工件尺寸和重量限制（大到几百吨），可以露天就地处理；

（2）节能效率达98%以上；

（3）内应力消除率达30%以上；

（4）一般可以代替人工时效和自然时效，因而在国内外已获得广泛的工业应用。

5.8　钢的表面热处理

一些工作条件往往要求机械零件具有耐蚀、耐热等特殊性能或要求表层与心部的力学性能有一定差异。这时仅从选材上着手和采用普通热处理都很难奏效，只有进行表面热处理，通过改善表层组织结构和性能，才能满足上述要求。表面热处理有表面淬火和化学热处理两大类。

5.8.1　钢的表面淬火

表面淬火是通过快速加热使钢件表面迅速奥氏体化，热量未传到钢件心部之前就快速冷却的一种淬火工艺。其目的在于使工件表面获得高的硬度和耐磨性，心部仍保持良好的塑性和韧性。根据热源的性质不同，表面淬火可分为感应加热表面淬火，火焰加热表面淬火，电接触加热表面淬火，电解加热表面淬火，激光和电子束加热表面淬火等。工业上应用最多的是前两种表面淬火。

5.8.1.1　感应加热表面淬火

A　感应加热的基本原理

感应加热的基本原理是感应线圈通以交流电时，即在它的内部和周围产生与电流频率相同的交变磁场。若把工件置于感应磁场中，则其内部将产生感应电流并由于电阻的作用被加热。感应电流在工件截面上的分布是不均匀的，靠近表面的电流密度最大，中心处几乎为零，如图5-26所示。这种现象称做交流电的集肤效应。电流透入工件表面的深度主要与电流频率有关。

电流频率越高，电流透入工件表层就越薄。因此，通过选用不同频率可以得到不同的淬硬层深度。例如，在采用感应加热淬火时，对于淬硬层深度为 0.5 ~ 2mm 的工件，常选用频率范围为 200 ~ 300kHz 高频加热，适用于中小型齿轮、轴类零件等；对于淬硬层深度为 2 ~ 10mm 的工件，常选用频率范围为 2500 ~ 8000Hz 中频加热，适用于大、中型齿轮、轴类零件等；对于要求淬硬层深度大于 10 ~ 15mm 的工件，宜选用电源频率 50Hz 的工频加热，适用于大直径零件，如轧辊、火车车轮等。

B　感应加热适用的材料

感应加热表面淬火一般适用于中碳钢和中碳低合金钢，如 45，40Cr、40MnB 等钢，这类钢经预先热处理（正火或调质处理）后进行表面淬火，使其

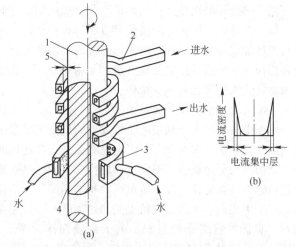

图 5-26　感应加热表面淬火示意图
（a）感应加热表面淬火原理；
（b）涡流在工件截面上的分布
1—工件；2—加热感应器；3—淬火喷水套；
4—加热淬火层；5—间隙

表面具有较高的硬度和耐磨性，心部具有较高的塑性和韧性，因此其综合力学性能较高。

C　感应加热表面淬火的特点

感应加热表面淬火与普通淬火相比，具有以下主要特点：

（1）加热温度高，升温快。一般只需几秒到几十秒的时间就可把零件加热到淬火温度，因而过热度大。

（2）加热时间短，工件表层奥氏体化晶粒细小，淬火后可获得极细马氏体，因而硬度比普通淬火提高 HRC2 ~ 3，且脆性较低。

（3）淬火后工件表面存在残余压应力，因此疲劳强度较高，而且变形小，工件表面易氧化和脱碳。

（4）生产率高，容易实现机械、自动化，适于大批量生成，而且淬硬层深度也易于控制。

（5）加热设备昂贵，不易维修调整，处理形状复杂的零件较困难。

5.8.1.2　火焰加热表面淬火

火焰表面淬火是用高温火焰直接加热工件表面的一种淬火方法。常用的火焰有乙炔-氧或煤气-氧等。火焰温度高达 3000℃ 以上，可将工件表面迅速加热到淬火温度，然后立即喷水冷却，获得所需的表面淬硬层。

这种表面淬火方法与感应加热表面淬火相比，具有设备简单，操作方便，成本低廉，灵活性大等优点；但存在加热温度不易控制，容易造成工件表面过热，淬火质量不稳定等缺点，这种方法主要用于单件、小批量及大型件和异形件的表面淬火。

5.8.1.3　激光加热表面淬火

激光热处理是利用高能量密度的激光束对工件表面扫描照射，使工件表层迅速升温而后自冷淬火的热处理方法。目前生产中大都使用 CO_2 气体激光器，它的功率可达 10kW 以上，效率高，并能长时间连续工作。通过控制激光入射功率密度、照射时间及照射方式，即可达到不同的淬硬层深度、硬度、组织及其他性能要求。

激光热处理的优点是：加热速度快，加热到相变温度以上仅需要百分之几秒；淬火不用冷却介质，而是靠工件自身的热传导自冷淬火；光斑小，能量集中，可控性好，可对复杂的零件进行选择加热淬火，而不影响邻近部位的组织和质量，如利用激光可对盲孔底部、深孔内壁进行表面淬火，而用其他热处理方法则是很困难的；能细化晶粒，显著提高表面硬度和耐磨性；淬火后几乎无变形且表面质量好。

5.8.1.4　电子束表面淬火

电子束表面淬火是利用电子枪发射的成束电子轰击工件表面，使它急速加热，而后自冷淬火的热处理方法。它在很大程度上克服了激光热处理的缺点，保持了其优点，尤其对零件深小狭沟处的淬火更为有利，不会引起烧伤。与激光热处理不同的是，电子束表面淬火是在真空室中进行的，没有氧化，淬火质量高，基本不变形，不需再进行表面加工，就可以直接使用。

电子束表面淬火的最大特点是加热速度和冷却速度都很快，在相变过程中，奥氏体化时间很短，能获得超细晶粒组织。电子束表面淬火后，表面硬度比高频感应加热表面淬火高 HRC2 ~ 6，如 45 钢经电子束表面淬火后硬度可达 HRC62.5，最高硬度可达 HRC65。

5.8.1.5　磁场淬火

磁场淬火是指将加热好的工件放入磁场中进行淬火的热处理方法。磁场淬火可显著提高钢的强度，强化效果随钢中碳含量的提高而增加。直流磁场淬火时，磁化方向对强化效果有影响，在轴向磁场中淬火甚至略有降低。交流磁场淬火的强化效果比直流磁场淬火高。磁场强度越大，强化效果越好。

磁场淬火在提高钢的强度的同时，仍使钢保持良好的塑性及韧性，还可以降低钢材的缺口敏感性，减小淬火变形，并使零件各部分的性能变得均匀。

5.8.2　化学热处理

化学热处理是将钢件在一定介质中加热、保温，使介质中的活性原子渗入工件表层，以改变表层化学成分和组织，从而改善表层性能的热处理工艺。化学热处理可以强化钢件表面，提高钢件的疲劳强度、硬度与耐磨性等；改善钢件表层的物理化学性能，提高钢件的耐蚀性、抗高温氧化性等。化学热处理可使形状复杂的工件获得均匀的渗层，不受钢的原始成分的限制，能大幅度地多方面地提高工件的使用性能，延长工件的使用寿命。为碳素钢、低合金钢替代高合金钢拓宽了道路，具有很大的经济价值，受到人们的高度重视，发展很快。

化学热处理经历着分解、吸收、扩散三个过程。分解，是渗剂在一定温度下发生化学反应形成活性原子的过程；吸收，是活性原子被工件表面溶解，或与钢件中的某些成分形成化合物的过程；扩散，是活性原子向工件内部逐渐扩散，形成一定厚度扩散层的过程。三个过程都有赖于原子的扩散，受温度的控制，温度越高原子的扩散能力越强，过程完成得越快，形成的渗层越厚。按钢件表面渗入的元素不同，化学热处理可分为渗碳、渗氮、碳氮共渗等。

5.8.2.1　渗碳

渗碳是一种使用广泛、历史悠久的化学热处理。其目的是提高钢件表层的含碳量以提高其性能。根据热处理时渗碳剂的状态不同，渗碳分为固体渗碳、液体渗碳和气体渗碳。生产中用得最多的是气体渗碳。按渗碳的条件不同，渗碳可分为普通渗碳、可控气氛渗碳、真空渗碳、离子渗碳等。渗碳用钢，一般是含碳量 $(w(C))$ 为 0.1% ~ 0.25% 的碳钢或合金钢。渗碳后钢件表层的含碳量 $(w(C))$ 一般为 0.8% ~ 1.10%，渗碳层厚度为 0.5 ~ $2mm$，渗碳后的钢件必须经过淬火、低温回火，发挥渗碳层的作用，才能使钢件具有很高的硬度、耐磨性和疲劳强度。渗碳广泛用于形状复杂、在磨损情况下工作、承受冲击载荷和交变载荷的工件，如汽车、拖拉机的变速齿轮、活塞销、凸轮等。

5.8.2.2 渗氮

渗氮又称氮化，是向钢件表层渗入氮原子的化学热处理工艺。氮化温度比渗碳时低，工件变形小。氮化后钢件表面有一层极硬的合金氮化物，故不需要再进行热处理。按渗氮时渗剂的状态可将氮化分为：气体氮化、液体氮化、固体氮化。按其要达到的目的又可将氮化分为：强化氮化和耐蚀氮化两种。强化氮化需要采用含铝、铬、钼、钒等合金元素的中碳合金钢（即氮化用钢）。因为这些元素能与氮形成高度弥散、硬度极高的非常稳定的氮化物或合金氮化物，从而使钢件具有高硬度（HRC65~72），高耐磨性和高疲劳强度。为了保证钢件心部有足够的强度和韧性，氮化前要对钢件进行调质处理。而耐蚀氮化的目的，是在工件表面形成致密的化学稳定性极高的氮化物，不要求表面耐磨，可采用碳钢件、低合金钢件以及铸铁件。渗氮主要用于耐磨性、精度要求都较高的零件（如机床丝杠等）；或在循环载荷条件下工作且要求疲劳强度很高的零件（如高速柴油机曲轴）；或在较高温度下工作的要求耐蚀、耐热的零件（如阀门等）。

5.8.2.3 碳氮共渗

碳氮共渗是同时向钢件表面渗入碳原子和氮原子的化学热处理工艺。碳氮共渗最早是在含氰根的盐浴中进行的，因而又称氰化。按共渗时介质的状态，碳氮共渗主要有液体碳氮共渗、气体碳氮共渗两种。目前采用最多的是气体碳氮共渗。按其共渗温度的高低，气体碳氮共渗分为低温、中温、高温气体碳氮共渗。其中以中温气体碳氮共渗和低温气体碳氮共渗用得较多。中温气体碳氮共渗以渗碳为主，共渗后要进行淬火和低温回火。其主要目的是提高钢件的硬度、耐磨性、疲劳强度，多用于低、中碳钢钢件或合金钢件。中温气体碳氮共渗使钢件的耐磨性高于渗碳，而且生产周期较渗碳短，因此不少工厂用它替代渗碳。低温气体碳氮共渗又称气体软氮化，以渗氮为主，与气体渗碳相比具有工艺时间短（一般不超过4h），表层脆性低，共渗后不需研磨，既适用于各种钢材，又适应于铸铁和烧结合金等优点，能有效地提高钢件的耐磨性、耐疲劳、抗咬合、抗擦伤性能。

生产和科学技术的发展，对钢材性能的要求越来越高。为满足这种要求，有效途径之一是研制使用合金钢。但这势必要耗用大量的贵重稀缺元素而受到一定的限制。实际上，许多情况下只需将碳素钢，低合金钢钢件表层进一步合金化就能满足使用要求而且能节约大量贵重金属。如将碳钢件渗硼，能提高其表面硬度等。

5.9 钢的形变热处理

将塑性变形和热处理结合起来的加工工艺，称为形变热处理。形变热处理有效地综合利用形变强化和相变强化，将成形加工和获得最终性能统一在一起，既能获得由单一强化方法难以达到的强韧化效果，又能简化工艺流程，节约能耗，使生产连续化，收到较好的经济效益。因此，近年来在工业生产中得到了广泛的应用。

钢的变形热处理方法很多，根据形变与相变过程的相互顺序，可将其分为相变前形变、相变中形变和相变后形变三大类。相变前形变热处理，是一种将钢奥氏体化后，在奥氏体区和过冷奥氏体区温度范围内，奥氏体发生转变前，进行塑性变形后立即进行热处理的加工方法。根据其形变温度及热处理工艺类型分，有高温形变正火、高温形变淬火、低温形变淬火等。相变中形变热处理又称等温形变热处理。它利用奥氏体的变塑现象，在奥氏体发生相变时对其进行塑性变形。所谓变塑现象是一种因相变而诱发的塑性异常高的现象。这类形变热处理有珠光体转变中形变和马氏体转变中形变等，能改善钢的强度、塑性和其他力学性能。相变后形变热处理是对奥氏体相变产物进行形变强化。形变前的组织可能是铁素体、珠光体、马氏体。常用的形变热处理方法主要有以下几种。

5.9.1　高温形变正火

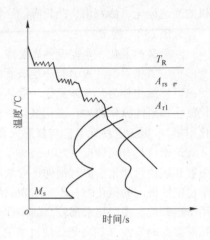

图 5-27　三级控制轧制示意图

高温形变正火是通过控制热轧形变温度、形变速度、形变量，以获得微细晶粒，产生位错强化的一种工艺。它能提高钢的强韧性，降低钢的冷脆性和冷脆转化温度。主要用于低碳低合金钢板、线材生产。在生产中广泛应用的高温形变正火工艺是含铌铁素体珠光体钢的三级控制轧制。所谓三级控制轧制是指奥氏体再结晶温度范围（不小于 T_R）内的轧制，低于奥氏体再结晶温度的奥氏体区温度范围（$T_R \sim A_{r3}$）内的轧制，奥氏体和铁素体两相区温度范围（$A_{r3} \sim A_{r1}$）内的轧制，如图 5-27 所示。

5.9.2　高温形变淬火

高温形变淬火是将钢加热到奥氏体区温度范围内，在奥氏体状态进行塑性变形后立即淬火并回火的工艺，如图 5-28 所示。高温形变淬火能提高钢的强韧性、疲劳强度，降低钢的脆性转化温度和缺口敏感性。高温形变淬火对材料无特殊要求，常用于热锻、热轧后立即淬火，能简化工序、节约能源，减少材料的氧化、脱碳和变形，不需要大功率设备，因而获得了较快的发展。

5.9.3　低温形变淬火

低温形变淬火是将钢奥氏体化后，迅速冷至过冷奥氏体稳定性最大的温度区间（珠光体转变区和贝氏体转变区之间）进行塑性变形后立即淬火并回火的工艺，如图 5-29 所示。低温形变淬火能显著提高钢的强度极限和疲劳强度，还能提高钢的回火稳定性，但对钢的塑性、韧性改善不大。低温形变淬火要求钢具有高的淬透性，形变速度快，设备功率大，不及高温形变淬火应用广泛。目前仅用于强度要求很高的弹簧丝、小型弹簧、小型轴承零件等小型零件及工具的处理。

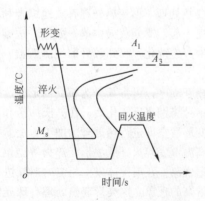

图 5-28　高温形变淬火示意图

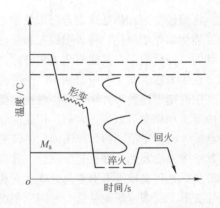

图 5-29　低温形变淬火示意图

5.10 热处理设备简介

根据热处理工艺和生产的需要，一般热处理车间都备有加热设备、专用工艺设备、冷却设备和质量检测设备。

5.10.1 加热设备

加热炉是热处理加热的专用设备，根据热处理的方法不同，所用加热炉也不同，常用的加热炉有箱式电阻炉、井式电阻炉和盐浴炉等。

5.10.1.1 箱式电阻炉

箱式电阻炉根据使用温度不同，可分为高温、中温、低温箱式电阻炉。箱式电阻炉是利用电流通过布置在炉膛内的电热元件（铬镍合金或铁铬铝合金）发热，借辐射或对流作用，将热量传递给工件，使工件加热。

图 5-30 是常用的中温箱式电阻炉结构示意图。这种炉子的外壳用钢板和型钢焊接而成，内砌轻质耐火砖，电热元件布置在炉膛两侧和炉底，热电偶从炉顶或后壁插入炉膛，通过控温仪表显示和控制温度。中温箱式电阻炉通称 RX3 型，R 为电阻炉，X 为箱式，3 为设计序号。如 RX3-45-9 表示炉子的功率为 45kW，最高工作温度为 950℃。炉膛尺寸为 1200mm×600mm×500mm，最大生产率为 200kg/h。

箱式电阻炉适用于钢铁材料和有色金属的退火、正火、淬火、回火热处理工艺的加热。

5.10.1.2 井式电阻炉

井式电阻炉的工作原理与箱式电阻炉相同，根据使用温度不同，它分为高温、中温、低温井式电阻炉，常用的是中温井式电阻炉。

图 5-31 是中温井式电阻炉的结构示意图。这种炉子一般用于长形工件加热。由于炉体较高，一般均置于地坑中，仅露出地面 600~700mm。井式电阻炉由炉体、炉衬、炉盖、电热元

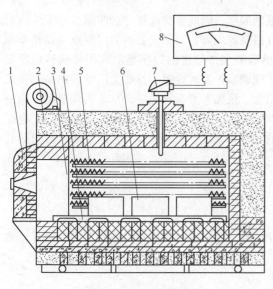

图 5-30 箱式电阻炉

1—炉门；2—炉体；3—炉膛；4—耐热钢炉底板；
5—电热元件；6—工件；7—热电偶；8—控温仪表

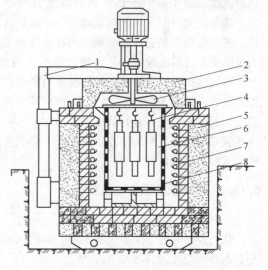

图 5-31 中温井式电阻炉结构示意图

1—炉盖升降机构；2—炉盖；3—风扇；
4—工件；5—炉体；6—炉膛；
7—电热元件；8—装料筐

件和炉盖升降机构组成。井式电阻炉比箱式电阻炉具有更优越的性能，炉顶装有风扇，加热温度均匀，细长工件可以垂直吊挂，并可利用各种吊车进料或出料。井式电阻炉型号 RJ 型，R 为电阻炉，J 为井式。如 RJZ-40-9 型的炉子表示功率为 40kW，最高工作温度 950℃。炉膛尺寸 ϕ450mm×800mm，最高生产率 125kg/h。

井式电阻炉主要用于轴类零件或质量要求较高的细长工件的退火、正火、淬火工艺的加热。

井式电阻炉和箱式电阻炉使用都比较简单，在使用过程中应经常清除炉内的氧化铁屑，进出料时必须切断电源，不得碰撞炉衬或十分靠近电热元件，以保证安全生产和电阻炉的使用寿命。

5.10.1.3　盐浴炉

盐浴炉是用溶盐作为加热介质的炉型。根据工作温度不同分为高温、中温、低温盐浴炉。高、中温盐浴炉采用电极的内加热式，是把低电压、大电流的交流电通入置于盐槽内的两个电极上，利用两电极间溶盐电阻发热效应，使溶盐达到预定温度，将零件吊挂在溶盐中，通过对流、传导作用，使工件加热。低温盐浴炉采用电阻丝的外加热式。盐浴炉可以完成多种热处理工艺的加热，其特点是加热速度快、均匀，氧化和脱碳少，是中、小型工、模具的主要加热方式。

图 5-32 是盐浴炉结构示意图，中温炉最高温度 950℃，高温炉最高工作温度 1300℃。

5.10.1.4　控温仪表

加热炉控温装置由热电偶和温度控制仪组成。热电偶是将温度转换成电势（热电势）的一种感温元件。热电偶有两种，一种为镍铬－镍铝型，用于测量 950℃ 以下的加热炉温度；另一种为铂铑型热电偶，用于测量 1300℃ 以下的加热炉温度。由于一般加热炉内的温度分布不均

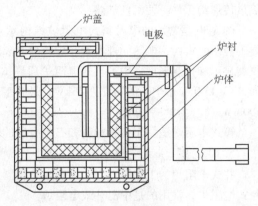

图 5-32　盐浴炉结构示意图

匀，热电偶测得的又只是热端周围一小部分区域的温度，因此需要选择合适的测量点安装热电偶。通常将热电偶装在温度较均匀且能代表工件温度的地方，而不应装在炉门旁或与加热电源太近的地方。温度控制仪是将热电偶产生的热电势转变成温度的数字显示或指针偏转角度显示，并通过执行机构控制电源的接通与断开，实现调节炉温的装置。目前工厂常用的是动圈式温度仪表，称为 XC 系列仪表。其中 XCZ 为指示型，仅能测量指示温度；XC7 为调节型，除测量指示温度外，还具有调节温度的功能。通常温度控制仪安装在既利于观察又避免炉温、电磁场和振动等因素影响的地方。控制好工作状态的加热炉温度，是热处理工艺的正确进行与热处理质量的可靠保证。

5.10.2　冷却设备及其他设备

5.10.2.1　冷却设备

热处理冷却设备主要包括水槽、油槽和硝盐炉等，为提高冷却设备的生产能力和效果，常配置有淬火介质循环冷却系统。

5.10.2.2　专用工艺设备

专门用于某种热处理工艺的设备，如气体渗碳炉、井式回火炉、高频感应淬火装置等。为了保障零件表面质量达到少或无氧化加热，又将现有的在空气气氛下加热的箱式电阻炉改造成可控气氛炉和真空炉。

5.10.3　质量检测设备

根据热处理零件质量要求，检测设备一般设有：检验硬度的硬度计、检验裂纹的探伤机、检验内部组织的金相显微镜及制样设备，矫正变形的压力机等。

实验　钢的热处理

A　实验目的

（1）初步掌握碳钢的退火、正火、淬火与回火等热处理基本操作；

（2）掌握热处理工艺对钢力学性能的影响；

（3）进一步了解含碳量对钢力学性能的影响；

（4）了解常用的热处理工艺装备。

B　实验设备及材料

（1）箱式电阻炉及温度控制仪表；

（2）洛氏硬度计；

（3）淬火水槽和油槽；

（4）淬火介质（水、油）；

（5）铁丝、钳子；

（6）试样：20、T8 钢试样各 1 个、T12 钢试样 8 个，45 钢试样 12 个，规格以 10mm × 15mm 为宜，各试样应先打上编号。

C　实验原理

（1）普通热处理工艺。碳钢的普通热处理包括退火、正火、淬火和回火，不同的热处理方法可使试样获得不同的组织和性能。

（2）热处理加热炉。热处理加热炉有箱式电阻炉、井式电阻炉和盐浴炉等，其中实验室最常用的是箱式电阻炉，是一种周期作业式的加热设备。箱式电阻炉按其使用温度的不同，有低温、中温和高温之分。中温箱式电阻炉最高使用温度为 950℃。

（3）热处理的温度测量与控制。温度是热处理生产中一个非常重要的工艺参数。只有对炉温进行准确的测量和控制，才能正确执行热处理工艺，保证产品质量。

利用热电偶将热处理炉内的温度信号转换为电信号，并由显示仪表显示出实际炉温。与此同时，在调节器内将测得的实际炉温值与给定的温度值进行比较，得出偏差值。再由调节机构根据偏差值的不同发出相应的调节信号，驱动执行机构动作，从而改变送入热处理炉的电流的大小，使偏差消除，将炉温控制在某一给定值附近。

D　实验步骤

（1）将人员分四组进行实验，各组的实验内容安排如下：

第一组将 20、45、T8、T12 钢试样按正常淬火加热温度（查附表二和附表三的临界温度）加热后水冷淬火，测定含碳量对淬火硬度的影响。

第二组将 45、T12 钢试样分别加热到 680℃、780℃、830℃、900℃保温 15min，然后水冷淬火，测定淬火加热温度对硬度的影响。

第三组将 45 钢试样加热至 830℃保温 15min，然后分别置于水、32 号机油、空气中冷却，测定冷却速度对 45 钢热处理后硬度的影响。

第四组将正常淬火的 45、T12 钢试样，分别加热到 200℃、400℃、600℃保温 30min 后空冷，测定回火温度对淬火硬度的影响。

（2）根据分组安排，领取试样后各组根据实验内容，准备好冷却介质和钳子等工具。

（3）用细铁丝捆扎好试样，以便装炉和出炉。

（4）切断炉子电源，检查炉内是否有试样以及仪表是否正常，并根据需要调整炉温给定值。

（5）先空炉升温，到达预定温度后装炉。装炉时要注意自己试样的特征和位置，防止错乱。试样应放在距热电偶较近处，这样可使测定的温度较准确。

（6）关闭炉门，通电升温加热，并注意，达到预定温度后开始记录保温时间。

（7）准备出炉时，钳子应擦干或预热、烘干。

（8）到达规定的保温时间后，取出试样按要求冷却。出炉操作要迅速准确，淬火试样取出后应迅速置于冷却介质中冷却，以免温度下降。试样出炉后炉门要及时关闭。

（9）试样充分冷透后，用砂纸擦去表面氧化皮，再在洛氏硬度计上测定硬度值。为保证测量精度，每个试样应测 3 个点，取其平均值。

E　实验结果

各组先综合每位同学的实验结果，然后进行相互交换，并将全部实验结果填入表 5-3 中。

表 5-3　碳钢热处理实验结果

组　别	钢　号	热处理方式	加热温度 /℃	冷却介质	硬度 HRC			
					1	2	3	平　均
第一组	20	淬火		水				
	45	淬火						
	T8	淬火						
	T12	淬火						
第二组	45	淬火	680	水				
		淬火	780					
		淬火	830					
		淬火	900					
	T12	淬火	680	水				
		淬火	780					
		淬火	830					
		淬火	900					
第三组	45	淬火	830	盐水				
		淬火	830	水				
		淬火	830	油				
		正火	830	空气				
第四组	45	回火	200	空气				
		回火	400					
		回火	600					
	T12	回火	200	空气				
		回火	400					
		回火	600					

F 分析与讨论

（1）根据实验结果，分析含碳量、淬火加热温度和淬火冷却速度对碳钢淬火硬度的影响，以及回火温度对淬火钢回火后硬度的影响，绘出相应的硬度-含碳量关系曲线、硬度-淬火温度关系曲线、硬度-回火温度关系曲线、硬度-冷却速度关系曲线。

（2）根据实验结果，从组织的观点分析冷却速度对碳钢热处理后硬度的影响。

（3）本次实验中出现了哪些淬火缺陷？试分析其产生的原因，并提出防止出现这些淬火缺陷的措施。

练习题与思考题

5-1 什么是钢的热处理，常用的热处理工艺有哪些？

5-2 名词解释：

淬透性、淬硬性、临界冷却速度、调质处理、实际晶粒度、本质晶粒度。

5-3 试比较 B、M、P 转变的异同。

5-4 简述获得粒状珠光体的两种方法。

5-5 钢中碳含量对马氏体硬度有何影响，为什么？

5-6 将 T10 钢、T12 钢同时加热到 780℃ 进行淬火，问：

（1）淬火后各是什么组织？

（2）淬火马氏体的碳含量及硬度是否相同，为什么？

（3）哪一种钢淬火后的耐磨性更好些，为什么？

5-7 马氏体的本质是什么，其组织形态分哪两种，各自的性能特点如何，为什么高碳马氏体硬而脆？

5-8 比较 TTT 图与 CCT 图的异同点。

5-9 影响 C 曲线的因素有哪些，并比较过共析钢、共析钢、亚共析钢 C 曲线。

5-10 简述正火、退火、回火工艺的种类、目的及应用场合。

5-11 淬火方法有几种，各有何特点，淬火缺陷及其防止措施有哪些？

5-12 同一钢材，当调质后和正火后的硬度相同时，两者在组织上和性能上是否相同，为什么？

5-13 确定下面工件的热处理方法：

用 45 钢制造的轴，心部要求有良好的综合力学性能，轴颈处要求硬而耐磨。

5-14 45 钢经调质处理后，硬度为 HBS240，若再进行 180℃ 回火，能否使其硬度提高，为什么？45 钢经淬火、低温回火后，若再进行 560℃ 回火，能否使其硬度降低，为什么？

5-15 现有两批螺钉，原定由 35 钢制成，要求其头部热处理后硬度为 HRC35 ~ 40。现材料中混入了 T10 钢和 10 钢。问由 T10 钢和 10 钢制成的螺钉，若仍按 35 钢热处理（淬火、回火）时，能否达到要求，为什么？

5-16 化学热处理包括哪几个基本过程，常用的化学热处理方法有哪几种，各适用哪些钢材？

5-17 拟用 T12 钢制造锉刀，其工艺线路为：锻造→热处理→机加工→热处理→柄部热处理，试说明各热处理工序的名称、作用，并指出热处理后的大致硬度和显微组织。

5-18 根据下列零件的性能要求及技术条件选择热处理工艺方法：

用 45 钢制作的某机床主轴，其轴颈部分和轴承接触要求耐磨，HRC 52 ~ 56，硬化层深 1mm。

5-19 某一用 45 钢制造的零件，其加工路线如下：备料→锻造→正火→机械粗加工→调质→机械精加工→高频感应加热表面淬火加低温回火→磨削。请说明各热处理工序的目的及处理后的组织。

6 铸　铁

6.1　概述

　　铸铁是工业上应用最早的金属材料之一。在 Fe-Fe$_3$C 相图中 $w(C) \geqslant 2.11\%$ 的铁碳合金称为铸铁。工业上实际应用的铸铁是一种以铁、碳、硅为基础的多元合金，从成分上看，铸铁与钢的主要区别在于铸铁比钢含有较高的碳和硅，并且硫、磷杂质含量较高。一般铸铁的成分为 $w(C) = 2.5\% \sim 4.0\%$，$w(Si) = 1.0\% \sim 3.0\%$，$w(Mn) = 0.3\% \sim 1.2\%$，$w(S) \leqslant 0.05\% \sim 0.15\%$，$w(P) \leqslant 0.05\% \sim 1.0\%$。

6.1.1　铸铁的石墨化及影响因素

　　渗碳体相与石墨相比较而言，渗碳体为不稳定相，而石墨是相对稳定相，因此，在熔融状态下的铁液中的碳有形成石墨的趋势。铸铁中的碳以石墨的形式析出的过程称为石墨化。

　　铸铁的石墨化主要与铁液的冷却速度和其含硅量有关，当具有相同成分（铁、碳、硅三种元素）的铁液冷却时，冷却速度越慢，析出石墨的可能性越大，而硅的存在有利于铁液的石墨化进程。所以，对于铸铁来说，要求含硅量较高。

6.1.2　铸铁的组织与性能

　　铸铁的性能取决于铸铁的组织，而铸铁的组织可以认为是由钢的基体与不同形状、数量、大小及分布的石墨组成的。石墨具有简单的六方晶格，其晶格形式如图 6-1 所示。石墨晶格基面中的原子间距为 0.142nm，结合力较弱，而两基面间距为 0.340nm，是依靠较弱的金属键结合的，因此，石墨的力学性能较低，硬度仅为 HBS3 ~ 5，σ_b 约为 20MPa，伸长率近于零。

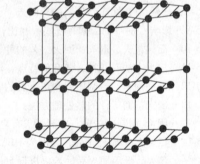

图 6-1　石墨的晶体结构示意图

　　石墨基面层间较弱的结合力，使两基面间容易产生滑移，因而使铸铁的力学性能不如钢。但是，也正是由于石墨的存在，赋予铸铁许多钢所不及的性能，如优良的铸造性、较好的切削加工性和耐磨及减振性。另外，铸铁生产设备及工艺简单，使其具有较低的生产成本，因此，铸铁在机器制造、冶金、矿山、石油化工、交通运输和国防工业等部门得到较为广泛的应用。

6.1.3　铸铁的分类

　　铸铁的分类归结起来主要包括下列几种方法。

6.1.3.1　按碳存在的形态分类

A　灰铸铁

碳以石墨的形态存在，断口呈黑灰色，是工业上应用最为广泛的铸铁。

B 白口铸铁

碳完全以渗碳体的形态存在，断口呈亮白色。这种铸铁组织中的渗碳体一部分以共晶莱氏体的形式存在，使其很难切削加工，因此主要作炼钢原料使用。但是，由于它的硬度和耐磨性高，也可以铸成表面为白口组织的铸件，如轧辊、球磨机的磨球、犁铧等要求耐磨性好的零件。

C 麻口铸铁

碳以石墨和渗碳体的混合形态存在，断口呈灰白色。这种铸铁有较大的脆性，工业上很少使用。

6.1.3.2 按石墨的形态分类

铸铁中石墨的形状大致可分为片状、蠕虫状、絮状及球状四大类。因此，可将铸铁分为：

（1）普通灰铸铁。石墨呈片状，如图 6-2a 所示。

（2）蠕墨铸铁。石墨呈蠕虫状，如图 6-2b 所示。

（3）可锻铸铁。石墨呈棉絮状，如图 6-2c 所示。

（4）球墨铸铁。石墨呈球状，如图 6-2d 所示。

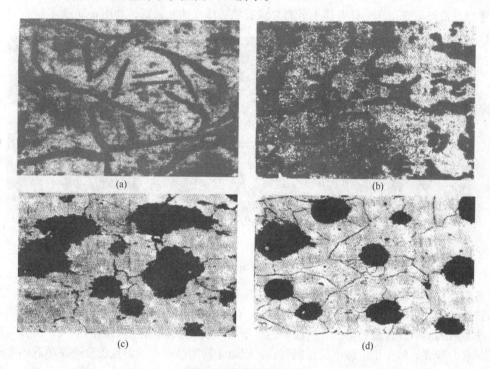

(a)

(b)

(c)

(d)

图 6-2 铸铁中石墨形态

6.1.3.3 按化学成分分类

（1）普通铸铁。即常规元素铸铁，如普通灰铸铁、蠕墨铸铁、可锻铸铁、球墨铸铁。

（2）合金铸铁。又称为特殊性能铸铁，是向普通灰铸铁或球墨铸铁中加入一定量的合金元素，如铬、镍、铜、钒、铅等使其具有某种特殊性能的铸铁，如耐磨铸铁、耐热铸铁、耐蚀铸铁等。

6.2 普通灰铸铁

普通灰铸铁一般俗称灰铸铁。灰铸铁生产工艺简单，铸造性能优良，是生产中应用最多的一种铸铁,约占铸铁总量的80%。

6.2.1 灰铸铁的化学成分、组织、性能及用途

6.2.1.1 灰铸铁的化学成分与组织

灰铸铁的化学成分一般为,$w(C)$ = 2.7% ~ 3.6%、$w(Si)$ = 1.0% ~ 2.2%、$w(Mn)$ = 0.5% ~ 1.3%、$w(P)$ < 0.3%、$w(S)$ < 0.15%。由于碳、硅含量较高,所以具有较大的石墨化能力,其组织根据石墨化程度可以分为下列三种基体的灰铸铁:

(1) 铁素体灰铸铁。石墨化过程充分进行,则最终将获得在铁素体基体上分布片状石墨的灰铸铁,如图6-3a所示。

(2) 珠光体 + 铁素体灰铸铁。第一和第二阶段石墨化过程能充分进行,但第三阶段石墨化过程仅部分进行,最终将获得在珠光体 + 铁素体基体上分布片状石墨的灰铸铁,如图6-3b所示。

(3) 珠光体灰铸铁。第一、第二阶段石墨化过程能充分进行,但第三阶段石墨化过程完全没有进行,最终将获得珠光体基体上分布片状石墨的珠光体灰铸铁,如图6-3c所示。

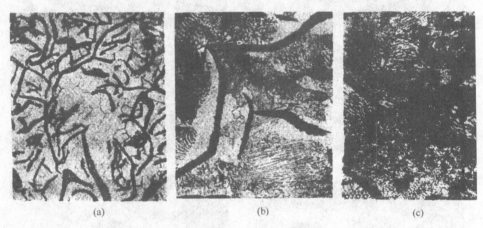

(a)   (b)   (c)

图6-3 三种基体的灰铸铁

各阶段石墨化能否进行以及进行的程度主要取决于铸铁的化学成分和冷却速度。

铸铁是一种以铁、碳、硅为主的多元合金,在众多合金元素中碳和硅是强烈促进石墨化元素,这是因为随着碳含量的增加,铁液中的石墨晶核数量增多,促进石墨的生成;而硅与铁原子的结合力较强,溶于铁素体不仅会削弱铁、碳原子间的结合力,而且还会使共晶点的含碳量降低,共晶转变温度提高,这些都有利于石墨的析出。所以当铁液中碳、硅含量增加时,将使基体组织中铁素体增加。

锰、硫都是阻止石墨化元素,而硫的阻碍作用更为强烈,但锰能与硫形成 MnS,这样可以削弱硫对石墨化的阻碍作用。磷是微弱促进石墨化元素,同时有提高铁液流动性作用,但当铁液中 $w(P)$ > 0.3% 时,将沿晶界析出二元或三元磷共晶而使铸铁脆性增大。

在同一化学成分的铸铁中,结晶时的冷却速度对其组织影响,主要是通过铸造方法和铸件壁厚表现出来。金属型铸造由于铸型蓄热能力大,铸件冷速快易出现白口组织;砂型铸造铸型蓄热能力低,铸件冷速低,易出现灰口组织。同一铸件厚壁处为灰口组织,薄壁处为白口组织,这主要是由于当冷却速度缓慢时更有利于向形成稳定的石墨相晶核发展所致。

图6-4表明化学成分和冷却速度对铸件组织的影响。在生产中可根据铸件壁厚调整铸铁中碳硅含量，以保证所要求的灰铸铁组织。

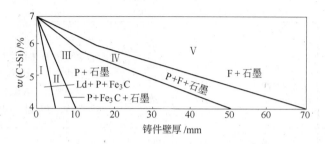

图6-4 化学成分和铸件壁厚对铸铁组织的影响

6.2.1.2 灰铸铁的性能与用途

由于石墨的强度极低，在铸铁中相当于裂缝和空洞，破坏了基体金属的连续性，基体的有效承载面积减小，并且片状石墨的端部在受力时很容易造成应力集中，因此，灰铸铁的抗拉强度、塑性及韧性都明显低于碳钢。石墨片的数量越多、尺寸越大、分布越不均匀，对基体的割裂作用越严重，所以在铸铁件生产时，要尽可能获得细石墨片。

然而，灰铸铁的硬度和抗压强度主要取决于基体组织，而与石墨的存在基本无关，因此，灰铸铁的抗压强度明显高于其抗拉强度（约为抗拉强度的3~4倍），所以灰铸铁比较适合作耐压零件，如机床底座、床身、支柱等。

表6-1列出了常用的灰铸铁的牌号、力学性能及用途。牌号中的HT是"灰铁"二字汉语拼音第一个字母大写，后面的数字表示其最低抗拉强度。灰铸铁的强度与铸件的壁厚有关，从表中可以看出，铸件壁厚增加则强度降低，这主要是由于壁厚增加使冷却速度降低，造成基体组织中铁素体增多而珠光体减少的缘故。因此，在根据性能选择铸铁牌号时，必须注意到铸件的壁厚。如铸件的壁厚超出表中给出尺寸时，应根据实际情况适当提高或降低铸铁的牌号。

表 6-1 灰铸铁的牌号、力学性能和用途

铸铁类别	牌号	铸件壁厚 /mm	力学性能		用 途 举 例
			σ_b/MPa≥	HBS	
铁素体灰铸铁	HT100	2.5~10 10~20 20~30 30~50	130 100 90 80	110~166 93~140 87~131 82~122	适用于载荷小、对摩擦和磨损无特殊要求的不重要零件，如防护罩、盖、油盘、手轮、支架、底版、重锤、小手柄、镶导轨的机床底座等
铁素体-珠光体灰铸铁	HT150	2.5~10 10~20 20~30 30~50	175 145 130 120	137~205 119~179 110~166 105~157	承受中等载荷的零件，如机座、支架、箱体、刀架、床身、轴承座、工作台、带轮、法兰、泵体、阀体、管路附件（工作压力不大）、飞轮、电动机座等
珠光体灰铸铁	HT200	2.5~10 10~20 20~30 30~50	220 195 170 160	157~236 148~222 134~200 129~192	承受较大载荷和要求一定的气密封性或耐蚀性等较重要零件，如汽缸、齿轮、机座、飞轮、床身、汽缸体、活塞、齿轮箱、刹车轮、联轴器盘、中等压力（80MPa以下）阀体、泵体、液压缸、阀门等

铸铁类别	牌号	铸件壁厚 /mm	力学性能		用 途 举 例
			σ_b/MPa≥	HBS	
珠光体 灰铸铁	HT250	4.0~10	270	175~262	承受较大载荷和要求一定的气密封性或耐蚀性等较重要零件，如汽缸、齿轮、机座、飞轮、床身、汽缸体、活塞、齿轮箱、刹车轮、联轴器盘、中等压力（80MPa以下）阀体、泵体、液压缸、阀门等
		10~20	240	164~247	
		20~30	220	157~236	
		30~50	200	150~225	
孕育铸铁	HT300	10~20	290	182~272	承受高载荷、耐磨和高气密性重要零件，如重型机床、剪床、压力机、自动机床的床身、机座、机架、高压液压件、活塞环、齿轮、凸轮、车床卡盘、衬套，大型发动机的汽缸体、缸套、汽缸盖等
		20~30	250	168~251	
		30~50	230	161~241	
	HT350	10~20	340	199~298	
		20~30	290	182~272	
		30~50	260	171~257	

6.2.2　灰铸铁的孕育处理及孕育铸铁

为提高灰铸铁的力学性能，生产上常对其进行孕育处理，即在浇铸前向铁液中加入少量的孕育剂，从而在铁液中形成大量的、高度弥散的难熔质点，悬浮在铁液中，形成石墨的人工晶核，形成细小、均匀分布的石墨，减小石墨片对基体组织的割裂作用而使灰铸铁的强度、塑性得到提高。这种经过孕育处理的灰铸铁称为孕育铸铁。表中 HT300，HT350 即属于孕育铸铁。

孕育剂的种类很多，但以 $w(Si) = 75\%$ 的硅铁最为常用，其原因是除价格便宜外，主要是它在孕育后的短时间内（5~6min）有良好的孕育效果。进行孕育处理时，一般加入量为铁液重量的 0.4% 左右。

6.2.3　灰铸铁的热处理

对灰铸铁来说，热处理仅能改变其基体组织，而不能改变石墨存在的形态，因此，热处理不能明显改善灰铸铁的力学性能，并且灰铸铁的低塑性又使快速冷却的热处理方法难以实施，所以灰铸铁的热处理受到一定的局限性。灰铸铁进行热处理的目的主要是减少铸件的内应力，消除白口组织，提高表面的硬度和耐磨性等。灰铸铁常用的热处理方法主要有以下三种。

6.2.3.1　时效退火

铸件在冷却过程中，由于各部位冷却速度不同导致其收缩不一致，形成内应力。这种内应力能通过铸件的变形得到缓解，但这一过程一般是较缓慢的，因此，铸件在形成后都需要进行时效处理，尤其对一些大型、复杂或加工精度较高的铸件（如床身、机架等）。时效处理一般有两种方法，即自然时效和人工时效。自然时效是将成形铸件长期放置在室温下以消除其内应力的方法。这种方法时间较长（半年甚至一年以上）。为缩短时效时间，现在大多数情况下采用时效退火（即人工时效）的方法来降低铸件内应力。其原理是将铸件重新加热到 530~620℃，经长时间保温（2~6h），利用塑性变形降低应力，然后在炉内缓慢冷却至 200℃ 以下出炉空冷。经时效退火后可消除 90% 以上的内应力。典型时效退火工艺曲线如图 6-5 所示。

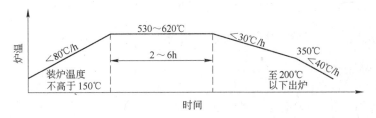

图 6-5 时效退火工艺

时效退火温度越高，铸件残余应力消除越显著，铸件尺寸稳定性越好；但随着时效温度的提高，时效后铸件力学性能会有所下降，因此，要合理制定铸件时效退火的最高加热温度 $T(℃)$ 。一般可按下式选择：

$$T = 480 + 0.4\sigma_b$$

保温时间一般按每小时热透铸件 25mm 计算。加热速度一般控制在 80℃/h 以下，复杂零件控制在 20℃/h 以下。冷却速度应控制在 30℃/h 以下，200℃后空冷。

铸件表面被切削加工后破坏了原有应力场，会导致铸件应力的重新分布，所以时效退火最好在粗加工后进行。对于要求特别高的精密零件，可在铸件成形和粗加工后进行两次时效退火。

6.2.3.2　石墨化退火

铸件在冷却时，表面及薄壁部位有时会产生白口组织，在后续成分控制不当、孕育处理不足时会使整个铸件形成白口、麻口，使切削加工难以进行。石墨化退火是一种有效的补救措施，在高温下使白口部分的渗碳体分解，达到石墨化。

石墨化退火是将铸件以 70~100℃/h 的速度加热至 850~900℃，保温 2~5h（取决于铸件壁厚），然后炉冷至 400~500℃后空冷。

若需要得到铁素体基体，则可在 720~760℃保温一段时间，炉冷至 250℃以下空冷。

另外，也可以在 950℃进行正火，得到珠光体基体，使铸铁保持一定的强度和硬度，提高铸铁的耐磨性。

应当指出的是，在实际生产中，应从化学成分、孕育技术上进行严格控制，尽量减少白口的产生，而不应该依靠石墨化热处理去消除，以简化生产工艺降低零件成本。

6.2.3.3　表面热处理

要求耐磨的铸件，如缸套、机床导轨等可以用火焰或中、高频感应加热淬火方法进行表面强化处理，但淬火前铸件需进行正火处理，保证其获得大于 65% 以上的珠光体。淬火后表面能获得马氏体 + 石墨组织，硬度可达 HRC55。

近年来，机床导轨表面还经常采用电接触表面加热自冷淬火法。其基本原理是采用低压（2~5V）、大电流（400~700A）进行表面接触加热，使零件表面迅速被加热至 900~950℃，利用零件自身的散热以达到快速冷却的效果。其特点是加热时间短、变形小（导轨下凹仅 0.01mm），用油石稍加打磨即可使用，并且容易进行再修复。

6.3　球墨铸铁

球墨铸铁是指铁液经过球化剂处理而不是经过热处理，使石墨全部或大部分呈球状的铸铁。球墨铸铁最早是由德国人在 1935~1936 年间发现的，但当时并未用于工业生产。后来经过英国人和美国人的不断研究发现，当铁液中加入一定量的镁并以硅铁孕育时可得到球状石墨，从此，球墨铸铁进入了大规模生产时期，并迅速发展。

6.3.1　球墨铸铁的化学成分、组织、性能及用途

6.3.1.1　球墨铸铁的化学成分

球墨铸铁是在铁液中加入球化剂（镁、稀土合金等）使铸铁中的石墨呈球状，然后在出铁液时加入孕育剂（SiFe75）促进石墨化而获得的。

由于球化剂有阻止石墨化的作用，因此，要求球墨铸铁比普通灰铸铁的含碳、硅量高，硫、磷杂质含量控制更严格。一般 $w(C) = 3.6\% \sim 4.0\%$，$w(Si) = 2.0\% \sim 3.2\%$，这样既能保证碳的石墨化进程，同时又可避免由于碳含量过高而造成石墨飘浮于铸件表面，使铸件力学性能下降；锰有去硫脱氧作用，并可稳定和细化珠光体；有害杂质含量应控制 $w(S) < 0.05\%$，$w(P) < 0.06\%$。

6.3.1.2　球墨铸铁的组织

球墨铸铁在铸态下，其基体往往是由不同数量的铁素体、珠光体、甚至自由渗碳体组成的混合组织。通过热处理可以获得以下几种不同基体组织的球墨铸铁：

（1）铁素体球墨铸铁。如图 6-6a 所示；

（2）珠光体球墨铸铁。如图 6-6c 所示；

（3）铁素体 + 珠光体球墨铸铁。如图 6-6b 所示；

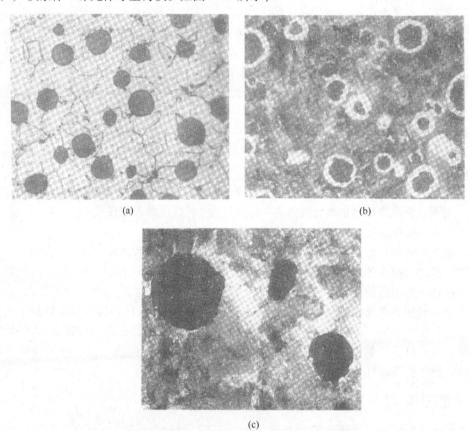

(a)　　　　　　　　　　　　　　　　(b)

(c)

图 6-6　球墨铸铁的组织形态

(a) 铁素体球墨铸铁；(b) 铁素体 + 珠光体球墨铸铁；(c) 珠光体球墨铸铁

（4）贝氏体球墨铸铁。

铸态中的石墨呈球状，不仅造成的应力集中较小，而且在相同的石墨体积下球状石墨的表面积最小，因而对基体的割裂作用也较小，能充分发挥基体组织的作用。球墨铸铁的金属基体强度的利用率可以高达 70% ~ 90%，而普通灰铸铁仅为 30% ~ 50%。因此，球墨铸铁的强度、塑性、韧性均高于其他铸铁，可以与相应组织的铸钢相媲美。疲劳强度可接近一般中碳钢。特别应该指出的是，球墨铸铁的屈强比几乎是一般结构钢的两倍（球墨铸铁为 0.7 ~ 0.8，普通钢为 0.35 ~ 0.5）因此，对于承受静载荷的零件，用球墨铸铁代替铸钢可以减轻机器质量。

近年来由于断裂力学的发展，发现含有 10% ~ 15% 铁素体的球墨铸铁 K_{IC} 值并不像它的 a_K 值那样低。如强度相近的球墨铸铁与 45 号钢比较，前者的冲击韧度不到后者的 1/6，但前者的断裂韧度 K_{IC} 却可达到后者的 1/3 以上，而 K_{IC} 比 a_K 更能准确地反映材料的韧性指标。因此许多重要的零件可以安全地使用球墨铸铁，如大型柴油机、内燃机曲轴等。球墨铸铁的减振作用比钢好，但不如普通灰铸铁，球化率越高，其减振性越不好。

球墨铸铁的缺点是铸造性能低于普通灰铸铁，凝固时收缩较大。另外，对铁水的成分要求较严。

6.3.1.3 球墨铸铁的牌号、性能及用途

球墨铸铁的牌号及性能和用途如表 6-2 所示。其中牌号中"QT"是"球铁"汉语拼音字首字母大写，后面两组数字分别表示最低抗拉强度和最小伸长率。由于球墨铸铁可以通过热处理获得不同的基体组织，所以其性能可以在较大范围内变化，因而扩大了球墨铸铁的应用范围，使球墨铸铁在一定程度上代替了不少碳钢、合金钢等，用来制造一些受力复杂，强度、韧性和耐磨性要求较高的零件，如曲轴、连杆、机床主轴等。

表 6-2 球墨铸铁的牌号、性能及用途

牌 号	力学性能				基体组织类型	用 途 举 例
	σ_b/MPa	$\sigma_{0.2}$/MPa	δ/%	HBS		
	不小于					
QT400-18	400	250	18	130 ~ 180	铁素体	承受冲击、振动的零件，如汽车、拖拉机轮毂、差速器壳、拨叉、农机具零件、中低压阀门、上下水及输气管道、压缩机高低压汽缸、电机机壳、齿轮箱、飞轮壳等
QT400-15	400	250	15	130 ~ 180	铁素体	
QT450-10	450	310	10	160 ~ 210	铁素体	
QT500-7	500	320	7	170 ~ 230	铁素体 + 珠光体	机器座架、传动轴飞轮、电动机架、内燃机的机油泵齿轮、铁路机车车轴轴瓦等
QT600-3	600	370	3	190 ~ 270	珠光体 + 铁素体	载荷大、受力复杂的零件，如汽车、拖拉机曲轴、连杆、凸轮轴，部分磨床、铣床、车床的主轴，机床蜗杆、蜗轮，轧钢机轧辊，大齿轮，汽缸体，桥式起重机大小滚轮等
QT700-2	700	420	2	225 ~ 305	珠光体	
QT800-2	800	480	2	245 ~ 335	珠光体或回火组织	
QT900-2	900	600	2	280 ~ 360	贝氏体或回火马氏体	高强度齿轮，如汽车后桥螺旋锥齿轮，大减速器齿轮，内燃机曲轴、凸轮轴等

6.3.2　球墨铸铁的热处理

6.3.2.1　球墨铸铁的热处理特点

由于球墨铸铁中含硅量较高，因此其共析转变发生在一个较宽的温度范围，并且共析转变温度升高，图 6-7 为稀土镁球墨铸铁中硅含量对共析转变温度的影响。

球墨铸铁的 C 曲线显著右移，使临界冷却速度明显降低，淬透性增大，很容易实现油淬和等温淬火。

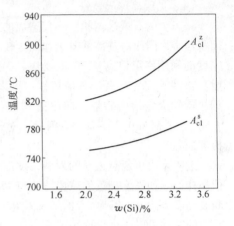

图 6-7　稀土镁球墨铸铁中硅含量对
共析温度转变的影响

A_{c1}^s—共析转变开始；A_{c1}^z—共析转变终了

6.3.2.2　常用的热处理方法

根据热处理目的的不同，球墨铸铁常用的热处理方法有以下几种：

A　退火

球墨铸铁的铸态组织中常会出现不同数量的珠光体和渗碳体，使切削加工变得困难。为了改善其加工性能，获得高韧性的铁素体球铁，同时消除铸造应力，需进行退火处理，使其中的珠光体和渗碳体分解。根据其铸态组织不同，可分为高温退火和低温退火两种。

a　高温退火

当铸态组织为 F + P + Fe₃C + G（石墨）时，则进行高温退火。即将铸件加热至共析温度以上（900～950℃），保温 2～5h，然后随炉冷至 600℃ 出炉空冷。其工艺曲线如图 6-8 所示。

b　低温退火

当铸态组织为 F + P + G（石墨）时，则进行低温退火，即将铸件加热至共析温度附近（700～760℃），保温 3～6h，然后随炉冷至 600℃ 出炉空冷。其工艺曲线如图 6-9 所示。

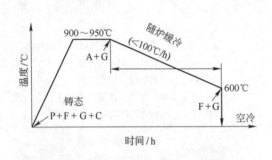

图 6-8　球墨铸铁高温退火工艺曲线

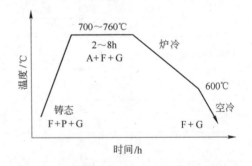

图 6-9　球墨铸铁低温退火工艺曲线

B　正火

正火可分为高温和低温正火两种。

a　高温正火

高温正火是将铸件加热至共析温度以上，一般为 880～920℃，保温 1～3h，然后空冷，使其在共析温度范围内快速冷却，以获得珠光体 + 石墨的球墨铸铁。因而也称完全奥氏体化正火。对厚壁铸件，应采用风冷，甚至喷雾冷却，以保证获得珠光体基体。若铸态组织中有自由渗碳体存在，正火温度应提高至 950～980℃，使自由渗碳体在高温下全部溶入奥氏体。正火后铸铁强度、硬度和耐磨性较高，但韧性、塑性较差。高温正火工艺曲线如图 6-10 所示。

b 低温正火

低温正火是将铸件加热至 840～860℃，保温 1～4h，出炉空冷。低温正火获得珠光体 + 铁素体 + 石墨的球墨铸铁。低温正火也称不完全奥氏体化正火。正火后韧性、塑性较好，但强度偏低。低温正火工艺曲线如图 6-11 所示。

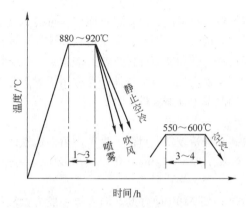

图 6-10 高温正火工艺曲线

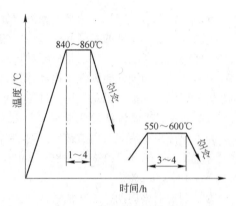

图 6-11 低温正火工艺曲线

球墨铸铁的导热性较差，正火后铸件内应力较大，因此正火后应进行一次消除应力退火，即加热到 550～600℃，保温 3～4h 出炉空冷，见图 6-11。

C 等温淬火

等温淬火适用于形状复杂易变形，同时要求综合力学性能高的球墨铸铁件。其方法是将铸件加热至 860～920℃，适当保温（热透）迅速放入 250～350℃的盐浴炉中进行 0.5～1.5h 的等温处理，然后取出空冷。等温淬火后得到下贝氏体 + 少量残余奥氏体 + 球状石墨。由于等温淬火内应力不大，可不进行回火。等温淬火后其抗拉强度 σ_b 可达 1100～1600MPa，硬度 HRC 38～50，冲击韧度 a_K 为 30～100J/cm^2。可见，等温淬火是提高球墨铸铁综合力学性能的有效途径，但仅适用结构尺寸不大的零件，如尺寸不大的齿轮、滚动轴承套圈、凸轮轴等。等温淬火曲线如图 6-12 所示。

D 调质处理

对于受力复杂、截面尺寸较大的铸件，一般采用调质处理来满足高综合力学性能的要求。调质处理时将铸件加热至 860～920℃，保温后油冷，而后在 550～620℃高温回火 2～6h，获得回火索氏体和球状石墨组织，硬度为 HBS250～300，具有良好的综合力学性能，常用来处理柴油机曲轴、连杆等零件。调质处理工艺曲线如图 6-13 所示。

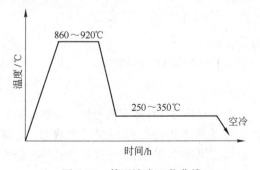

图 6-12 等温淬火工艺曲线

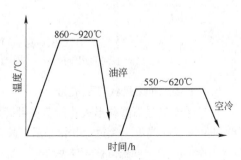

图 6-13 调质处理工艺曲线

　　球墨铸铁除了能采用上述热处理工艺外，还可以采用表面强化处理，如渗氮、离子渗氮渗硼等。

6.4　可锻铸铁及蠕墨铸铁

6.4.1　可锻铸铁

　　可锻铸铁是由一定化学成分的铁液浇铸成白口坯料，再经过石墨化退火而成。可锻铸铁中石墨为团絮状，对基体的割裂和引起应力集中作用比灰铸铁小。因此，与灰铸铁相比，可锻铸铁有较好的强度和塑性，特别是低温冲击性能较好；耐磨性和减振性优于普通碳素钢；铸造性能较灰铸铁差；切削性能则优于钢和球墨铸铁而与灰铸铁接近。可锻铸铁广泛应用于管类零件和农机具、汽车、拖拉机及建筑扣件等大批量生产的薄壁中小型零件。

6.4.1.1　可锻铸铁的化学成分和组织

　　为了保证浇铸后获得白口铸铁，可锻铸铁的含碳和硅量较低。目前，生产中可锻铸铁的化学成分范围：$w(C) = 2.2\% \sim 2.8\%$、$w(Si) = 1.2\% \sim 2.0\%$、$w(Mn) = 0.4\% \sim 1.2\%$，一般要求 $w(S + P) < 0.2\%$。

　　为了缩短退火周期，常在浇铸前加入少量孕育剂，如 Al-Bi 孕育剂。加入量一般为铁液质量 $0.01\% \sim 0.015\%$ 的 Al，$0.006\% \sim 0.02\%$ 的 Bi。孕育剂中 Al 有细化晶粒作用，同时可形成 Al_2O_3，起到脱氧去气作用，并且 Al_2O_3 可成为石墨核心，从而增加了石墨晶核数量，缩短退火时间；Bi 可抑制铸铁石墨的生成，Al 与 Bi 同时加入，有增强白口倾向的作用，这样能够保证在铸态下获得白口组织。但在石墨化退火过程中又有促进固态石墨化的效果。

　　由于白口铸件的退火工艺不同，可出现铁素体基体可锻铸铁和珠光体基体可锻铸铁，铁素体可锻铸铁有时又称为黑心可锻铸铁。可锻铸铁显微组织见图 6-14。

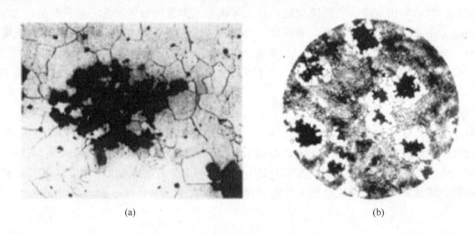

(a)　　　　　　　　　　　　　　　　　　(b)

图 6-14　可锻铸铁的显微组织
(a) 黑心可锻铸铁（α + G 团絮）；(b) 珠光体可锻铸铁（P + G 团絮）

6.4.1.2　可锻铸铁退火处理

　　白口铸件经过石墨化退火才能获得可锻铸铁。其工艺是将白口铸件装箱密封，入炉加热至 $900 \sim 980℃$，在高温下经过 15h 保温后，按图 6-15 所示的两种不同的冷却方式进行冷却，若按曲线①慢速冷却，可获得铁素体基体可锻铸铁；若曲线②快速冷却，可获得珠光体基体可锻铸铁。

6.4.1.3　可锻铸铁牌号、性能及应用

可锻铸铁的牌号是由"KTH"或"KTZ"及后面的两组数字组成的，其中，"KT"是"可铁"汉语拼音首字母大写，"H"表示"黑心"（即铁素体基体），"Z"表示珠光体基体，后面两组数字分别表示最低抗拉强度和最小伸长率。表6-3列出了我国可锻铸铁牌号、主要性能及应用举例。

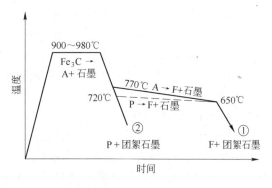

图6-15　可锻铸铁的石墨化退火工艺

目前，我国主要以生产铁素体可锻铸铁为主，同时也少量生产珠光体可锻铸铁。铁素体可锻铸铁具有一定的强度和较高的塑性和韧性，主要用于承受冲击载荷和振动的铸件。珠光体可锻铸铁具有较高的强度、硬度和耐磨性，但塑性和韧性较差，主要用于要求强度、硬度和耐磨性高的铸造零件。

表6-3　常用可锻铸铁的牌号、力学性能和用途

种类	牌号	试样直径/mm	力学性能				用途举例
			σ_b/MPa	$\sigma_{0.2}$/MPa	δ/%	HBS	
			不大于				
黑心可锻铸铁	KTH300-06	12 或 15	300	—	6	≤150	制造弯头、三通管件、中低压阀门等
	KTH330-08 *		330		8		制造机床扳手、犁刀、犁柱、车轮壳、钢丝绳轧头等
	KTH350-10		350	200	10		汽车、拖拉机前后轮壳、后桥壳、减速器壳、转向节壳、制动器、铁道零件等
	KTH370-12 *		370		12		
珠光体可锻铸铁	KTZ450-06		450	270	6	150～200	载荷较高和耐磨损零件，如曲轴、凸轮轴、连杆、齿轮、活塞环、摇臂、轴套、耙片、万向接头、棘轮、扳手、传动链条、犁铧、矿车轮等
	KTZ550-04		550	340	4	180～250	
	KTZ650-02		650	430	2	210～260	
	KTZ700-02		700	530	2	240～290	

注：1. 试样直径 12mm 只适用于主要壁厚小于 10mm 的铸件；
　　2. 带 * 号为过渡牌号。

近些年来，随着稀土球墨铸铁的发展，不少可锻铸铁的零件已经逐步被球墨铸铁所代替。但可锻铸铁的一个重要特点是先制成白口，然后退火成灰口组织，非常适合生产形状复杂的薄壁细小铸件和壁厚仅 1.7mm 的管件，这是其他铸铁不能相比的。

6.4.2　蠕墨铸铁

蠕墨铸铁是近 20 多年迅速发展起来的一种新型铸铁材料。由于其石墨大部分呈蠕虫状，间有少量球状，其组织和性能介于球墨铸铁和灰铸铁之间，具有良好的综合性能。另外，蠕墨铸铁的铸造性能比球墨铸铁好，接近灰铸铁，并且具有较好的耐热性，因此形状复杂的铸件或

高温下工作的零件可以用蠕墨铸铁制造。

蠕墨铸铁是在铁液中加入一定的蠕化剂并经孕育处理生产出来的。蠕化剂的种类很多，我国广泛使用的是稀土硅铁合金，如 SiFeRE21、SiFeRE27 等。孕育处理可采用包底冲入法，操作简便，处理效果稳定，如图 6-16 所示。

图 6-16　包底冲入法

6.4.2.1　蠕墨铸铁的化学成分

蠕墨铸铁生产中采用共晶附近的成分以有利于改善制造性能，一般 $w(C) = 3.0\% \sim 4.0\%$，薄件取上限值，以免出现白口，厚件取下限值以免产生石墨飘浮。$w(Si) = 1.4\% \sim 2.4\%$，主要用来防止白口，控制基体。随含硅量增加，基体中珠光体量相对减少，铁素体量增加，同时硅有强化铁素体的作用。锰在蠕墨铸铁中起稳定珠光体的作用，生产混合基体的蠕墨铸铁可对锰进行调整，如要求铸态下获得韧性好的铁素体基体蠕墨铸铁，则 $w(Mn) < 0.4\%$；如希望获得强度、硬度较高的珠光体蠕墨铸铁，则需将锰提高至 $w(Mn) = 2.5\%$ 左右。磷一般控制在 $w(P) = 0.08\%$，对于耐磨零件可将磷提高到 $w(P) = 0.2\% \sim 0.35\%$。硫和蠕化元素的亲和力较强，会削弱蠕化剂的作用，因此要求硫含量 $w(S) < 0.03\%$。

6.4.2.2　蠕墨铸铁的组织、性能、牌号及应用

根据成分、蠕化率及热处理的不同，可获得铁素体、珠光体、铁素体 + 珠光体（混合基体）三种基体组织的蠕墨铸铁。

蠕墨铸铁中的石墨呈蠕虫状，是片状与球状之间的一种中间形态石墨。蠕虫状石墨片的长厚比小，端部圆钝，对基体的割裂作用较小，抗拉强度可达 $300 \sim 450MPa$。蠕墨铸铁不仅强度较好，而且具有一定的韧性和耐磨性，同时具有良好的铸造性和热导性，因此，较适合制造要求强度较高或承受冲击负荷及热疲劳的零件。

蠕墨铸铁抗拉强度和塑性随基体的不同而不同，如在相同的蠕化率时，随基体中珠光体量增加，铁素体量减少，则强度增加而塑性降低。

蠕墨铸铁的牌号见表6-4。牌号中"RuT"表示"蠕铁"，后面的一组数字表示最低抗拉强度。

表6-4　蠕墨铸铁牌号、性能及应用举例

牌　号	σ_b/MPa	δ/%	硬度 HBS	基体组织	应 用 举 例
	不小于				
RuT420	420	0.75	$200 \sim 280$	珠光体	活塞环、汽缸套、刹车鼓、钢球研磨盘、制动盘、玻璃模具、泵体等
RuT380	380	0.75	$193 \sim 274$	珠光体	
RuT340	340	1.0	$170 \sim 249$	珠光体 + 铁素体	龙门铣横梁、飞轮、起重机卷筒、液压阀体等

蠕墨铸铁的选择一般是：要求强度、硬度和耐磨性较高的零件，选用珠光体基体蠕墨铸铁；要求塑性、韧性、热导率和耐热疲劳性能较高的零件，选用铁素体基体蠕墨铸铁；介于二者之间的零件，选用混合基体蠕墨铸铁。

6.4.2.3　蠕墨铸铁的热处理

蠕墨铸铁的热处理主要是为了调整其基体组织，以获得不同的力学性能要求。蠕墨铸铁常

用的热处理有正火和退火。

A 蠕墨铸铁的正火

普通蠕墨铸铁在铸态时，其基体中含有大量的铁素体，通过正火可以增加珠光体量，以提高强度和耐磨性。

常用的正火工艺有全奥氏体化正火和两阶段低碳奥氏体正火，如图6-17、图6-18所示。两阶段低碳奥氏体正火后，在强度、塑性方面都较全奥氏体化正火高。

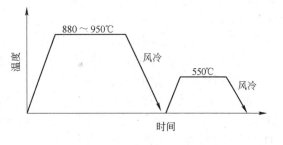

图 6-17 全奥氏体化正火

B 蠕墨铸铁的退火

蠕墨铸铁退火的目的是为了获得85%以上的铁素体基体，或消除薄壁处的游离渗碳体，退火工艺分别如图6-19及图6-20所示。

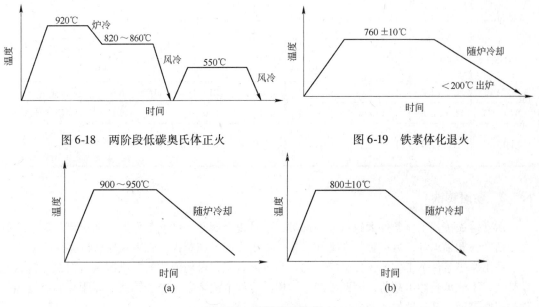

图 6-18 两阶段低碳奥氏体正火 　　　图 6-19 铁素体化退火

图 6-20 消除渗碳体退火

（a）用于渗碳体较多时；（b）用于渗碳体较少时

6.5 合金铸铁

随着铸铁在各行业中越来越广泛的应用，对铸铁便提出了各种各样的特殊性能要求，如耐热、耐磨、耐蚀及其他特殊性能。这些铸铁大都属于合金铸铁，与相似条件下使用的合金钢相比，熔炼简便、成本低廉、有良好的使用性能；但其力学性能低于合金钢，且脆性较大。

6.5.1 耐热铸铁

耐热铸铁具有良好的耐热性能，可以代替耐热钢制造加热炉底板、坩埚、废气道、热交换器及压铸模等。

铸铁的耐热性主要指它在高温下抗氧化和抗热膨胀的能力。普通铸铁在加热到450℃以上的高温时，除了会发生表面氧化外，还会出现"热生长"现象，即铸铁的体积产生不可逆的胀大，严重时可胀大 10% 左右。热生长现象主要是由于氧化性气体沿石墨的边界和裂纹渗入铸铁内部所造成的内部氧化，形成密度小而体积大的氧化物。此外，也由于渗碳体在高温下发生分解，析出密度小而体积大的石墨。热生长的结果会使铸件失去精度和产生显微裂纹。

为了提高铸铁的耐热性，向铸铁中加入硅、铝、铬等合金元素，使铸件表面在高温下形成一层致密的氧化膜，保护内层不继续被氧化。此外，这些元素还会提高铸铁的临界点，使其在工作温度范围不发生固态转变，减少因相变体积变化产生的显微裂纹。石墨最好呈球状，独立分布，互不相连，不致构成氧化性气体渗入铸铁的通道。耐热铸铁的牌号用"RT"表示，如 RTSi5，RTCr16 等。如牌号中有"Q"，则表示球墨铸铁。表 6-5 列出几种常用耐热铸铁的牌号、成分、使用温度和应用举例。

表 6-5　几种常用耐热铸铁的牌号、成分、使用温度及应用

| 牌　号 | 化学成分（质量分数）/% | | | | | | 使用温度 /℃ | 应　用 |
	C	Si	Mn	P	S	其　他		
RTSi15	2.4 ~ 3.2	4.5 ~ 5.5	< 1.0	< 0.2	< 0.12	Cr0.5 ~ 0.1	≤850	烟道挡板、换热器等
RQTSi5	2.4 ~ 3.2	4.5 ~ 5.5	< 0.7	< 0.1	< 0.03	RE0.015 ~ 0.035	900 ~ 950	加热炉底板、电阻炉坩埚等
RQTAl22	1.6 ~ 2.2	1.0 ~ 2.0	< 0.7	< 0.1	< 0.03	Al21 ~ 24	1000 ~ 1100	加热炉底板、渗碳罐、炉子传送链构件等
RTAl5Si5	2.3 ~ 2.8	4.5 ~ 5.2	< 0.5	< 0.1	< 0.02	Al > 5.0 ~ 5.8	950 ~ 1050	
RTCr16	1.6 ~ 2.4	1.5 ~ 2.2	< 1.0	< 0.1	< 0.05	Cr15 ~ 18.00	900	退火罐、炉棚、化工机械零件等

6.5.2　耐磨铸铁

耐磨铸铁按其工作条件大致可分为两类：一种是在润滑条件下工作的，如机床导轨、汽缸套、活塞环和轴承等；另一种是在无润滑条件下工作的，如犁铧、轧辊及球磨机零件等。

在干摩擦条件下工作的铸件，应有均匀高硬度组织，可用前述的白口铸铁。但白口铸铁脆性较大，不能承受冲击载荷，因此生产中常用激冷的方法来获得冷硬铸铁，即用金属型制出铸件的耐磨表面，其他部位采用砂型。

在润滑条件下工作的铸件，要求在软的基体组织上牢固地嵌有硬的组织组成物。软基体磨损后形成沟槽，可以保持油膜，珠光体基体的灰铸铁可满足这种要求。组成珠光体的铁素体为软基体，渗碳体为硬组成物。同时石墨本身也是良好的润滑剂，且由于石墨的组织"松散"，能起一定的储油作用。为了进一步改善珠光体灰铸铁的耐磨性，常将铸铁的含磷量提高到 $w(P) = 0.4\% ~ 0.6\%$，形成磷共晶体以断续网状形式分布，形成坚硬的骨架，有利于提高铸铁的耐磨性。在此基础上还可以加入 Cr、Mo、W、Cu 等合金元素，以改善组织，使基体的强度进一步提高，从而使铸铁的耐磨性得到大大改善。

6.5.3　耐蚀铸铁

普通铸铁的耐蚀性较差，这是因为其组织中有石墨、渗碳体、铁素体等不同相，它们在电解质中的电极电位不同，易形成微电池，使作为阳极的铁素体不断溶解而被腐蚀。加入合金元素后，铸件表面形成致密的保护膜（如高硅耐蚀铸铁中形成的 SiO_2 保护膜），并提高铸铁基体

的电极电位，从而增大铸铁的耐蚀能力。常用的主加元素有 Si、Cr、Al、Mo、Cu、Ni 等。

耐蚀铸铁广泛应用于化工部门，制作管道、阀门、泵类、反应锅及容器等。它分为高硅、高硅钼、高铝、高铬等耐蚀铸铁，其中最常用的是普通高硅耐蚀铸铁。这种铸铁 $w(C)$ < 0.8%，$w(Si)$ = 14% ~ 18%，组织为含硅合金铁素体 + 石墨 + 硅铁碳化物。它在含氧酸（如硝酸、硫酸等）中的耐蚀性不亚于 1Cr18Ni9 钢，但在碱性介质和盐酸、氢氟酸中，由于表面层的 SiO_2 保护膜受到破坏，使耐蚀性下降。

在高硅耐蚀铸铁中加入 铜（$w(Cu)$ = 6.5% ~ 8.5%），可以改善它在碱性介质中的耐蚀性；加入钼（$w(Mo)$ = 2.5% ~ 4.0%），可以改善它在沸腾盐酸中的耐蚀性。此外，还可以向高硅耐蚀铸铁中加入微量的硼或用稀土镁合金进行球化处理，以提高它的力学性能。

常用的高硅耐蚀铸铁的牌号有 STSi11Cu2CrR、STSi5R、STSi15Mo3R 等。牌号中"ST"表示耐蚀铸铁，R 是稀土代号，数字表示合金元素含量。

练习题与思考题

6-1 解释下列名词：

石墨化、孕育处理、白口铸铁、可锻铸铁、普通灰铸铁、球墨铸铁。

6-2 下列铸件宜选用何种铸铁制造：（1）机床床身；（2）汽车、拖拉机曲轴；（3）化工企业的管道、阀门、泵等；（4）球磨机的衬板。

6-3 试述石墨形态对铸铁性能的影响。

6-4 普通灰铸铁铸件薄壁处常有一高硬度层，机械加工困难，说明其原因及消除办法。

6-5 要求球墨铸铁分别获得珠光体、铁素体、贝氏体的基体组织，工艺上应如何控制？

6-6 灰铸铁为什么一般不进行淬火和回火，而球墨铸铁可以进行这类热处理？

6-7 为什么可锻铸铁适宜制造薄壁铸件，而球墨铸铁不适宜制造这种铸件？

6-8 说明下列铸铁牌号中各符号和数字表示的意义：

HT200、KTZ600-03、QT700-2、KTH350-10、QT400-15

6-9 灰铸铁磨床床身铸造后进行切削加工，可采取什么方法防止和改善加工后的变形？

7 钢 的 分 类

钢是碳质量分数小于 2.11% 的铁碳合金，是现代化工业中用途最广、用量最大的金属材料。

钢按化学成分分为碳素钢（简称碳钢）和合金钢两大类。工业用碳钢除以铁和碳为主要成分外，还含有少量的锰、硅、硫、磷、氮、氧、氢等常存杂质。由于碳钢容易冶炼，价格低廉，性能可以满足一般工程机械、普通机器零部件、工具及日常轻工业产品的使用要求，故得到了广泛的应用。我国碳钢产量约占钢总产量的 90% 左右。合金钢是在碳钢的基础上，为了提高钢的力学性能、物理性能和化学性能，改善钢的工艺性能，在冶炼时有目的地加入一些合金元素的钢。在钢的总产量中，合金钢所占比重为 10%～15%，与碳钢相比，合金钢的性能有显著的提高和改善，随着我国钢铁工业的发展，合金钢的产量、品种、质量也将逐年增加和提高。

7.1 钢的分类

钢的种类繁多，为了便于生产、选用和比较研究并进行保管，根据钢的某些特性，从不同角度出发，可以把它们分成若干具有共同特点的类别。下面简单介绍一些常用的分类方法。

7.1.1 按化学成分分类

按化学成分可把钢分为碳素钢和合金钢两大类。

7.1.1.1 碳素钢

按含碳量不同又可分为低碳钢（$w(C) < 0.25\%$）、中碳钢（$w(C) = 0.25\%～0.60\%$）和高碳钢（$w(C) > 0.60\%$）。

7.1.1.2 合金钢

按钢中合金元素总含量可分为低合金钢（合金元素总质量分数小于 5%）、中合金钢（合金元素总质量分数为 5%～10%）和高合金钢（合金元素总质量分数大于 10%）。此外，还可根据钢中所含主要合金元素种类不同来分类，如锰钢、铬钢、硼钢等。

7.1.2 按冶金质量分类

根据钢中所含有害杂质（S、P）的多少，工业用钢通常分为普通钢、优质钢和高级优质钢。

7.1.2.1 普通钢

硫的质量分数不大于 0.055%，磷的质量分数不大于 0.045%。

7.1.2.2 优质钢

硫的质量分数不大于 0.045%，磷的质量分数不大于 0.040%。

7.1.2.3 高级优质钢

硫的质量分数不大于 0.030%，磷的质量分数不大于 0.035%。

此外，按冶炼时脱氧程度，还可分为沸腾钢（脱氧不完全）、镇静钢（脱氧完全）和半镇静钢三类。

7.1.3　按用途分类

按钢的用途分类是钢的主要分类方法。根据工业用钢的不同用途，可将其分为结构钢、工具钢、特殊性能钢三大类。

7.1.3.1　结构钢

（1）用作工程结构的钢。属于这类的钢有碳素结构钢、低合金结构钢。

（2）用作各种机器零部件的钢。包括渗碳钢、调质钢、弹簧钢、滚动轴承钢等。

7.1.3.2　工具钢

工具钢包括碳素工具钢、合金工具钢和高速工具钢三种。它们可用于制造刃具、模具和量具等。

7.1.3.3　特殊性能钢

这类钢具有特殊的物理、化学性能，它包括不锈钢、耐热钢、耐磨钢等。

7.2　钢的牌号表示方法

为了管理和使用方便，必须确定一个编号方法。编号的原则是：以明显、确切、简单的符号反映钢种的冶炼方法、化学成分、特性、用途、工艺方法等，同时还要便于书写、打印和识别而不易混淆。

7.2.1　结构钢

7.2.1.1　碳素结构钢

碳素结构钢牌号由代表屈服点的字母 Q、屈服点数值、质量等级符号（A、B、C、D）及脱氧方法符号（F、b、Z、TZ）四个部分按顺序组成。其中质量等级符号说明钢中硫、磷杂质含量的多少（D 级杂质最少），脱氧方法符号 F、b、Z、TZ 分别表示沸腾钢、半镇静钢、镇静钢、特殊镇静。如 Q235-AF 表示屈服点为 235MPa 的 A 级沸腾钢。

7.2.1.2　优质碳素结构钢

其牌号用两位数字表示，数字表示钢中平均碳质量分数的万分数，如 45 钢，表示 $w(C)=0.45\%$，当含锰量较高时，两位数字后加锰的元素符号，如 45Mn 钢。

7.2.1.3　合金结构钢

其牌号是按照合金钢中的含碳量及所含合金元素的种类和含量来编制的。牌号前两位数字表示钢中平均碳质量分数的万分数；中间为所含合金元素的种类，用元素符号表示；元素符号后的数字表示合金元素的近似含量，不含数字的，说明合金元素的质量分数低于 1.5%，如 40Cr 钢。此外，滚动轴承钢有自己单独的表示方法，前面以"G"为标志，其后为铬元素符号 Cr，Cr 后面的数字表示钢中平均铬质量分数的千分数，其余规定与合金结构钢牌号相同，如 GCr15SiMn 钢。易切削钢牌号为"Y"加数字，数字表示钢中平均碳质量分数的万分数，如 Y30。

7.2.2　工具钢

7.2.2.1　碳素工具钢

其牌号是在汉语拼音字母"T"的后面加数字表示，数字表示钢中平均碳质量分数的千分数，如 T8 钢。碳素工具钢都是优质钢，若钢号末尾标字母 "A"，表示此钢为高级优质钢，如 T10A 钢。

7.2.2.2　合金工具钢

当平均 $w(C)$ <1.0% 时，牌号前的一位数字表示钢中平均碳质量分数的千分数，合金元素及其含量的表示方法与合金结构钢的表示方法相同。如 9Mn2V 表示平均 $w(C)$ =0.9%、$w(Mn)$ =2%、$w(V)$ <1.5% 的合金工具钢。当平均 $w(C)$ ≥1.0% 时，牌号中元素符号前不标数字，如 CrWMn；另外，高速钢牌号中也不标含碳量。

7.2.3　特殊性能钢

特殊性能钢的牌号表示方法与合金工具钢基本相同，只是当平均 $w(C)$ ≤0.08% 及平均 $w(C)$ ≤0.03% 时，在牌号前分别以 "0"、"00" 表示含碳量极低，例如 0Cr19Ni9、00Cr18Ni10。

7.3　钢中的杂质及合金元素的作用

目前工业上使用的钢铁材料中，钢占有很重要的地位。钢是含碳量 $w(C)$ <2.11% 的铁碳合金。除此之外，还含有某些杂质和合金元素。由于它们的存在，对钢的性能有一定程度的影响。

7.3.1　杂质元素对钢性能的影响

工业上常用的钢，由于受冶炼时所用原料以及冶炼工艺等因素的影响，钢中不免有少量杂质，如硅、锰、硫、磷以及气体元素等，它们的存在会影响钢的性能。

7.3.1.1　硅的影响

硅在镇静钢中含量（$w(Si)$）一般为 0.1% ~ 0.4%，在沸腾钢中含量（$w(Si)$）低于 0.07%。硅能溶于铁素体中，具有固溶强化作用，可提高钢的强度、硬度和弹性，但降低塑性和韧性。硅的脱氧能力比锰强，可作为脱氧剂加入钢中。

7.3.1.2　锰的影响

锰在钢中含量（$w(Mn)$）一般为 0.25% ~ 0.8%，最高时可达 1.2%。锰大部分溶于铁素体，起到强化铁素体的作用。锰的脱氧能力很强，可作为脱氧剂加入钢中，消除 FeO 的危害，提高硅和铝的脱氧效果。锰可与硫形成 MnS，从而消除硫的有害作用，改善钢的热加工性能。

7.3.1.3　硫的影响

硫是钢中有害的元素，在钢中以化合物 FeS 与铁形成低熔点（985℃左右）的共晶体分布在晶界上，使钢变脆。当钢在 1100 ~ 1200℃ 压力加工时，由于分布在晶界上的低熔点共晶体已经熔化，钢在晶界处开裂，使钢的强度、韧性下降。这种现象称为 "热脆"。

为了消除硫的有害作用，可适当提高钢中锰含量，锰与硫可优先形成高熔点（1620℃）的化合物（MnS），MnS 在高温下具有塑性，可避免钢的热脆现象。

硫在大多数钢种中虽是有害元素，但有时为了提高钢的切削加工性能，可适当提高其含量。当钢中含硫量较多时，可形成较多的 MnS，在切削加工时，起到断屑、减磨作用，可改善钢的切削加工性能。

7.3.1.4　磷的影响

磷在钢中是有害元素，一般情况下钢中的磷能全部溶于铁素体中，可提高铁素体的强度、硬度，但使钢的塑性、韧性急剧降低。当含磷量达到一定值时，磷还能使钢的脆性转变温度升高，致使钢在低温甚至室温下变脆。这种现象称为"冷脆"。使钢的冷加工性能和焊接性能变坏。磷的冷脆对在寒冷地区或其他低温条件下工作的钢结构具有严重的危害性。

钢中含有适量的磷，能提高钢在大气中的抗蚀性能，也可改善钢的切削加工性能。增加炮弹钢的含磷量，可提高弹片的淬化程度和杀伤力。

7.3.2 钢中气体的影响

钢中气体对钢材性能的影响往往被人们忽视，因而钢材中未限定氢、氮、氧等元素的含量。实际上它们对钢材性能的影响并不亚于硫、磷，有时更加危险。

氢在钢中含量甚微，但对钢的危害极大。钢中微量的氢（0.5~3mL/100g）可以引起"氢脆"，甚至在钢材内产生大量微裂纹，使钢的塑性、韧性显著下降，导致零件在使用中突然断裂。国外曾因钢中含微量氢而造成汽轮机主轴突然断裂，引起电站爆炸；飞机发动机曲轴突然断裂，造成飞机失事等事故。氢对焊接性能不利，在焊缝处产生裂纹。

氮固溶于铁素体中产生"应变时效"。所谓应变时效是指冷变形低碳钢在室温放置或加热一定时间后强度增加，塑性、韧性降低的现象。"应变时效"对锅炉、化工容器及深冲零件是不利的，增加零件脆性，影响安全可靠性。从应变时效角度考虑，氮是有害元素。但是当钢中含有 Al、V、Ti、Nb 等元素时，它们可与 N 形成细小弥散氮化物，能细化晶粒，提高钢的强度并减低 N 的应变时效作用，在这种情况下 N 又是有益元素。在某些耐热钢中常把 N 作为合金元素以提高钢的耐热性。

显然，为了提高碳钢的性能，除了在炼钢时保证钢中碳的质量分数在规定的范围内，还必须控制杂质元素含量。

7.3.3 合金元素的作用

为了改善钢的性能，在基体金属中有意加入的一些金属或非金属元素称为合金元素，如锰、硅、铬、镍、钼、钒、钛、钴、铜、铝、硼、稀土等。这些合金元素可以与铁和碳发生作用形成固溶体和碳化物，而且合金元素之间也可以相互作用，形成金属间化合物，故而对钢的基本相、铁碳相图和热处理相变过程都有影响。

7.3.3.1 合金元素对钢中基本相的影响

A 形成合金铁素体

大多数合金元素都能溶于铁素体，形成合金铁素体。合金元素溶入后，由于晶格类型和原子半径与铁不同而使铁素体晶格畸变，产生固溶强化效果，使铁素体的强度、硬度升高，韧性、塑性下降，如图 7-1 所示。

B 形成合金碳化物

在钢中能形成合金碳化物的元素有锰、铬、钼、钨、钒、铌、锆、钛等（顺序依次增强）。与碳的亲和力

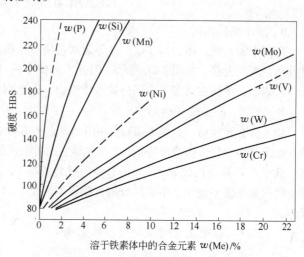

图 7-1 合金元素对铁素体硬度的影响

越强，形成的合金碳化物就越稳定。按合金元素与碳的亲和力强弱及合金元素在钢中的含量不同，可形成下列类型的碳化物：特殊碳化物，如 TiC、NbC、VC 等；合金碳化物，如 Mo_2C、W_2C、Cr_7C_3 等；合金渗碳体，如（Fe，Mn）$_3$C、（Fe，Cr）$_3$C 等。从合金渗碳体到特殊碳化物，硬度依次增高，稳定性增大。随着碳化物数量的增多，钢的强度、硬度提高，而塑性、韧性下降。特别是弥散度大的细颗粒碳化物，对提高钢的硬度和耐磨性更有利。

7.3.3.2　合金元素对铁碳相图的影响

A　对奥氏体相区的影响

a　扩大奥氏体区

在钢中加入镍、锰、铜等元素会使单相奥氏体区扩大，也就是促使 A_1 线、A_3 线温度降低，两线下移，如图 7-2a 所示。因此，若钢中含有大量的锰或镍等元素，便会使相图中奥氏体区向下延展，甚至扩大到室温以下。所以这类钢在室温下也可以得到奥氏体，因此称为奥氏体钢。

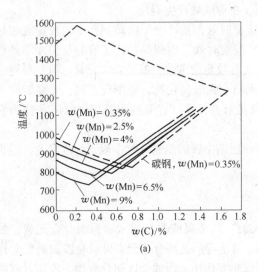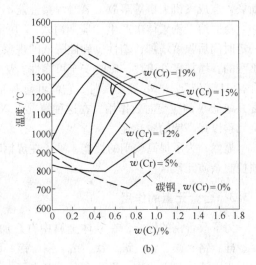

图 7-2　合金元素对奥氏体相区的影响

(a) 锰的影响；(b) 铬的影响

b　缩小奥氏体区

在钢中加入铬、钼、钨、钛、硅等元素会使单相奥氏体区缩小，也就是促使 A_1 线、A_3 线温度升高，两线上移，如图 7-2b 所示。因此，若钢中这些合金元素含量过高时，可使相图中奥氏体区缩小，使钢在高温下也保持铁素体组织，这类钢称为铁素体钢。

B　对 S、E 点位置的影响

加入合金元素后，会使 $Fe\text{-}Fe_3C$ 相图的 S 点和 E 点向左移，也就是使钢的共析点含碳量和碳在奥氏体中的最大固溶度降低。S 点左移意味着奥氏体发生共析转变所需的含碳量（质量分数）低于 0.77%，出现 $w(C) < 0.77\%$ 的过共析钢。E 点是奥氏体的最大溶碳点。E 点左移意味着钢和生铁按平衡状态组织区分的含碳量不再是 2.11%，而是低于这个数值，这就出现了莱氏体钢。

7.3.3.3　合金元素对钢热处理的影响

A　对奥氏体化及奥氏体晶粒长大的影响

合金元素溶入后形成碳化物组织，这些元素阻碍碳原子的扩散，因此合金钢的奥氏体化过

程需要更高的温度，更长的保温时间。

合金元素（除锰、磷外）对奥氏体晶粒的长大在不同程度上起阻碍作用。强碳化物形成元素能形成稳定的碳化物，强烈地阻碍奥氏体晶粒长大，可细化晶粒，因此，奥氏体可以加热到更高的温度。

B 对过冷奥氏体转变的影响

大多数合金元素（除钴外）都使钢的过冷奥氏体稳定性提高，从而使钢的 C 曲线右移，如图 7-3 所示，临界冷却速度降低，使钢的淬透性提高。因此，这样就有利于大截面零件的淬透。

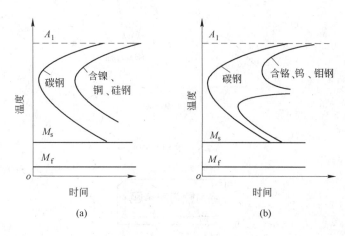

图 7-3 合金元素对 C 曲线的影响

（a）非碳化物形成元素；（b）碳化物形成元素

C 对回火转变的影响

由于合金元素溶于马氏体，降低碳在马氏体中的扩散速度，使碳不易从马氏体中迅速析出，因此在回火过程中，马氏体不易分解，碳化物不易析出，合金元素能明显阻碍析出后碳化物微粒的聚集长大。因此，与碳钢比较，经相同温度回火后，合金钢中的碳化物细小分解，硬度、强度下降不多，有较高的回火稳定性。

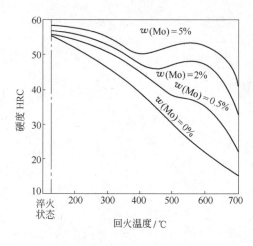

图 7-4 合金钢的二次硬化示意图

含有较多强碳化物形成元素的钢，在回火温度达到 $500 \sim 600\,^\circ\mathrm{C}$ 时，会从马氏体中析出特殊碳化物，如 VC、WC、Cr_7C_3 等。析出的碳化物高度弥散分布在马氏体基体上，增加基体变形的抗力，使钢的硬度反而有所提高，这就出现"二次硬化"现象，如图 7-4 所示。

二次硬化是提高钢的红硬性的主要途径。所谓红硬性是指材料在高温下保持高硬度的能力，红硬性对于高速切削刀具及热变形模具等有着非常重要的意义。

淬火钢在某些温度回火后出现韧性显著降低的现象，称为回火脆性。合金元素对淬火钢回火后力学性能下降方面的影响主要是第二类回火脆性，如图 7-5 所示。减轻或消除第二类回火脆性的方法是提高钢的纯洁度，减少杂质元素的含量，还应改善工艺方法，选用含钨或钼的合金钢。

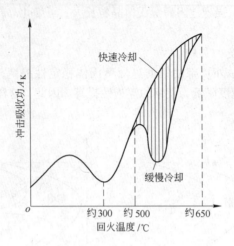

图 7-5　钢的回火脆性

练习题与思考题

7-1　钢中常存的杂质有哪些，硫、磷对钢的性能有哪些影响?

7-2　指出下列钢号属于什么钢，各符号代表什么?

　　Q235、20CrNi、T8、T10A、08Al、16Mn、W6Mo5Cr4V2、Cr12MoV、60Si2Mn

7-3　Q235 经调质处理后使用是否合理，为什么?

7-4　说明下列钢中锰的作用:

　　Q215、20CrMnTi、CrWMn、ZGMn13

8 结 构 钢

用于制造各种机器零件及工程结构的钢统称结构钢。它是工业上应用最广、用量最大、品种最多的一类钢。

结构钢按其化学成分和用途可分为碳素结构钢、低合金结构钢和机械制造结构钢。

8.1 碳素结构钢

碳素结构钢包括普通碳素结构钢和优质碳素结构钢。主要用于建筑和工程结构以及制造机器零件。

8.1.1 普通碳素结构钢

普通碳素结构钢容易冶炼、工艺性好、价格也低，力学性能又能满足一般工程结构的要求，所以应用较广。

此类钢主要保证力学性能，一般情况下都不经热处理，在供应状态下直接使用。普通碳素结构钢的牌号、化学成分及力学性能见表8-1。

通常 Q195、Q215、Q235 钢碳的质量分数低，焊接性能好，塑性、韧性好、强度较低。一般轧制成薄板、钢筋和型钢，主要用于建筑、桥梁等工程结构和制造受力不大的铆钉、螺钉、螺母等零件，Q255、Q275 钢的强度较高，塑性、韧性较好，可用于制造受力中等的普通零件和结构件，如链轮、拉杆、键、销等零件。

8.1.2 优质碳素结构钢

优质碳素结构钢出厂时既保证化学成分又保证力学性能。这类钢中硫、磷杂质含量较低，非金属夹杂物也少，钢的品质较高，性能优良，广泛用于制造较重要的机器零件。

优质碳素结构钢在使用前一般都要进行热处理，以进一步提高其力学性能。这类钢按含锰量不同，可分为普通含锰量（ $w(\mathrm{Mn}) = 0.25\% \sim 0.8\%$ ）和较高含锰量（ $w(\mathrm{Mn}) = 0.7\% \sim 1.2\%$ ）两组。含锰量较高的一组优质碳素结构钢，淬透性稍好、强度也较高。

优质碳素结构钢按其含碳量不同，还可分为低碳钢、中碳钢和高碳钢。优质碳素结构钢的牌号、力学性能及用途见表8-2。

08F ~ 25 钢属于低碳钢，特点是塑性、韧性好，焊接性和冷成形性能优良，但强度较低。一般轧制成薄板，用于制造受力小、高韧性的冲压件和渗碳件。

30 ~ 55 钢属于中碳钢，经调质处理后具有良好的综合力学性能，既具有较高的强度，较好的塑性、韧性。主要用于制造承受力较大的各种轴类、齿轮等零件。

60 ~ 85 钢属高碳钢，经热处理（淬火＋中温回火）后，具有高的弹性极限和屈服强度。常用于制造各类弹簧，如机车车辆和汽车上的螺旋弹簧、板簧等。

表 8-1　碳素结构钢牌号、化学成分及力学性能（GB 700—1988）

牌号	等级	化学成分（质量分数）/% C	Mn	Si	S	P	脱氧方法	拉伸试验 屈服点（直径）δ(d)/mm σ_s/MPa ≤16	>16~40	>40~60	>60~100	>100~150	>150	抗拉强度 σ_b/MPa	屈服点（直径）δ(d)/mm σ_s/MPa ≤16	>16~40	>40~60	>60~100	>100~150	>150	冲击试验 温度 T/℃	V形冲击吸收功（纵向）A_{KV}/J
				不大于				不小于							不小于							不小于
Q195		0.06~0.12	0.25~0.50	0.30	0.050	0.045	F,b,Z	(195)	(185)					315~390	33	32						
Q215	A	0.09~0.15	0.25~0.55	0.30	0.050	0.045	F,b,Z	215	205	195	185	175	165	335~410	31	30	29	28	27	26		
	B				0.045																20	27
Q235	A	0.14~0.22	0.30~0.65①	0.30	0.050	0.045	F,b,Z	235	225	215	205	195	185	375~460	26	25	24	23	22	21		
	B	0.12~0.20	0.30~0.70①		0.045																20	27
	C	≤0.18	0.35~0.80		0.040	0.040	Z														0	27
	D	0.17			0.035	0.035	TZ														-20	27
Q255	A	0.18~0.28	0.40~0.70	0.30	0.050	0.045	Z	255	245	235	225	215	205	410~510	24	23	22	21	20	19		
	B				0.045																20	27
Q275		0.28~0.38	0.50~0.80	0.35	0.050	0.045	Z	275	265	255	245	235	225	490~610	20	19	18	17	16	15		

①Q235—A、B级沸腾钢锰的质量分数上限为 0.60%。

表 8-2　优质碳素结构钢的牌号、力学性能及用途

牌　号	$w(C)$ /%	σ_s	σ_b	δ_5	ψ	a_K	HBS		主　要　用　途
		MPa		%		/J·cm^{-2}	热轧	退火	
		不小于					不大于		
08F	0.05 ~ 0.11	175	295	35	60	—	131	—	
08	0.05 ~ 0.12	195	325	33	60	—	131	—	
10F	0.07 ~ 0.14	185	315	33	55	—	137	—	塑性好，焊接性好，宜制作冷冲
10	0.07 ~ 0.14	205	335	31	55	—	137	—	压件、焊接件及一般螺钉、铆钉、
15F	0.12 ~ 0.19	205	355	29	55	—	143	—	垫圈、螺母、容器渗碳件（齿轮，
15	0.12 ~ 0.19	225	375	27	55	—	143	—	小轴，凸轮，摩擦片等）等
20	0.17 ~ 0.24	245	410	25	55	—	156	—	
25	0.22 ~ 0.30	275	450	23	50	90	170	—	
30	0.27 ~ 0.35	295	490	21	50	80	179	—	
35	0.32 ~ 0.40	315	530	20	45	70	197	—	综合力学性能优良，宜制作承受
40	0.37 ~ 0.45	335	570	19	45	60	217	187	力较大的零件，如连杆、曲轴、主
45	0.42 ~ 0.50	355	600	16	40	50	229	197	轴，活塞杆、齿轮
50	0.47 ~ 0.55	375	630	14	40	40	241	207	
55	0.52 ~ 0.60	390	645	13	35	—	255	217	
60	0.57 ~ 0.65	400	675	12	35	—	225	229	
65	0.62 ~ 0.70	410	695	10	30	—	225	229	
70	0.67 ~ 0.75	420	715	9	30	—	269	220	屈服点高，硬度高，宜制作弹性
75	0.72 ~ 0.80	880	1080	7	20	—	285	241	元件（如各种螺旋弹簧、板簧等）
80	0.77 ~ 0.85	930	1080	6	30	—	285	241	以及耐磨零件、弹簧垫圈、轧辊等
85	0.82 ~ 0.90	980	1130	6	30	—	302	255	
15Mn	0.12 ~ 0.19	245	410	26	55		163		
20Mn	0.17 ~ 0.24	275	450	24	50		197		
25Mn	0.22 ~ 0.30	295	490	22	50	90	207		
30Mn	0.27 ~ 0.35	315	540	20	45	80	217	187	
35Mn	0.32 ~ 0.40	335	560	18	45	70	229	197	可制作渗碳零件，受磨损零件及
40Mn	0.37 ~ 0.45	355	590	17	45	60	229	207	较大尺寸的各种弹性元件等，或要
45Mn	0.42 ~ 0.50	375	620	15	40	50	241	217	求强度稍高的零件
50Mn	0.48 ~ 0.56	390	645	13	40	40	255	217	
60Mn	0.57 ~ 0.65	410	695	11	35	—	266	229	
65Mn	0.62 ~ 0.70	430	735	9	30	—	285	229	
70Mn	0.67 ~ 0.75	450	785	8	30	—	285	229	

8.2　低合金结构钢

低合金结构钢是低碳低合金工程结构用钢，又称低合金高强度钢。广泛用于房屋、桥梁、

船舶、车辆、锅炉、输油输气管道、压力容器等工程结构件。

8.2.1 低合金结构钢的成分特点

低合金结构钢的含碳量较低，一般 $w(C) \leqslant 0.2\%$，合金元素含量总质量分数一般不超过 3%，常加入的合金元素有锰、钒、钛、铌、铜、磷、稀土等，它们在钢中的作用是：

（1）锰溶入铁素体中形成固溶体，起固溶强化作用。锰还能增加组织中珠光体数量，并细化珠光体层片组织，提高钢的强度。在低碳条件下，锰加入量（$w(Mn)$）不超过 1.8% 时，则钢的塑性、韧性比较高，且具有较好的焊接性能。

（2）钒、钛、铌是与碳和氮亲和力较大的强碳化物、氮化物形成元素，在钢中形成细小、分散的碳化物、氮化物，产生弥散强化作用。同时由于这些碳化物、氮化物稳定性较大，加热时能阻碍奥氏体晶粒长大，细化钢的晶粒从而提高钢的强度和韧性。

（3）磷和铜是低合金结构钢中的抗蚀性合金元素，可提高钢对大气、海水的抗腐蚀作用，延长构件的使用寿命。磷、铜还有极强的固溶强化作用。但含磷多时会增加钢的冷脆性，所以应加入钛、稀土等元素以削弱磷的危害作用。

（4）稀土元素的化学性质非常活泼，加入钢中可以净化钢液，改变夹杂物的形状和分布，从而提高钢的韧性，特别是提高钢的低温韧性。此外，稀土元素还可削弱磷的冷脆倾向，改善钢的冷弯性能。

8.2.2 低合金结构钢的性能特点

8.2.2.1 具有高的屈服强度和良好的塑性与韧性

由于加入了少量的合金元素，得到了强化铁素体、细化晶粒以及碳元素的强化作用等结果，有效地提高了钢的强度，比碳素结构钢要高 25% ~ 50%，特别是屈强比明显提高。又由于含碳量较低，因此塑性、韧性较好，伸长率 $\delta_5 = 15\% \sim 23\%$，室温冲击韧度 $a_K > 60 \sim 80 J/cm^2$，且冷脆转变温度较低（约 -30℃）。所以用这类钢制作大型金属构件，不仅安全可靠，而且可以减轻自重，节约钢材。

8.2.2.2 具有良好的焊接性

低合金结构钢制成的板材、型材、管材，在使用时大多要经过焊接加工，而焊成后一般不再进行热处理，故对焊接性能要求较高。由于低合金钢的含碳量和合金元素的含量都较低，对焊缝及热影响区的性能影响较小，防止了焊裂倾向的产生，从而改善了钢的焊接性能。

8.2.2.3 具有良好的耐蚀性

由于低合金结构钢的强度高，用于制作结构件的截面积减小、厚度减薄。为保证经久耐用，要求这类钢具有耐大气、海水等侵蚀的能力。在低合金钢中加入少量的铜、磷、铬、铝等合金元素，在钢的表面会形成一层氧化物薄膜，抑制腐蚀介质侵入基体内部，起到保护作用。

8.2.3 常用低合金结构钢

低合金结构钢的品种繁多，用途广泛。这类钢一般在热轧状态下使用，有时为了改善焊接区的性能，可进行正火处理，其组织为铁素体 + 珠光体，只有少数例外，要求高强度时进行调质处理，获得回火索氏体组织。

表 8-3 列出了部分具代表性的低合金结构钢的牌号及化学成分，表 8-4 列出了其力学性能。Q295 钢适用于制造车辆冲压件、螺旋焊管、中低压容器、输油管道、油缸等；Q345 钢适用于

制造船舶、铁路车辆、压力容器、桥梁、起重及矿山机械等；Q390 钢适用于制造高压石油化工容器、桥梁、车辆、大型船舶、起重机械及高载荷的焊接结构件等；Q420 钢可用于制造大型船舶、桥梁、电站设备、中高压锅炉及大型焊接结构件等；Q460 钢可淬火加回火后用于大型挖掘机、起重运输机械、钻井平台等。

表 8-3 低合金高强度结构钢牌号及化学成分

牌号	质量等级	化学成分（质量分数）/%										
		C ≤	Mn	Si ≤	P ≤	S ≤	V	Nb	Ti	Al[①] ≥	Cr ≤	Ni ≤
Q295	A	0.16	0.80~1.50	0.55	0.045	0.045	0.02~0.15	0.015~0.060	0.02~0.02	—		
	B	0.16	0.80~1.50	0.55	0.040	0.040	0.02~0.15	0.015~0.060	0.02~0.02	—		
Q345	A	0.20	1.00~1.60	0.55	0.045	0.045	0.02~0.15	0.015~0.060	0.02~0.20	—		
	B	0.20	1.00~1.60	0.55	0.040	0.040	0.02~0.15	0.015~0.060	0.02~0.20	—		
	C	0.20	1.00~1.60	0.55	0.035	0.035	0.02~0.15	0.015~0.060	0.02~0.20	0.015		
	D	0.18	1.00~1.60	0.55	0.030	0.030	0.02~0.15	0.015~0.060	0.02~0.20	0.015		
	E	0.18	1.00~1.60	0.55	0.025	0.025	0.02~0.15	0.015~0.060	0.02~0.20	0.015		
Q390	A	0.20	1.00~1.60	0.55	0.045	0.045	0.02~0.20	0.015~0.060	0.02~0.20	—	0.30	0.70
	B	0.20	1.00~1.60	0.55	0.040	0.040	0.02~0.20	0.015~0.060	0.02~0.20	—	0.30	0.70
	C	0.20	1.00~1.60	0.55	0.035	0.035	0.02~0.20	0.015~0.060	0.02~0.20	0.015	0.30	0.70
	D	0.20	1.00~1.60	0.55	0.030	0.030	0.02~0.20	0.015~0.060	0.02~0.20	0.015	0.30	0.70
	E	0.20	1.00~1.60	0.55	0.025	0.025	0.02~0.20	0.015~0.060	0.02~0.20	0.015	0.30	0.70
Q420	A	0.20	1.00~1.70	0.55	0.045	0.045	0.02~0.20	0.015~0.060	0.02~0.20	—	0.40	0.70
	B	0.20	1.00~1.70	0.55	0.040	0.040	0.02~0.20	0.015~0.060	0.02~0.20	—	0.40	0.70
	C	0.20	1.00~1.70	0.55	0.035	0.035	0.02~0.20	0.015~0.060	0.02~0.20	0.015	0.40	0.70
	D	0.20	1.00~1.70	0.55	0.030	0.030	0.02~0.20	0.015~0.060	0.02~0.20	0.015	0.40	0.70
	E	0.20	1.00~1.70	0.55	0.025	0.025	0.02~0.20	0.015~0.060	0.02~0.20	0.015	0.40	0.70
Q460	C	0.20	1.00~1.70	0.55	0.035	0.035	0.02~0.15	0.15~0.060	0.02~0.02	0.15	0.70	0.70
	D	0.20	1.00~1.70	0.55	0.030	0.030	0.02~0.15	0.15~0.060	0.02~0.20	0.15	0.70	0.70
	E	0.20	1.00~1.70	0.55	0.025	0.025	0.02~0.15	0.15~0.060	0.02~0.02	0.15	0.70	0.70

①表中的 Al 为全铝含量，如分析酸溶铝时，其 $w(Al) \geqslant 0.010\%$。

表 8-4 低合金高强度结构钢的力学性能

牌号	质量等级	厚度（直径）/mm				σ_b /MPa	δ_5	冲击吸收功 A_{KV}（纵向）/J				180°弯曲试验 d = 弯心直径，a = 试样厚度 钢材厚度（直径）/mm	
		<16	>16 ~35	>35 ~50	>50 ~100			+20℃	0℃	-20℃	-40℃	<16	>16~100
		σ_s (MPa) ≥						≥					
Q295	A	295	275	255	235	390~570	0.23					$d = 2a$	$d = 3a$
	B	295	275	255	235	390~570	0.23	34				$d = 2a$	$d = 3a$

牌号	质量等级	厚度（直径）/mm				σ_b /MPa	δ_5	冲击吸收功 A_{KV}（纵向）/J				180°弯曲试验 d = 弯心直径,a = 试样厚度 钢材厚度（直径）/mm	
		<16	>16 ~35	>35 ~50	>50 ~100			+20℃	0℃	-20℃	-40℃	<16	>16 ~100
		σ_s（MPa）≥						≥				<16	>16 ~100
Q345	A	345	325	295	275	470 ~ 630	0.21					$d = 2a$	$d = 3a$
	B	345	325	295	275	470 ~ 630	0.21	34				$d = 2a$	$d = 3a$
	C	345	325	295	275	470 ~ 630	0.22		34			$d = 2a$	$d = 3a$
	D	345	325	295	275	470 ~ 630	0.22			34		$d = 2a$	$d = 3a$
	E	345	325	295	275	470 ~ 630	0.22				27	$d = 2a$	$d = 3a$
Q390	A	390	370	350	330	490 ~ 650	0.19					$d = 2a$	$d = 3a$
	B	390	370	350	330	490 ~ 650	0.19	34				$d = 2a$	$d = 3a$
	C	390	370	350	330	490 ~ 650	0.20		34			$d = 2a$	$d = 3a$
	D	390	370	350	330	490 ~ 650	0.20			34		$d = 2a$	$d = 3a$
	E	390	370	350	330	490 ~ 650	0.20				27	$d = 2a$	$d = 3a$
Q420	A	420	400	380	360	520 ~ 680	0.18					$d = 2a$	$d = 3a$
	B	420	400	380	360	520 ~ 680	0.18	34				$d = 2a$	$d = 3a$
	C	420	400	380	360	520 ~ 680	0.19		34			$d = 2a$	$d = 3a$
	D	420	400	380	360	520 ~ 680	0.19			34		$d = 2a$	$d = 3a$
	E	420	400	380	360	520 ~ 680	0.19				27	$d = 2a$	$d = 3a$
Q460	C	460	440	420	400	550 ~ 720	0.17		34			$d = 2a$	$d = 3a$
	D	460	440	420	400	550 ~ 720	0.17			34		$d = 2a$	$d = 3a$
	E	460	440	420	400	550 ~ 720	0.17				27	$d = 2a$	$d = 3a$

8.3　机械制造结构钢

　　机械制造结构钢是用于制造机械零件的合金结构钢。合金结构钢是在钢中加入一定数量和种类的合金元素构成的钢种。由于它的合金成分总量相对较高，所以它克服了碳素结构钢和低合金结构钢的某些不足之处，提高了钢的综合力学性能。这类钢大多数在热处理后使用，主要用于制造各种机械零件。按其用途和热处理特点可分为渗碳钢、调质钢、易切钢、弹簧钢、滚动轴承钢和超高强度钢等。

8.3.1　渗碳钢

　　渗碳钢通常是指经过渗碳热处理后使用的钢，包括低碳优质碳素结构钢和低碳合金结构钢。主要用于制造承受冲击载荷、强烈摩擦磨损条件下工作的机械零件。如变速齿轮、凸轮轴、活塞销等。这类零件要求表面具有高硬度和耐磨性及高的接触疲劳强度，心部要求有良好的韧性和足够的强度。

　　碳素渗碳钢是低碳优质碳素结构钢。这类钢淬透性低、热处理前后钢的心部强度、韧性变化不大，因此只能用来制造承受载荷较小、形状简单、不太重要但要求耐磨的渗碳零件。合金渗碳钢则因其淬透性高，经热处理后达到显著强化效果。

8.3.1.1 合金渗碳钢的成分及性能特点

合金渗碳钢一般含碳量较低，$w(C) = 0.10\% \sim 0.25\%$，这样经热处理后可以保证零件心部有足够的韧性。常加入的合金元素有铬、镍、锰、硼，这些元素的加入可强化铁素体和提高淬透性，改善零件心部组织和性能，还能提高渗碳层的强度与韧性。还加入钨、钼、钒、钛等微量合金元素，以形成难溶碳化物，细化晶粒，使渗碳后能直接淬火，防止渗碳层剥落，并提高零件表面硬度和接触疲劳强度及韧性。由此可见，渗碳钢具有较高的强度和韧性，较好的淬透性，并且具有优良的工艺性能，即使在 $930 \sim 950℃$ 高温下渗碳，奥氏体晶粒也不会长大，这样既能使零件渗碳后表面获得高的硬度和耐磨性，又能使心部有足够的强度和韧性。

8.3.1.2 常用合金渗碳钢及热处理

合金渗碳钢按淬透性高低可分为：低淬透性合金渗碳钢、中淬透性合金渗碳钢和高淬透性合金渗碳钢三类。

A 低淬透性合金渗碳钢

水淬临界淬透直径为 $20 \sim 35mm$，渗碳淬火后 σ_b 可达 $700 \sim 850MPa$。如 20Mn2、20Cr、20MnV、20CrV 等，可用于制造受力不太大、强度要求不太高的耐磨零件。

B 中淬透性合金渗碳钢

油淬临界淬透直径为 $25 \sim 60mm$，渗碳淬火后 σ_b 可达 $950 \sim 1200MPa$。如 20CrMnTi、20MnTiB、20MnVB 等，可用于制造承受中等载荷的耐磨零件。

C 高淬透性合金渗碳钢

油淬临界淬透直径在 100mm 以上，甚至空冷也能淬成马氏体，渗碳淬火后 σ_b 可达 1200MPa 以上。如 18Cr2Ni4WA、20Cr2Ni4 等，可用于制造承受重载及强烈磨损的重要大型零件。

合金渗碳钢的热处理一般是渗碳后直接进行淬火加低温回火。表层获得高碳回火马氏体和碳化物，硬度一般为 HRC 58 ~ 64，保证了表层的高硬度和耐磨性。心部为低碳回火马氏体，保证心部具有足够的强度和韧性。

常用合金渗碳钢的牌号、化学成分、热处理、力学性能及用途见表 8-5。

8.3.2 调质钢

调质钢是指经调质处理后使用的钢。主要用于制造重载荷、冲击载荷及综合力学性能要求高的重要零件。如机床的主轴、汽车后桥的半轴、发动机的曲轴、连杆、齿轮等零部件。

调质钢包括碳素调质钢和合金调质钢。碳素调质钢一般是中碳优质碳素结构钢，如 40 钢、45 钢、40Mn 钢等，其中 45 钢应用最广。这类钢淬透性差，只有零件尺寸较小时经调质后才能获得较好的力学性能，所以它只适用于制作载荷低、尺寸小的零件。合金调质钢是指中碳合金结构钢。这类钢淬透性好、综合力学性能高。

8.3.2.1 合金调质钢的成分及性能特点

合金调质钢中碳的质量分数一般为 $0.25\% \sim 0.5\%$，含碳量的高低对调质后钢的性能影响较大。含碳量过低，不易淬硬，强度不足；含碳量过高，则韧性不够。一般采用 $w(C) = 0.40\%$ 的调质钢，既可保证钢经调质后有足够的强度和硬度，又可保证具有一定的塑性和韧性。合金调质钢中常加入的合金元素有锰、铬、硅、镍、硼、钨、钼、钛、钒等。加入合金元素的目的主要是提高钢的淬透性，强化铁素体，钨、钼、钛、钒可细化晶粒，钨、钼、还能防止第二类回火脆性。所以，调质钢淬透性好，调质处理后具有优良的综合力学性能。

表 8-5 常用合金渗碳钢的牌号、化学成分、热处理、力学性能及用途

钢号	主要化学成分 w/%							热处理/℃				力学性能					毛坯尺寸/mm	用途
	C	Mn	Si	Cr	Ni	V	其他	渗碳	第一次淬火	第二次淬火	回火	σ_b /MPa	σ_s /MPa	δ /%	ψ /%	a_K /J·cm^{-2}		
20Mn2	0.17~0.24	1.40~1.80	0.17~0.37					930	850 水、油		200	≥785	≥590	≥10	≥40	≥47	15	小齿轮、小轴活塞销等
20Cr	0.18~0.24	0.50~0.80	0.17~0.37	0.70~1.00				930	880 水、油	780~820 水、油	200	≥835	≥540	≥10	≥40	≥47	15	齿轮、小轴活塞销等
20MnV	0.17~0.24	1.30~1.60	0.17~0.37			0.07~0.12		930	880 水、油		200	≥785	≥590	≥10	≥40	≥55	15	同上。也用作锅炉、高压容器管道等
20CrV	0.17~0.23	0.50~0.80	0.17~0.37	0.80~1.10		0.10~0.20		930	880 水、油	800 水、油	200	≥835	≥590	≥12	≥45	≥55	15	齿轮、小轴、顶热圈活塞销、耐热垫圈
20CrMn	0.17~0.23	0.90~1.20	0.17~0.37	0.90~1.20				930	850 油		200	≥930	≥735	≥10	≥45	≥47	15	齿轮、轴、蜗杆、活塞销、摩擦轮
20CrMnTi	0.17~0.23	0.80~1.10	0.17~0.37	1.00~1.30			Ti 0.04~0.10	930	880 油	870 油	200	≥1080	≥835	10	45	≥55	15	汽车、拖拉机上的变速箱齿轮
20MnTiB	0.17~0.24	1.30~1.60	0.17~0.37				Ti 0.04~0.10 B 0.0005~0.0035	930	860 油		200	≥1100	≥930	≥10	≥45	≥55	15	代20CrMnTi
20SiMnVB	0.17~0.24	1.30~1.60	0.50~0.80			0.07~0.12	B 0.0005~0.0035	930	900 油		200	≥1175	≥980	≥10	≥45	≥55	15	代20CrMnTi
18Cr2Ni4WA	0.13~0.19	0.30~0.60	0.17~0.37	1.35~1.65	4.00~4.50		W 0.80~1.20	930	950 空	850 空	200	≥1175	≥835	10	45	≥78	15	大型渗碳齿轮和轴类

8.3.2.2 常用合金调质钢及热处理

常用合金调质钢按淬透性可分为：低淬透性合金调质钢、中淬透性合金调质钢和高淬透性合金调质钢三类。

A 低淬透性合金调质钢

油淬临界淬透直径为 20~40mm，调质处理后强度比碳钢高，一般 $\sigma_b = 800~1000$MPa。如 40Cr、40MnB 等钢，用于制造中等截面、承受载荷较小的零件、如连杆螺栓、机床主轴等。

B 中淬透性合金调质钢

油淬临界淬透直径 40~60mm，调质处理后强度很高，一般 $\sigma_b = 900~1000$MPa、如 35CrMo、38CrSi、40CrMn 等钢，用于制造截面较大、大载荷的零件、如曲轴、连杆等。

C 高淬透性合金调质钢

油淬临界淬透直径不小于 60~100mm，调质处理后强度更高，韧性也很好，一般 $\sigma_b = 1000~1200$MPa。如 38CrMoAlA、40CrNiMoA 等钢，可用于制造大截面、承受重载荷的零件。如精密机床主轴、汽轮机主轴、航空发动机曲轴等。

合金调质钢的热处理为淬火加高温回火，即调质处理，回火后获得索氏体组织，具有良好的综合力学性能。调质后再对表面喷丸或滚压强化，可大幅度提高抗疲劳强度，延长使用寿命。

常用合金调质钢的牌号、化学成分、热处理、力学性能和用途见表 8-6。

8.3.3 易切削钢

在钢中加入某种或某几种合金元素，使之具有良好的切削加工性能的钢，称为易切削钢（简称易切钢）。易切钢在切削加工过程中不仅能提高切削速度，而且能延长刀具寿命，还有切削抗力小，加工后表面光洁及排除切屑容易等优点。

良好的切削加工性能是易切钢的突出特点。易切钢中常加的合金元素有：硫、磷、铅、钙、硒和碲等。这些元素加入钢中能形成某些非金属夹杂物，而又几乎不溶于铁中，成为独立存在的组织，在钢锭被压延时，这些夹杂物沿延伸方向伸长，成为条状或纺锤状，类似无数个微小的缺口，破坏钢组织的连续性，切削时容易断屑，提高切削性能。同时，由于这些夹杂物是以细小的条状或纺锤状的形态存在，对钢材纵向力学性能影响并不明显。

8.3.3.1 易切钢中合金元素对切削性能的影响

（1）硫的影响。硫在易切钢中主要以 MnS 夹杂物形态存在，并沿轧制方向形成纤维状组织，这种夹杂物破坏了基体的连续性、起割裂作用，使切屑的卷曲半径小而短、易断，减少切屑与刀具的接触面积，还能起内部润滑作用，使切屑不粘刀刃，易于排除，从而减少刀具磨损，提高刀具寿命，改善切削加工性能。易切钢中硫的质量分数一般为 0.08%~0.33%。但因硫有导致热脆的作用，并且含量高时焊接性能变坏，所以钢中含硫量不宜过高。

（2）磷的影响。磷固溶于铁素体中，提高硬度和强度，但会降低塑性与韧性。使切屑易于断裂排除，加工工件的表面光洁程度高。从而，进一步改善钢的切削加工性能。但是，磷含量高会使硬度过高，增加钢的冷脆性。所以，磷含量不宜过高，也很少单独使用，一般易切钢中磷的质量分数在 0.15% 以下。

（3）铅的影响。铅不溶于固溶体中，在固态下以金属态的细小颗粒均匀分布在钢的基体中。由于铅的熔点低，切削时刀具与切屑之间强烈摩擦产生的切削热，使铅呈熔融状态，起到润滑、断屑等作用，显著提高钢的切削加工性能。但是钢中铅含量过高，会引起严重的密度偏析，铅蒸气会引起公害，故含量也不宜过高。一般铅的质量分数在 0.15%~0.35% 范围内。

表 8-6　常用合金调质钢的牌号、化学成分、热处理、力学性能和用途

钢号	主要化学成分 w/%								热处理			力学性能（不小于）					退火状态 HBS	用途
	C	Mn	Si	Cr	Ni	Mo	V	其他	淬火/℃	回火/℃	毛坯尺寸/mm	σ_b/MPa	σ_s/MPa	δ_5/%	ψ/%	α_K/J·cm⁻²		
45①	0.42~0.50	0.50~0.80	0.17~0.37						840 水	600 空	25	600	355	16	40	39	≤197	主轴、曲轴、齿轮、柱塞等
45Mn2	0.42~0.49	1.40~1.80	0.17~0.37						840 油	550 水、油	25	885	735	10	45	47	≤217	代替 φ<50mm 的 40Cr 作重要螺栓和轴类件等
40MnB	0.37~0.44	1.10~1.40	0.17~0.37					B 0.0005~0.0035	850 油	500 水、油	25	980	785	10	45	47	≤207	代替 φ<50mm 的 40Cr 作重要螺栓和轴类件等
40MnVB	0.37~0.44	1.10~1.40	0.17~0.37				0.05~0.10	B 0.0005~0.0035	850 油	520 水、油	25	980	785	10	45	47	≤207	可代替 40Cr 及部分代替 40CrNi 作重要零件，也可代替 38CrSi 作重要销钉
35SiMn	0.32~0.40	1.10~1.40	1.10~1.40						900 水	570 水、油	25	885	735	15	45	47	≤229	除低温（<-20℃）韧性稍差外，可全面代替 40Cr 和部分代替 40CrNi
40Cr	0.37~0.44	0.50~0.80	0.17~0.37	0.80~1.10					850 油	520 水、油	25	980	785	9	45	47	≤217	作重要调质件，如轴类、连杆螺栓、进气阀和重要齿轮等
38CrSi	0.35~0.43	0.30~0.60	1.00~1.30	1.30~1.60					900 油	600 水、油	25	980	835	12	50	55	≤255	作承受大载荷的轴类件及汽车上的重要调质件
40CrMn	0.37~0.45	0.90~1.20	0.17~0.37						840 油	550 水、油	25	980	835	9	45	47	≤229	代替 40CrNi

续表 8-6

钢号	主要化学成分 w/%								热处理			力学性能					退火状态 HBS	用途
	C	Si	Mn	Cr	Ni	Mo	V	其他	淬火/℃	回火/℃	毛坯尺寸/mm	σ_b/MPa	σ_s/MPa	δ_5/%	ψ/%	a_K/J·cm^{-2}		
												不小于						
30CrMnSi	0.27~0.34	0.90~1.20	0.80~1.10	0.80~1.10					880 油	520 水、油	25	1080	885	10	45	39	≤229	高强度钢,作高速载荷砂轮轴、车轴上内外摩擦片等
35CrMo	0.32~0.40	0.17~0.37	0.40~0.70	0.80~1.10		0.15~0.25			850 油	550 水、油	25	980	835	12	45	63	≤229	重要调质件,如曲轴、连杆及代替40CrNi作大截面轴类件
38CrMoAlA	0.35~0.42	0.20~0.45	0.30~0.60	1.35~1.65		0.16~0.25		Al 0.70~1.10	940 水、油	640 水、油	30	980	835	14	50	71	≤229	一作氮化零件,如压阀门,缸套等
40CrNi	0.37~0.44	0.17~0.37	0.50~0.80	0.45~0.75	1.00~1.40				820 油	500 水、油	25	980	785	10	45	55	≤241	作较大截面和重要的曲轴、主轴、连杆等
37CrNi3	0.34~0.41	0.17~0.37	0.30~0.60	1.20~1.60	3.00~3.60				820 油	500 水、油	25	1130	980	10	50	47	≤269	作大截面并需要高强度、高韧性的零件
37SiMn2MoV	0.33~0.39	0.60~0.90	1.60~1.90			0.40~0.50	0.05~0.12		870 水、油	650 水、空	25	980	835	12	50	63	≤269	作大截面、重载荷的轴、连杆、齿轮等,可代替40CrNiMo
40CrMnMo	0.37~0.45	0.17~0.37	0.90~1.20	0.90~1.20		0.20~0.30			850 油	600 水、油	25	980	785	10	45	63	≤217	相当于40CrNiMo的高级调质钢
25Cr2Ni4WA	0.21~0.28	0.17~0.37	0.30~0.60	1.35~1.65	4.00~4.50			W 0.80~1.20	850 油	550 水	25	1080	930	11	45	71	≤269	制造机械性能要求很高的大断面零件
40CrNiMoA	0.37~0.44	0.17~0.37	0.50~0.80	0.80~0.90	1.25~1.75	0.15~0.25			850 油	600 水、油	25	980	835	12	55	78	≤269	作高强度零件,如航空发动机轴,在<500℃工作的喷气发动机承力零件
45CrNiMoVA	0.42~0.49	0.17~0.37	0.50~0.80	0.80~1.10	1.30~1.80	0.20~0.30	0.10~0.20		860 油	460 油	试样	1470	1325	7	35	31	269	作高强度、高弹性零件,如车辆上扭力轴等

① 优质碳素结构钢,见 GB 699—1988。

（4）钙的影响。钙在易切钢中以复合化合物形态存在，这种低熔点的复合化合物在切削过程中软化，形成一层薄而具有润滑作用的保护膜附着在刀具表面，有效地防止刀具磨损，显著地提高刀具寿命，应该指出，单纯加钙元素的易切钢只有用硬质合金刀具高速切削时，才能显示出其易切性能，而与其他元素合用时，如 Ca-S、Ca-S-Pb 复合易切钢种，即使用高速钢刀具切削时也具有易切性。易切钢中钙的质量分数一般不大于 0.006%。

（5）硒、碲元素的影响。它们虽然能够改善钢的切削加工性能，但由于属于稀贵元素，一般很少使用，只有在一些高级合金钢中才使用。

8.3.3.2　常用易切削钢

常用易切削钢的牌号、化学成分、性能及用途见表8-7。

表 8-7　易切削钢的牌号、化学成分、性能及用途

牌　号	化学成分 w/%						力学性能（热轧）				用 途 举 例
	C	Mn	Si	S	P	其他	σ_b/MPa	δ_5/% 不小于	ψ/% 不小于	HBS 不小于	
Y12	0.08 ~ 0.16	0.60 ~ 1.00	0.15 ~ 0.35	0.10 ~ 0.20	0.08 ~ 0.15	—	390 ~ 540	22	36	170	在自动机床上加工的标准紧固件，如螺栓、螺母
Y12Pb	0.08 ~ 0.16	0.70 ~ 1.10	≤ 0.15	0.15 ~ 0.25	0.05 ~ 0.10	Pb 0.15 ~ 0.35	390 ~ 540	22	36	170	可制作表面粗糙度要求低的一般机械零件，如轴、仪表精密小件等
Y15	0.10 ~ 0.18	0.80 ~ 1.20	≤ 0.15	0.23 ~ 0.33	0.05 ~ 0.10	—	390 ~ 540	22	36	170	同 Y12，但切削性更好
Y15Pb	0.10 ~ 0.18	0.80 ~ 1.20	≤ 0.15	0.23 ~ 0.33	0.05 ~ 0.10	Pb 0.15 ~ 0.35	390 ~ 540	22	36	170	同 Y12Pb，切削性能较 Y 钢更好
Y20	0.15 ~ 0.25	0.70 ~ 1.00	0.15 ~ 0.35	0.80 ~ 0.15	≤ 0.06	—	450 ~ 600	20	30	175	强度要求稍高、形状复杂、不易加工的零件，如纺织机、计算机上的零件及各种标准紧固件
Y30	0.25 ~ 0.35	0.70 ~ 1.00	0.15 ~ 0.35	0.08 ~ 0.15	≤ 0.06	—	510 ~ 655	15	25	187	
Y35	0.32 ~ 0.40	0.70 ~ 1.00	0.15 ~ 0.35	0.08 ~ 0.15	≤ 0.06	—	510 ~ 655	14	22	187	同 Y30 钢
Y40Mn	0.35 ~ 0.45	1.20 ~ 1.55	0.15 ~ 0.35	0.20 ~ 0.30	≤ 0.05		590 ~ 735	14	20	207	受较高应力、要求表面粗糙度低的机床丝杠、光杠、螺栓及自行车、缝纫机零件

牌　号	化学成分 w/%						力学性能（热轧）				用 途 举 例
	C	Mn	Si	S	P	其他	σ_b/MPa 不小于	δ_5/% 不小于	ψ/% 不小于	HBS 不小于	
Y45Ca	0.42 ~ 0.50	0.60 ~ 0.90	0.20 ~ 0.40	0.04 ~ 0.08	≤ 0.04	Ca 0.002 ~ 0.006	600 ~ 745	12	26	241	经热处理的齿轮、轴等

　　Y12、Y15 钢含碳量低、强度不高，属硫易切钢。一般用于制造强度要求不高的零件。如标准紧固件、螺栓、螺母等。

　　Y20、Y30 钢含碳量略高，仍属硫易切钢。因其含碳量增加，强度有所提高。主要用于制造强度要求稍高和断面形状复杂难加工的零件。如纺织机、计算机等机器上的零件及各种标准紧固件。

　　Y40Mn 钢是含锰量较高的易切钢。可用于制造要求强度高、粗糙度低的机床零件。如机床丝杠、光杠、螺栓及自行车、缝纫机零件等。

　　Y12Pb、Y15Pb 是铅易切钢。广泛用于制造要求耐磨和表面粗糙度低的精密仪表的零件。如手表、照相机的零件。

　　Y45Ca 是钙易切钢。主要用于制造需经调质处理的齿轮、轴等零件。

8.3.4　弹簧钢

　　用于制造弹簧和弹性元件的钢种称为弹簧钢。弹簧是机器上的重要零件。弹簧是通过其本身产生的弹性变形吸收和释放能量进行工作的。因此安装在各种机器上的弹簧主要有两个方面的作用：一是通过弹簧产生大量的弹性变形吸收冲击功，以减缓冲击和振动，保护设备，如火车、汽车等的缓冲弹簧；二是利用弹性变形储存和释放能量，使机件完成某些动作，如发动机的气阀弹簧，钟表发条，仪表弹簧等。

　　弹簧一般是在动载荷、交变应力、有时还受冲击载荷的条件下工作的。因此，要求弹簧具有高的弹性极限，高的疲劳强度、高的屈强比，足够的塑性和韧性。弹簧钢都经过淬火和回火后使用，所以要求具有良好的淬透性和加热时抵抗脱碳和过热的能力。特殊情况下还要求具有良好的导电性、耐热性和耐蚀等性能。

　　弹簧钢按化学成分可分为碳素弹簧钢和合金弹簧钢两类。

8.3.4.1　碳素弹簧钢

　　碳素弹簧钢含碳量较高，$w(C)$ = 0.60% ~ 0.90%，属高碳优质碳素结构钢。高碳的目的在于保证高强度的需要。这类弹簧钢价格便宜，经热处理后具有一定的强度、塑性，但淬透性差。当截面尺寸较大（超过 12 ~ 15mm）时，油中淬不透，水淬则变形，开裂倾向大。因此只适宜制造较小截面尺寸的弹簧。

　　常用的碳素弹簧钢钢号有：65、70、75、85、65Mn 等。65、70 号碳素弹簧钢适用于调压调速弹簧、柱塞弹簧、测力弹簧、一般机器上的圆方螺旋弹簧和拉成钢丝作小型机械弹簧等。75、85 号碳素弹簧钢适用于汽车、拖拉机和火车等机械上承受振动的各种板簧和螺旋弹簧。65Mn 淬透性好，强度较高，适用于制作较大尺寸的各种扁、圆弹簧，如：坐垫弹簧、弹簧发条、弹簧环、气门簧、离合器簧片，制动弹簧等。碳素弹簧钢的牌号、化学成分、性能及用途见表 8-8。

表 8-8 常用弹簧钢的牌号、化学成分、性能及用途

钢号	化学成分 w/%					热处理		力学性能			用 途 举 例
	C	Si	Mn	V	其他	淬火温度/℃	回火温度/℃	σ_s/MPa	δ/%	a_K/J·cm⁻²	
(65)	0.62~0.70	0.17~0.37	0.5~0.8	—	—	840	480	800	9	—	载面尺寸小于15mm的小弹簧
(75)	0.72~0.80	0.17~0.37	0.5~0.8	—	—	820	480	1100	7	—	汽车、拖拉机、火车上承受振动的螺旋弹簧
(65Mn)	0.62~0.70	0.17~0.37	0.9~1.2	—	—	840	480	850	8	—	载面尺寸小于20mm的冷卷弹簧
55Si2Mn	0.52~0.60	1.5~2.0	0.6~0.9	—	—	870	460	1200	6	30	汽车、拖拉机上的减振弹簧、电力机车升弓钩弹簧
60Si2Mn	0.56~0.64	1.5~2.0	0.6~0.9	—	—	870	460	1200	5	25	机车板簧、测力弹簧
70Si3MnA	0.66~0.74	2.4~2.8	0.6~0.9	—	—	860	420	1600	5	20	大尺寸板簧、扭杆弹簧
50CrVA	0.46~0.54	0.17~0.37	0.5~0.8	0.1~0.2	Cr 0.8~1.1	850	520	1100	10	30	大轿车、载重汽车的板簧、小于210℃的耐热弹簧
60Si2CrVA	0.56~0.64	1.4~1.8	—	0.1~0.2	Cr 0.4~0.7	850	400	1700	5	30	重型板簧
55SiMnVB	0.52~0.60	0.7~1.0	1.0~1.3	0.08~0.16	B 0.0005~0.0035	860	460	1250	5	—	重型、中、小型汽车的板簧
65Si2MnWA	0.61~0.69	1.5~2.0	0.7~1.0	—	W 0.8~1.2	850	420	1700	5	30	高强度、大载面弹簧
55SiMnMoVNb	0.52~0.60	0.4~0.7	1.0~1.3	0.08~0.15	Mo 0.3~0.4 Nb 0.01~0.03	880	500~550	1300	7	30	载重汽车、越野汽车的板簧
55SiMnMoV	0.52~0.60	0.4~0.7	1.0~1.3	0.08~0.15	Mo 0.2~0.3	860~900	520~650	1350	7	30	载重汽车、越野汽车的板簧
30W4Cr2V	0.26~0.34	0.17~0.37	≤0.4	0.5~0.8	Cr 2.0~2.5	1050~1100	550~650	1350	7	—	锅炉用弹簧

8.3.4.2 合金弹簧钢

合金弹簧钢中碳的质量分数一般为 0.45% ~ 0.70%。合金弹簧钢中起主要强化作用的是合金元素。常用的合金元素有：硅、锰、铬、钼、钨、钒等。加入合金元素的主要作用是提高钢的淬透性和回火稳定性。锰和硅是弹簧钢中的主要合金元素，除提高淬透性外，还能显著地提高钢的屈强比，硅的作用尤其显著。钒等可细化晶粒，钨、钼、钒可减少钢的脱碳和过热倾向，提高钢的耐热性能。

常用的合金弹簧钢有硅锰弹簧钢、铬钒弹簧钢、硅铬弹簧钢、铬锰弹簧钢、硅锰钒硼弹簧钢、钨铬钒弹簧钢等。

硅锰弹簧钢有 55Si2Mn、60Si2Mn 等钢号，含硅量较高，硅锰元素的加入使钢的弹性极限和屈强比提高，淬透性高，抗回火稳定性好，过热敏感性小，但脱碳倾向较大。这类弹簧钢可用于制造尺寸较大、承受较大应力、工作温度不超过 250℃ 的弹簧。如：汽车、拖拉机，机车车辆上的减震板簧、螺旋弹簧、汽缸安全阀弹簧以及转向架弹簧等。

铬钒弹簧钢有 50CrVA，它具有良好的工艺性能和力学性能。淬透性高，钒能使钢的晶粒细化，过热敏感性降低，是一种高级弹簧钢。适用于制造气门弹簧、油嘴弹簧、汽缸胀圈、密封弹簧以及大截面、高应力的重要板簧和螺旋弹簧。

硅铬弹簧钢有 60Si2CrA、60SiCrVA 等钢号，比硅锰钢的抗拉强度和屈服强度高。适用于制造 250℃ 以下工作的弹簧，如汽轮机汽封弹簧，调节阀簧，重型板簧等。

铬锰弹簧钢有 50CrMn、55CrMnA 等钢号，铬锰钢具有较高的强度、塑性和韧性，过热敏感性比硅锰钢高。这类钢适用于制造各种车辆和较重要的板簧、螺旋簧等。

硅锰钒硼弹簧钢有 55SiMnVB 等钢号，这类钢比 60Si2Mn 具有更高的淬透性、塑性和韧性，脱碳倾向小，回火稳定性良好。适用于制造重型汽车的板簧和截面尺寸较大的板簧，以及螺旋弹簧等。

钨铬钒弹簧钢有 30W4Cr2V 等钢号，是高强度耐热弹簧钢，淬透性特别高。适宜制造高温条件下（工作温度不高于 500℃）工作的弹簧。如锅炉用弹簧、汽轮机弹簧等。合金弹簧钢的牌号、化学成分、性能及用途见表 8-8。

8.3.5 滚动轴承钢

专门用于制造滚动轴承的滚动体（滚珠、滚柱等）及内外圈的钢称滚动轴承钢。也可用于制造某些精密耐磨零件。

滚动轴承是一切传动机械中不可缺少的重要零件。随着工业和科学技术的迅速发展，对轴承的需用量日益增加，对其质量和性能要求也越来越高。提出了高精度、高速、高温、超低温、低摩擦，低温升、低噪声和耐腐蚀等要求。因此，对轴承钢的要求也越来越严格，不断向高质量、高性能和多品种的方向发展。

滚动轴承的工作条件极其复杂，承受着交变应力的作用。由于滚动体与内外圈的接触面积很小（滚珠是点接触、滚柱是线接触），所有的外载荷都加在这个很小的面积上，因此，接触应力极大，从而易造成接触疲劳破坏。除此之外，滚动体与套圈之间不仅有滚动摩擦，而且还有相对的滑动摩擦，故会产生磨损破坏。轴承在工作中还会受到振动、冲击、侵蚀等作用。

因此，对轴承钢性能的基本要求是：

（1）具有高的接触疲劳强度，免受接触应力的破坏；

（2）具有高而均匀的硬度和良好的耐磨性，以免磨损破坏；

（3）高的弹性极限，防止在大载荷作用下轴承产生过量的塑性变形；

（4）具有一定的韧性，防止轴承在冲击载荷作用下发生破坏；

（5）良好的尺寸稳定性，防止轴承在长期存放或使用中因尺寸变化而降低精度；

（6）具有一定的抗蚀性，在大气或润滑剂中应不易生锈或被腐蚀，保持表面光洁；

（7）具有良好的工艺性能，以满足大批量，高质量、高效率生产。

除此之外，对于在特殊条件下工作的轴承还应满足耐高温、耐冲击、防磁等不同要求。

一般滚动轴承用钢主要是高碳铬钢。含碳量（$w(C)$）一般为 0.95% ~ 1.15%，含铬量（$w(Cr)$）小于 1.65%，并含少量的锰、硅等元素。铬是钢中的主要合金元素，在钢中一部分渗入固溶体，另一部分与碳组成合金渗碳体（Fe、Cr）$_3$C。使钢在热处理时淬透性高，回火稳定性好。热处理后使钢获得高而均匀的硬度和耐磨性，以及均匀的组织。但铬含量超过 1.65%时，淬透性不再提高，而且会增加钢中残余奥氏体量，降低硬度和尺寸稳定性，增加碳化物的不均匀性，降低钢的冲击韧性和疲劳强度。因此，轴承钢中的含铬量一般控制在 1.65% 以下。近年来，轴承钢的品种不断发展，在铬轴承钢中提高锰、硅含量、添加钼等，进一步提高淬透性，用于制造大型或特大型轴承。为了节约铬元素，发展了无铬轴承钢，在无铬轴承钢中提高锰、硅等元素的含量，再添加钒、稀土等元素，提高钢的力学性能。

钢中非金属夹杂物对轴承的使用寿命影响很大。钢中非金属夹杂物主要有氧化物、硫化物及硅酸盐。它们的存在破坏了金属基体的连续性，引起应力集中，会导致疲劳破坏，特别是硬而脆的氧化物危害极大。因此，尽量减少钢中非金属夹杂物的数量，是提高轴承疲劳寿命的主要途径之一。

碳化物的不均匀性对轴承的接触疲劳强度也有较大的影响。液析碳化物是液相中碳及合金元素富集而产生的亚稳莱氏体共晶。由于这种碳化物是液态偏析引起的，所以称为液析碳化物。液析碳化物颗粒大、硬度高、脆性大，暴露在表面容易引起剥落，加速轴承的磨损，在淬火时也容易引起开裂。网状碳化物是在晶界上析出的网络状组织。这种网状碳化物破坏了基体的连续性，明显地增加钢的脆性，降低了承受冲击载荷的能力，在淬火时容易变形或开裂。带状碳化物是结晶时枝晶偏析而引起的。带状组织影响钢的退火和淬火组织，造成钢的力学性能各向异性，降低接触疲劳强度。因此，要充分重视改善碳化物分布的不均匀性。

根据轴承钢的化学成分、性能特点，轴承钢可分为铬轴承钢、无铬轴承钢等几类。

8.3.5.1 铬轴承钢

铬轴承钢中 $w(C)$ = 0.95% ~ 1.15%，$w(Cr)$ = 0.40% ~ 1.65%，这种钢淬透性好，淬火后硬度高而均匀，耐磨性好，组织均匀，接触疲劳强度高。铬是碳化物形成元素，能改善碳化物分布状况。由于合金元素少，价格也低，因此得到广泛应用。最常用的是 GCr5、GCr15SiMn等。GCr5 用于制造一般工作条件下的中小型轴承。GCr15SiMn 用于制造大型轴承。铬轴承钢的化学成分、热处理及用途见表 8-9。

8.3.5.2 无铬轴承钢

无铬轴承钢用硅、锰、钼、钒、稀土等元素代替铬制成的节铬型轴承钢。硅、锰可改善钢的强度和淬透性；钼、钒能形成碳化物，提高钢的硬度和耐磨性，并可细化晶粒；稀土元素则可改善钢中的夹杂物分布，提高韧性。无铬轴承钢的耐磨性和疲劳强度比铬轴承钢高，但耐蚀性和加工工艺性能不如铬轴承钢。一般用途的轴承均可用无铬轴承钢制造。无铬轴承钢的化学成分、热处理及用途见表 8-9。

此外，还有渗碳轴承钢，用于制造承受很大冲击载荷或特大型轴承，如 G20Cr2Ni4 等；不锈轴承钢，用于制造耐腐蚀的不锈轴承，如 9Cr8 等。

表 8-9 滚动轴承钢的化学成分、热处理和用途

钢 号	主要化学成分 w/%							热处理规范			主 要 用 途
	C	Cr	Si	Mn	V	Mo	RE	淬火/℃	回火/℃	回火后HRC	
GCr6	1.05~1.15	0.40~0.70	0.15~0.35	0.20~0.40				800~820	150~170	62~66	<10mm 的滚珠、滚柱和滚针
GCr9	1.0~1.10	0.9~1.2	0.15~0.35	0.20~0.40				800~820	150~160	62~66	20mm 以内的各种滚动轴承
GCr9SiMn	1.0~1.10	0.9~1.2	0.40~0.70	0.90~1.20				810~830	150~200	61~65	壁厚<14mm，外径<250mm的轴承套。25~50mm的钢球；直径25mm左右滚柱等
GCr15	0.95~1.05	1.30~1.65	0.15~0.35	0.20~0.40				820~840	150~160	62~66	与GCr9SiMn同
GCr15SiMn	0.95~1.05	1.30~1.65	0.40~0.65	0.90~1.20				820~840	170~200	>62	壁厚≥14mm，外径250mm的套圈。直径20~200mm的钢球。其他同GCr15
GMnMoVRE[①]	0.95~1.05		0.15~0.40	1.10~1.40	0.15~0.25	0.4~0.6	0.05~0.01	770~810	170±5	≥62	代替GCr15用于军工和民用方面的轴承
GSiMoMnV[①]	0.95~1.10		0.45~0.65	0.75~1.05	0.2~0.3	0.2~0.4		780~820	175~200	≥62	与GMnMoVRE同

①新钢种，供参考；RE 为稀土元素。

8.3.6 超高强度钢

超高强度钢是指抗拉强度超过 1500MPa 的钢。它主要用于航空、航天工业中，用来制造飞机起落架、机翼大梁、火箭发动机壳体，液体燃料氧化剂贮箱、高压容器以及常规武器的炮筒、枪筒、防弹板等。

超高强度钢的主要特点是：具有很高的强度和足够的韧性，比强度和疲劳极限值高，在载荷作用下能承受很高的工作应力，从而可减轻结构重量。

超高强度钢按化学成分和强韧性机制可分为：低合金超高强度钢、中合金超高强度钢、高合金超高强度钢和超高强度不锈钢。

低合金超高强度钢是在合金调质钢的基础上加入一定量的某些合金元素构成。其含碳量（$w(C)$）小于 0.45%，以保证足够的塑性和韧性。合金元素总量（$w(Me)$）小于 5%，其作用是提高钢的淬透性，从而提高强度。热处理工艺是淬火后低温回火。如 30CrMnSiNi2A 钢。热处理后抗拉强度可达 1700~1800MPa，是航空工业中应用较广的一种低合金超高强度钢，常用低合金超高强度钢的化学成分、热处理及力学性能见表 8-10。

表 8-10 常用低合金高强度钢的化学成分、热处理及力学性能

牌号	主要化学成分 w/%							热处理规范	力学性能					
	C	Si	Mn	Mo	V	Cr	其他		σ_b /MPa	$\sigma_{0.2}$ /MPa	δ_5 /%	ψ /%	α_K /J·cm⁻²	K_{IC} /MPa·m$^{1/2}$
30CrMnSiNi2A	0.27~ 0.34	0.90~ 1.2	1.0~ 1.30	—	—	0.90~ 1.20	Ni 1.40 ~1.80	900℃，淬油 + 250~300℃回火	1600~ 1800	—	8~9	35~ 45	40~60	260~274
40CrMnSiMoV	0.37~ 0.42	1.2~ 1.6	0.8~ 1.2	0.45~ 0.60	0.07~ 0.12	1.20~ 1.50	—	920℃，淬油 + 200℃回火	1943	—	13.7	45.4	79	203~230
30Si2Mn2MoWV	0.27~ 0.31	2.0~ 2.5	1.5~ 2.0	0.55~ 0.75	0.05~ 0.15	—	W 0.40 ~0.60	950℃，淬油 + 250℃回火	≥1900	≥1500	10~ 12	≥25	≥50	≥350
32Si2Mn2MoV	0.31~ 0.36	1.45~ 1.75	1.6~ 1.9	0.35~ 0.45	0.20~ 0.35	—	—	920℃，淬油 + 320℃回火	1845	1580	12.0	46	58	250~280
35Si2MnMoV	0.32~ 0.36	1.4~ 1.7	0.9~ 1.2	0.5~ 0.6	0.1~ 0.2	1.0~ 1.3	—	930℃，淬油 + 300℃回火	1800~ 2000	1600~ 1800	8~10	30~ 35	50~70	—
40SiMnCrMoVRE	0.38~ 0.43	1.4~ 1.7	0.9~ 1.2	0.35~ 0.45	0.08~ 0.18	1.3~ 1.7	RE 0.15	930℃，淬油 + 280℃回火	2050~ 2150	1750~ 1850	9~14	40~ 50	70~ 90	—
GC—19	0.32~ 0.37	0.8~ 1.2	0.8~ 1.2	2.0~ 2.5	0.4~ 0.5	0.7~ 0.9	—	1020℃，淬油 + 550℃回火两次	1895	—	10.5	46.5	63	—
40CrNiMoA (AISI4340)	0.38~ 0.43	0.20~ 0.35	0.6~ 0.8	0.2~ 0.3	≥0.05	0.65~ 0.9	Ni 1.65 ~2.0	900℃，淬油 + 230℃回火	1820	1560	8	30	55~ 75	177~232
AMS6434 (美制)	0.31~ 0.38	0.20~ 0.35	0.6~ 0.8	0.3~ 0.4	0.17~ 0.23	0.65~ 0.9	Ni 1.65 ~2.0	900℃，淬油 + 240℃回火	1780	1620	12①	33	—	—
300M (美制)	0.41~ 0.46	1.45~ 1.80	0.65~ 0.90	0.3~ 0.4	0.05~ 0.1	0.65~ 0.95	Ni 1.6 ~2.0	871℃，淬油 + 315℃回火	2020	1720	9.5①	34	—	—
D6AC (美制)	0.42~ 0.48	0.15~ 0.30	0.6~ 0.9	0.9~ 1.1	—	0.9~ 1.2	Ni 0.4 ~0.7	880℃，淬油 + 510℃回火	1700~ 2080	1500~ 1600	9~ 11①	40	—	—
эи643 (原苏制)	0.4	0.8	0.7	—	—	1.0	Ni 2.8 W 1.0	910℃，淬油 + 250℃回火	1600~ 1900	—	8	35	5	—

①表示用标距为 50.8mm（2in）的试样测出的断后伸长率。

中合金超高强度钢是指在 300～500℃ 的使用温度下能保持较高的比强度与热疲劳强度的钢。合金元素总量（$w(Me)$）为 5%～10%，其中以 Cr、Mo（强碳化物形成元素）为主。这类钢经高温淬火和三次高温回火可获得高强度、高的抗氧化性和抗疲劳性。回火时能析出弥散细小的碳化物，产生二次硬化效果。如 4Cr5MoSiV 钢等。此类钢可用于制造超音速飞机中承受中温的强力构件、轴类等零件。

高合金超高强度钢。马氏体时效钢是高合金超高强度钢中的一个系列，它是以铁-镍为基础的高合金钢。其成分特点是含碳极低（$w(C)$ < 0.03%），含镍极高（$w(Ni)$ = 18%～25%），并含有钼、钛、铌、铝等时效强化元素。此类钢淬火后经 450～500℃ 时效处理，马氏体基体上弥散分布极细的金属化合物颗粒。因此，马氏体时效钢有极高的强度、良好的塑性、韧性及较高的断裂韧度，可进行冷、热压力加工，焊接性良好。典型的马氏体时效钢有 Ni25Ti2AlNb 和 Ni18Co9Mo5TiAl 等，时效处理后 σ_b 高达 2000MPa，是制造超音速飞机及火箭壳体的重要材料。

练习题与思考题

8-1　合金结构钢与碳素结构钢相比为什么其力学性能较优？

8-2　比较合金渗碳钢、合金调质钢、合金弹簧钢的成分、热处理、性能的区别及应用范围。

8-3　低合金结构钢的成分和性能有何特点，主要用途是什么？

8-4　优质碳素结构钢的特点是什么，主要用途是什么？

8-5　合金结构钢包括哪些种类，主要特点和用途是什么？

9 工 具 钢

工具钢是指用于制造各种刃具、模具和量具的钢种。按其化学成分不同，工具钢可分为碳素工具钢、合金工具钢和高速钢三大类。按其用途又可分为刃具钢，模具钢和量具钢三种。

不同用途的工具，对钢的性能要求不同。

刃具是用于切削加工工件的工具，如车刀、铣刀、钻头等，在切削加工工件时，刃部将受到切削力的作用，同时刃部与工件及切屑之间发生摩擦作用使刃具的温度上升，还会受到冲击和震动等。所以，刃具钢必须具有高硬度、高耐磨性、良好的红硬性（高温下仍保持高硬度的性能）、以及足够的强度和韧性等。

模具是用于成形加工工件的工具，如冲模、锻模等。根据模具的工作条件又分为冷作模具和热作模具。冷作模具工作时承受较大的压力、摩擦和冲击作用，所以要求冷作模具钢应具有很高的硬度和耐磨性，足够的强度和韧性，较高的淬透性和较小的淬火变形倾向性等。热作模具工作时除受压力、冲击和摩擦外，还受工作温度的作用，所以要求热作模具钢应具有良好的高温力学性能和耐热疲劳性能，一定的淬透性等。

量具是用于测量工件尺寸的测量工具，如直尺、卡尺、千分尺等。为了保证测量精度，量具本身必须具备较高的精度。所以要求制造量具用钢必须具有高硬度、高耐磨性、高的尺寸稳定性以及淬火变形倾向小等。

9.1 碳素工具钢

碳素工具钢简称碳工钢。碳工钢中 $w(C) = 0.65\% \sim 1.35\%$，属高碳钢。根据有害杂质（硫、磷）的含量不同，又分优质和高级优质碳工钢。由于硅、锰影响钢的淬透性，因而碳工钢对硅、锰的含量限制较严，$w(Si) < 0.35\%$，$w(Mn) < 0.40\%$（T8Mn 除外），以控制淬透深度，防止变形或开裂。

碳素工具钢一般都经热处理后使用，其热处理工艺一般包括机械加工前的球化退火，加工成形后的淬火和低温回火。球化退火是为了降低热轧锻后的硬度和消除内应力，以便进行切削加工；淬火是为了提高成形后的工具的硬度和耐磨性；低温回火是为了消除淬火后的内应力，以免变形和开裂。由于各种碳工钢的淬火加热温度大体相同，故经淬火后的硬度也基本相同，随钢号增大，含碳量增加，未溶渗碳体增多，钢的耐磨性增高，而塑性、韧性降低。

碳素工具钢的优点是生产成本较低，加工性能良好，经过适当的热处理后有较高的硬度（HRC 不小于 62）和较好的耐磨性。缺点是红硬性差，工作温度超过 200～250℃时，其硬度迅速下降、淬透性也差，当工具直径或厚度大于 15mm 时，就会因淬硬层太薄而不能使用。因此，碳工钢适宜制造一般用途的工具。T7、T8 适宜制造要求韧性较高、承受一定冲击的工具；T9、T10、T11 用于制造中等韧性、冲击较小，硬度与耐磨性较高的工具；T12、T13 适宜制造不受冲击、韧性差、硬度与耐磨性极高的工具。碳素工具钢的牌号、化学成分、热处理及用途举例见表 9-1。

表 9-1　碳素工具钢的牌号、化学成分、热处理及用途

牌号	化学成分 w/%			退火状态	试样淬火[①]	用途举例
	C	Si	Mn	HBS(不小于)	HRC(不小于)	
T7 T7A	0.65 ~ 0.74	≤0.35	≤0.40	187	800 ~ 820℃水 62	承受冲击、韧性较好、硬度适当的工具，如扁铲、手钳、大锤、改锥、木工工具
T8 T8A	0.75 ~ 0.84	≤0.35	≤0.40	187	780 ~ 800℃水 62	承受冲击、要求较高硬度的工具，如冲头、压缩空气工具、木工工具
T8Mn T8MnA	0.80 ~ 0.90	≤0.35	0.40 ~ 0.60	187	780 ~ 800℃水 62	同上，但淬透性较好，可制造截面较大的工具
T9 T9A	0.85 ~ 0.94	≤0.35	≤0.40	192	760 ~ 780℃水 62	韧性中等、硬度高的工具，如冲头、木工工具、凿岩工具
T10 T10A	0.95 ~ 1.04	≤0.35	≤0.40	197	760 ~ 780℃水 62	不受剧烈冲击、高硬度耐磨的工具，如车刀、刨刀、冲头、丝锥、钻头、手锯条
T11 T11A	1.05 ~ 1.14	≤0.35	≤0.40	207	760 ~ 780℃水 62	不受剧烈冲击、高硬度耐磨的工具，如车刀、刨刀、冲头、丝锥、钻头、手锯条
T12 T12A	1.15 ~ 1.24	≤0.35	≤0.40	207	760 ~ 780℃水 62	不受冲击、要求高硬度高耐磨的工具，如锉刀、刮刀、精车刀、丝锥、量具
T13 T13A	1.25 ~ 1.35	≤0.35	≤0.40	217	760 ~ 780℃水 62	同上，要求更耐磨的工具，如刮刀、剃刀

①淬火后硬度不是指用途举例中各种工具的硬度，而是指碳素工具钢材料在淬火后的最低硬度。

9.2　合金工具钢

合金工具钢简称合工钢。它是在碳素工具钢的基础上加入少量合金元素（合金元素的总含量一般小于5%）制成的高碳低合金工具钢。

合金工具钢与碳素工具钢相比，具有较高的淬透性、耐磨性、红硬性、热稳定性等优点，特别是工具形状复杂、截面尺寸较大、精度要求较高及工作温度较高的各种工具，多选用合金工具钢制造。

9.2.1　刃具钢

刃具钢用于制造各种切削刃具，刃具在工作中都承受较大的外力和摩擦。为了使其不致破坏和磨损，保证其具有高的硬度和耐磨性，足够的强度和韧性，以及因强烈摩擦产生高温时仍能保持高硬度的能力——红硬性，必须加入合金元素，形成适当数量的合金碳化物，并控制碳的质量分数在0.75% ~1.50%之间，以保证淬火后的高硬度。常用的合金元素有硅、锰、铬、钨、钒等。由于合金元素的总含量较少，一般不大于5%，故又称刃具钢为低合金刃具钢。合金元素在低合金刃具钢中的作用：铬、锰、硅可提高钢的淬透性，增加强度，铬、硅还可提高钢的回火稳定性；钨、钒可提高钢的耐磨性、硬度、细化晶粒、防止过热或脆裂等。因此低合金刃具钢与碳素工具钢相比有较高的综合力学性能。

低合金刃具钢的热处理工艺是：成形前的球化退火，因属过共析钢，球化退火是为了降低硬度便于加工；成形后淬火是为了获得高硬度和耐磨性；低温回火是为了降低淬火内应力，防

止开裂，并适当提高韧性。

常用的低合金刃具钢有：Cr2 淬透性高，热处理后强度比碳工钢高，铬与碳形成的碳化物能提高其硬度和耐磨性，用于制造尺寸较大、形状复杂的机加工刃具，如车刀、刨刀、钻头、插刀等；9SiCr 淬透性更高，红硬性好，适宜制造要求变形小的薄刃工具，如板牙、丝锥、铰刀等；CrWMn 淬透性高，高硬度和耐磨性，常用于制造低速切削工具，如长丝锥、长铰刀、拉刀、量具等。常用低合金刃具钢的牌号、化学成分、热处理及用途见表 9-2。

表 9-2　常用低合金工具钢（刃具钢）的牌号、化学成分、热处理及用途

牌号	化学成分（质量分数）/%					热处理及硬度				用途举例
	C	Mn	Si	Cr	其他	淬火 /℃	淬火后 HRC	回火 /℃	回火后 HRC	
Cr06	1.30 ~ 1.45	≤0.40	≤0.40	0.50 ~ 0.70	—	800 ~ 810 水	63 ~ 65	160 ~ 180	62 ~ 64	锉刀、刮刀、刻刀、刀片
Cr2	0.95 ~ 1.10	≤0.40	≤0.40	1.30 ~ 1.65	—	830 ~ 860 油	≥62	150 ~ 170	61 ~ 63	锉刀、刮刀、刻刀、刀片
9SiCr	0.85 ~ 0.95	0.30 ~ 0.60	1.20 ~ 1.60	0.95 ~ 1.25	—	860 ~ 880 油	≥62	180 ~ 200	60 ~ 62	丝锥、板牙、钻头、铰刀
CrWMn	0.90 ~ 1.05	0.80 ~ 1.10	0.15 ~ 0.35	0.90 ~ 1.20	W 1.20 ~ 1.60	800 ~ 830 油	≥62	140 ~ 160	62 ~ 65	拉刀、长丝锥、长铰刀
9Mn2V	0.85 ~ 0.95	1.70 ~ 2.00	≤0.40		V 0.10 ~ 0.25	780 ~ 810 油	>62	150 ~ 200	60 ~ 62	丝锥、板牙、铰刀
CrW5	1.25 ~ 1.50	≤0.40	≤0.40	0.40 ~ 0.70	W 4.50 ~ 5.50	800 ~ 850 水	65 ~ 66	160 ~ 180	64 ~ 65	低速切削硬金属刃具，如铣刀、车刀

9.2.2　模具钢

模具钢是用于制造冲压模、锻模、压铸模等成形加工的模具用钢。按其工作条件可分为冷状态金属成形的模具钢（冷作模具钢）和热状态金属成形的模具钢（热作模具钢）两类。

9.2.2.1　冷作模具钢

冷作模具钢用以制造使金属坯料在冷状态下变形的模具，如：冷冲模、冷镦模、冷拔模、搓丝模等。冷变形模具在工作中承受很大的压力、弯曲力、冲击力和摩擦力。因此对冷作模具的材质要求是：高硬度和高耐磨性，以保持尺寸和形状不变；足够的强度和韧性，以防变形和开裂；淬火变形小，以保证模具有较高的精度。为保证上述要求，冷作模具用钢一般含碳量都较高（$w(C) \geq 0.8\%$），用以保证所需的硬度和耐磨性；含合金元素也较高，其中主要是铬（$w(Cr)$ 高达 13%），铬不仅能与碳形成合金碳化物，提高硬度和耐磨性，还能提高钢的淬透性和回火稳定性。

冷作模具钢都要经过淬火回火后使用。淬火加热温度根据钢的化学成分在 770 ~ 1200℃范围内选择，合金元素含量越高，淬火温度越高。回火加热温度也根据化学成分在 180 ~ 550℃范围内确定。淬火温度越高，回火温度越高，有的甚至需进行 2 ~ 3 次回火才能充分发挥潜力。

常用的冷作模具钢有：9Mn2V、CrWMn、Cr12、Cr12MoV 等多种。9Mn2V、CrWMn 等属高碳合金型，主要用于制造工作受力轻，但形状复杂或尺寸较大的冷变形模具。Cr12、Cr12MoV 等属高碳高合金型，主要用于制造工作受力大、形状复杂，要求耐磨性高，淬透性高、热处理变形小的高精度冷变形模具。其牌号、化学成分及性能见表9-3。

表9-3 常用冷作模具钢的牌号、化学成分及性能

种类	牌号	化学成分 w/%						退火状态	试样淬火	
		C	Si	Mn	Cr	Mo	其他	HBS	淬火温度/℃	HRC 不小于
低合金	CrWMn	0.90 ~ 1.05	≤0.40	0.80 ~ 1.10	0.90 ~ 1.20	—	W 1.20 ~ 1.60	207 ~ 255	800 ~ 830 油	62
	9Mn2V	0.85 ~ 0.95	≤0.40	1.70 ~ 2.00	—	—	V 0.10 ~ 0.25	≤229	780 ~ 810 油	62
高碳高铬	Cr12	2.00 ~ 2.30	≤0.40	≤0.40	11.50 ~ 13.00	—	—	217 ~ 269	960 ~ 1000 油	60
	Cr12MoV	1.45 ~ 1.70	≤0.40	≤0.40	11.00 ~ 12.50	0.40 ~ 0.60	V 0.15 ~ 0.30	207 ~ 255	950 ~ 1000 油	58
高碳中铬	Cr4W2MoV	1.12 ~ 1.25	0.40 ~ 0.70	≤0.40	3.50 ~ 4.00	0.80 ~ 1.20	W 1.90 ~ 2.60 V 0.80 ~ 1.10	≤269	960 ~ 980 油 1020 ~ 1040	60
	Cr5Mo1V	0.95 ~ 1.05	≤0.50	≤1.00	4.75 ~ 5.50	0.90 ~ 1.40	V 0.15 ~ 0.50	≤255	940 油	60
碳钢	T10A	0.95 ~ 1.04	≤0.35	≤0.40	—	—	—	≤197	760 ~ 780 水	62

9.2.2.2 热作模具钢

热作模具钢用以制造使金属在炽热状态甚至熔融状态下变形的模具，如热锻模、热挤压模、压铸模等。热作模具工作时除了受复杂的应力作用外，还与炽热的工件接触受高温作用，随后又受冷却剂的冷却作用，如此激热、激冷的反复交替作用。因此对热作模具钢的性能要求是：高温力学性能好，以保证高温下具有足够的强度、硬度和耐磨性；淬透性高，以保证模具截面各处具有相同的力学性能；导热性好，以保证模具的热量能迅速散发，避免模具工作表面温度过高；良好的耐热疲劳性，防止模具出现龟裂。为了满足上述要求，热作模具钢一般含碳较低（$w(C) = 0.3\% \sim 0.6\%$），以保证其具有良好的韧性；加入的合金元素有铬、镍、锰、硅、钨、钼、钒等，提高了钢的淬透性，钨、钼、钒等还可提高钢的回火稳定性，细化组织。

常用的热作模具钢有：5CrMnMo、5CrNiMo、3Cr2W8V 等。5CrMnMo、5CrNiMo 常用于制造热锻模具；3Cr2W8V 用于制造热压铸模具；4Cr5W2SiV、3Cr2W8V 用于制造热挤压模具等。其牌号、化学成分、热处理及用途见表9-4。

表 9-4　常用热作模具钢的牌号、化学成分、热处理及用途

牌 号	化学成分 w/%								用途举例
	C	Mn	Si	Cr	W	V	Mo	Ni	
5CrMnMo	0.50 ~ 0.60	1.20 ~ 1.60	0.25 ~ 0.60	0.60 ~ 0.90	—	—	0.15 ~ 0.30	—	中小型锻模
4Cr5W2SiV	0.32 ~ 0.42	≤0.40	0.80 ~ 1.20	4.50 ~ 5.50	1.60 ~ 2.40	0.80 ~ 1.00	—	—	热挤压（挤压铝、镁）模，高速锤锻模
5CrNiMo	0.50 ~ 0.60	0.50 ~ 0.80	≤0.40	0.50 ~ 0.80	—	—	0.15 ~ 0.30	1.40 ~ 1.80	形状复杂、承受重载荷的大型锻模
4Cr5MoSiV	0.33 ~ 0.43	0.20 ~ 0.50	0.80 ~ 1.20	4.75 ~ 5.50	—	0.30 ~ 0.60	1.10 ~ 1.60	—	同 4Cr5W2SiV
3Cr2W8V	0.33 ~ 0.40	≤0.40	≤0.40	7.50 ~ 9.00	2.20 ~ 2.70	0.20 ~ 0.50	—	—	热挤压（挤压铜、钢）模，压铸模

9.2.3　量具钢

　　用以制造各种测量工具的钢称量具钢。因此，为了保证测量精度，量具本身必须具有精确而稳定的尺寸。所以对制造量具用钢的性能要求是，尺寸稳定性高，以保证尺寸精度经久不变；硬度和耐磨性高，以防止在使用过程中磨损而使精度降低；热处理变形小，防止在制造和使用过程中产生变形而降低精度；一定的韧性，以防止在制造或使用过程中损坏。以上基本要求与刃具用钢的要求基本一致，只是尺寸稳定性要求更高些，所以量具大部分用刃具钢制造。

　　精度要求低、形状简单的量具，可采用 T10A、T12A 等碳工钢制造；精度要求不高，使用频繁的量具（样板、卡尺等）可采用 60Mn、65Mn 等制造；高精度形状复杂的塞规、环规等采用热处理变形小的低合金钢制造，如 CrMn、CrWMn 等。要求耐蚀的量具可采用不锈钢制造。

9.3　高速工具钢

　　高速工具钢简称高速钢，俗称锋钢。它是用于制造高速切削工具的钢。高速钢突出的特点是红硬性高，在 600℃ 的高温下工作，仍能保持硬度在 HRC60 以上，这是碳工钢和合工钢不可比拟的。高速钢的上述特点是因其含碳高、含合金元素总量高的缘故。常用高速钢的牌号、化学成分、热处理及性能见表 9-5。由此可见，高速钢是一种高碳高合金工具钢。

9.3.1　高速钢的成分特点

　　高速钢含碳量（质量分数）一般在 0.7% ~ 1.65% 范围内。高含碳量是为了促进合金碳化物形成，以提高钢的硬度、耐磨性及红硬性，并使马氏体中固溶足够的碳，从而保证马氏体的硬度。

　　钨是高速钢中最主要的合金元素。与碳形成合金碳化物，提高钢的硬度和耐磨性；钨能溶于马氏体，提高马氏体在回火时的稳定性，即使钢的温度升高到 500 ~ 600℃，仍能阻止马氏体全部分解和碳化物集聚长大，以此来提高钢的红硬性；与此同时，弥散析出的碳化物也是造成二次硬化的重要原因。

　　钼的作用与钨相近是提高红硬性的主要元素，可部分地代替钨使用。

表 9-5 常用高速钢的牌号、化学成分、热处理及性能

| 种类 | 牌号 | 化学成分 w/% | | | | | | 热处理 | | | 硬度 | | 红硬性[①] HRC |
		C	Cr	W	Mo	V	其他	预热温度/℃	淬火温度/℃	回火温度/℃	退火 HBS	淬火+回火 HRC (不小于)	
钨系	W18Cr4V (18-4-1)	0.70 ~ 0.80	3.80 ~ 4.40	17.50 ~ 19.00	≤ 0.30	1.00 ~ 1.40	—	820 ~ 870	1270 ~ 1285	550 ~ 570	≤ 255	63	61.5 ~ 62
钨钼系	W6Mo5Cr4V2	0.95 ~ 1.05	3.80 ~ 4.40	5.50 ~ 6.75	4.50 ~ 5.50	1.75 ~ 2.20	—	730 ~ 840	1190 ~ 1210	540 ~ 560	≤ 255	65	—
	CW6Mo5Cr4V2 (6-5-4-2)	0.80 ~ 0.90	3.80 ~ 4.40	5.50 ~ 6.75	4.50 ~ 5.50	1.75 ~ 2.20	—	730 ~ 840	1210 ~ 1230	540 ~ 560	≤ 255	64	60 ~ 61
	W6Mo5Cr4V3 (6-5-4-3)	1.10 ~ 1.20	3.80 ~ 4.40	6.00 ~ 7.00	4.50 ~ 5.50	2.80 ~ 3.30	—	840 ~ 885	1200 ~ 1240	560	≤ 255	64	64
超硬系	W18Cr4V2Co8	0.75 ~ 0.85	3.80 ~ 4.40	17.50 ~ 19.00	0.50 ~ 1.25	1.80 ~ 2.40	Co 7.00 ~ 9.50	820 ~ 870	1270 ~ 1290	540 ~ 560	≤ 285	65	64
	W6Mo5Cr4V2Al	1.05 ~ 1.20	3.80 ~ 4.40	5.50 ~ 6.75	4.50 ~ 5.50	1.75 ~ 2.20	Al 0.80 ~ 1.20	850 ~ 870	1220 ~ 1250	540 ~ 560	≤ 269	65	65

①红硬性是在将淬火、回火试样在 600℃ 加热 4 次，每次 1h 的条件下测定的。

钒是形成稳定碳化物（VC），细化晶粒，提高耐磨性的主要元素。形成的碳化物硬度极高，弥散分布，使钢的耐磨性提高。溶入奥氏体中的钒在回火时以 VC 析出，可造成二次硬化，提高钢的红硬性。

铬也是形成碳化物的合金元素。铬在高速钢中的主要作用是通过增加过冷奥氏体的稳定性，降低淬火临界冷却速度来提高钢的淬透性。

9.3.2 高速钢的热加工

由于高速钢的化学成分的影响，其热加工和热处理时有以下主要特点：

（1）高速钢的导热性差。导热性差主要是由于含有大量合金元素引起的。因此在进行热变形加工和淬火前的加热过程中，在 650℃ 以下应该缓慢加热，以免热应力过大而引起开裂。

（2）高速钢的变形抗力大。这是由于钢中存在大量合金碳化物和高熔点元素提高了奥氏体再结晶的温度。

（3）高速钢淬透性好。由于含有大量合金元素，促使 C 曲线右移，降低了淬火的临界冷却速度，因而不仅在油中、甚至在空气中也能淬火。

（4）淬火加热温度高。加热温度接近其熔点（1200～1300℃），这是高速钢淬火最主要的特点。其目的是使钢中的难熔碳化物充分溶入奥氏体中，从而增加淬火冷却后马氏体中碳和合金元素含量，起到回火时阻碍马氏体分解，提高钢的红硬性作用。

（5）淬火后需多次回火。淬火后的高速钢需在 550～570℃ 的温度进行多次回火，其目的是在加热时使合金碳化物弥散析出产生二次硬化；在冷却时使残余奥氏体向马氏体转变产生二次淬火，从而提高硬度和红硬性。图 9-1 是 W18Cr4V 高速钢的热处理工艺曲线。

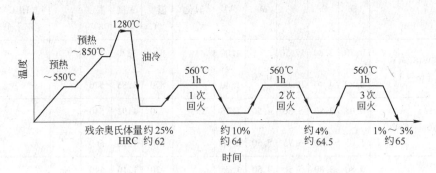

图 9-1　各种刀具对锻坯碳化物不均匀性的级别要求

9.3.3　高速钢的类型及应用

常用高速钢有三类，即钨系高速钢、钨钼系高速钢和超硬系高速钢。

9.3.3.1　钨系高速钢

钨系高速钢以 W18Cr4V 为代表，有 9W18Cr4V、W12Cr4V4Mo 等，它们的优点是通用性强，能满足一般的性能要求，工艺较成熟，适宜制造一般的高速切削刀具（如车刀、铣刀、钻头等）。其缺点是碳化物偏析较严重，热塑性低，不适宜制作薄刃刀具。由于 9W18Cr4V 比 W18Cr4V 含碳量高，红硬性也高，因而在切削硬、韧材料时可显著提高刀具寿命和效率。所以，W18Cr4V 已逐渐被 9W18Cr4V 取而代之。

9.3.3.2　钨钼系高速钢

钨钼系高速钢以 W6Mo5Cr4V2 为代表，是在钨系钢的基础上，以钼代替部分钨而得到的钢。它们的主要优点是降低了碳化物偏析程度，提高了热塑性，易于加工成形。与 W18Cr4V 相比，强度、韧性较高，价格较低，寿命相近。其缺点是红硬性稍差。目前是国内外的主要高速钢种。其主要适宜制造要求耐磨性和韧性配合较好的高速切削刀具，如齿轮铣刀、插齿刀等。

9.3.3.3　超硬系高速钢

超硬系高速钢是在钨系或钨钼系高速钢的基础上再增加含碳量、含钒量，有时还添加钴、铝等合金元素，以提高耐磨性和红硬性的新钢种，典型代表牌号是 W18Cr4V2Co8，红硬性可达 HRC64。这类钢制造的刀具适用于加工难切削材料，如高温合金、难溶金属、钛合金、奥氏体不锈钢等。

练习题与思考题

9-1　什么是红硬性？

9-2　碳素刃具钢、低合金刃具钢和高速钢的成分、热处理，应用范围有何不同，各有什么特点？

9-3　高速钢中的合金元素（如 Cr、W、Mo、V 等）在钢中起什么作用？

9-4　热作模具钢与冷作模具钢各有什么性能特点？

9-5　量具钢有什么性能特点？

10 特殊性能钢

特殊性能钢是指具有特殊物理、化学、力学性能的钢，简称特殊钢。因用其制造在特殊条件下工作的零件或结构件，所以，除要求其具有一定的力学性能外，还要求具有某些特殊性能，如耐蚀、耐热、耐磨等。因此分别将其称为不锈钢、耐热钢、耐磨钢等。

10.1 不锈钢

不锈钢是不锈钢和耐酸钢的总称，也常称不锈钢。所谓不锈钢是指在大气或弱腐蚀性介质（如水蒸气等）中能够抵抗腐蚀的钢。所谓耐酸钢是指在强腐蚀性介质（酸、碱、盐）溶液中能够抵抗腐蚀的钢。由此看来，不锈钢不一定耐酸，而耐酸钢却具有不锈的性能。

良好的耐蚀性是不锈钢的最大特点。此外，还具有较高的强度，较好的韧性，以及良好的焊接性能和冷变形性能。这主要是合金元素的作用。

铬是不锈钢提高耐蚀性的主要元素。铬比铁优先与氧化合，在钢的表面形成一层富铬的氧化物（Cr_2O_3）薄膜，这层氧化膜很致密，并且与金属基体结合很牢固，能保护钢免受外界介质进一步氧化侵蚀。钢中含铬量越高，钢的耐蚀性越好。因此，不锈钢中含铬量（质量分数）都较高，一般都超过12%。铬还可以使钢的基体组织的电极电位提高，形成单相组织，从而阻止形成微电池，提高抗蚀性。

镍、钼、锰也能提高钢的耐蚀性，特别是镍含量较高时，钢的耐蚀性大为提高，并能提高钢的塑性、韧性和焊接性能。

碳是不锈钢中降低耐蚀性的元素。因为碳与铬化合，形成铬的碳化物，降低了金属基体中铬的含量，使钢的表面难以形成氧化铬薄膜，从而降低钢的耐蚀性。但是，钢的强度硬度随含碳量的增加而提高。所以，在要求强度、硬度较高时，为了保证耐蚀性，必须在提高含碳量的同时相应地增加含铬量。

钛、铌都是强碳化物形成元素，它们与碳的亲和力比铬大，能优先与碳形成碳化物，从而保证基体中的含铬量，防止晶间腐蚀，同时减轻碳对耐蚀性的不利影响。

常用的不锈钢按组织类型分为马氏体不锈钢、铁素体不锈钢和奥氏体不锈钢等。常用不锈钢的牌号、化学成分、热处理工艺、力学性能及用途见表10-1。

10.1.1 马氏体不锈钢

常用的马氏体不锈钢钢号有 1Cr13、2Cr13、3Cr13、4Cr13 等。含铬都较高（$w(Cr) = 12\% \sim 19\%$），属铬不锈钢。一般 $w(C) = 0.1\% \sim 1.0\%$，比铁素体和奥氏体不锈钢都高。因其含碳、含铬都较高，钢的淬透性较高，同时合金元素还有延缓奥氏体转变的作用，通常在油中淬火，甚至在空气中淬火都可获得马氏体组织，所以称其为马氏体不锈钢。

1Cr13、2Cr13 钢需经调质处理后使用，调质后韧性较高，主要用于制造要求韧性较高、承受冲击载荷、在弱腐蚀性介质中工作的零件，如汽轮机叶片、水压机阀、热裂设备器件等。

表 10-1　常用不锈钢的牌号、化学成分、热处理工艺、力学性能及用途

类别	钢号	化学成分 w/%			热处理工艺/℃		力学性能（不小于）				用途举例
		C	Cr	其他	淬火	回火	σ_s/MPa	σ_b/MPa	δ/%	硬度	
马氏体不锈钢	1Cr13	≤0.15	12~14	—	1000~1050 水、油	700~790	420	600	20	HBS187	汽轮机叶片、水压机阀、螺栓、螺母等抗弱腐蚀介质并承受冲击的零件
	2Cr13	0.16~0.25	12~14	—	1000~1050 水、油	660~770	450	600	16	HBS197	
	3Cr13	0.26~0.25	12~14	—	1000~1050 油	200~300	—	—	—	HRC48	做耐磨的零件，如加油泵轴、阀门零件、轴承、弹簧以及医疗器械
	4Cr13	0.35~0.45	12~14	—	1050~1100 油	200~300				HRC50	
铁素体不锈钢	0Cr13	≤0.08	12~14	—	1000~1050 水、油	700~790	350	500	24		耐水蒸气及热含硫石油腐蚀的设备
	1Cr17	≤0.12	16~18	—	—	750~800	250	400	20	—	硝酸工厂、食品工厂的设备
	1Cr28	≤0.15	27~30	—	—	700~800	300	450	20	—	制浓硝酸的设备
	1Cr17Ti	≤0.12	16~18	Ti ~0.8	—	700~800	300	450	20	—	同 1Cr17，但晶间耐蚀性较高
奥氏体不锈钢	0Cr19Ni9	≤0.08	18~20	Ni 8~10.5	固溶处理 1050~1100 水	—	180	490	40	—	深冲零件、焊 NiCr 钢的焊芯
	1Cr19Ni9	0.04~0.10	18~20	Ni 8~11	固溶处理 1100~1150 水	—	200	550	45	—	耐硝酸、有机酸、盐、碱溶液腐蚀的设备
	1Cr18Ni9Ti	≤0.12	17~19	Ni 8~11 Ti 0.8	固溶处理 1000~1100 水	—	200	550	40	—	做焊芯、抗磁仪表医疗器械耐酸容器输送管道

注：表列奥氏体不锈钢中 $w(Si)$ <1%、$w(Mn)$ <2%，其余钢中 $w(Si)$、$w(Mn)$ 一般不大于 0.8%。

3Cr13、4Cr13 钢经淬火—低温回火后使用，淬火—回火后强度、硬度较高，主要用于制造要求强度高、硬度好的耐蚀零件，如弹簧、轴承、医疗器械等。

9Cr18、9Cr18MoV 钢经淬火—低温回火后使用。淬火—回火后硬度高、耐磨性好，主要用于制造耐蚀性、耐磨性要求高的零件，如机械刀具、手术刀片、滚动轴承等。

常用的马氏体不锈钢的牌号、化学成分、热处理、性能及用途见表 10-1。

10.1.2 铁素体不锈钢

这种钢的组织由单相铁素体组成，在加热或冷却时不发生相变，所以称为铁素体不锈钢。常用的铁素体钢牌号有 0Cr13、1Cr17、1Cr28、1Cr17Ti 等。铁素体不锈钢含铬高（$w(Cr)$ = 12% ~30%），含碳较低（$w(C)$ < 0.15%）。因而它具有优良的耐蚀性，能抵抗硝酸等介质的侵蚀，且具有良好的塑性，含钛的铁素体钢还会细化晶粒，提高固溶体含铬量，防止晶间腐蚀。所以，这类钢被广泛地用于硝酸、磷酸、氮肥等化学工业和食品工业中。

铁素体不锈钢的热处理是回火。用于消除因焊接或冷变形而引起的内应力，以获得均匀而稳定的铁素体组织。

铁素体不锈钢的牌号、化学成分、热处理、性能及用途见表 10-1。

10.1.3 奥氏体不锈钢

这类钢在高温时呈单相奥氏体组织，而在较快冷却的情况下，奥氏体被保持到室温，从而在室温下获得单相奥氏体组织，故称奥氏体钢。它是在铬不锈钢的基础上加入一定量的镍和其他元素形成，因此也称铬镍不锈钢。奥氏体不锈钢含碳量较低，含铬量（质量分数）在 18% ~20% 范围内，含镍量为 $w(Ni)$ = 8% ~12%。由于镍的加入，扩大了奥氏体区域，因而在室温下就能获得单相奥氏体组织。其典型代表是 0Cr18Ni9、1Cr18Ni9 等钢号。奥氏体不锈钢不仅比马氏体和铁素体不锈钢的耐蚀性更强，而且还具有良好的耐热性、焊接性及良好的常温和低温韧性。同时也不具磁性。因此，奥氏体不锈钢被广泛地用于制造耐酸设备、医疗器械、抗磁零件等。

奥氏体不锈钢的主要缺点是易产生晶间腐蚀。在 450 ~850℃ 温度时，在晶界处析出碳化物（$Cr_{26}C_6$），造成晶界处贫铬，使该处电极电位降低，当受到腐蚀介质作用时便沿晶界产生腐蚀，稍受力就会开裂或破碎。防止晶间腐蚀的方法有：降低含碳量，使钢中不形成铬的碳化物；加入强碳化物形成元素钛、铌等，使之优先形成 TiC、NbC 而不形成 $Cr_{26}C_6$，以保证奥氏体中的含铬量；进行固溶处理，使奥氏体纤维均匀化，抑制 $Cr_{26}C_6$ 等铬的碳化物形成。

常用的奥氏体不锈钢的牌号、化学成分、热处理、性能及用途见表 10-1。

10.1.4 其他类型不锈钢

10.1.4.1 奥氏体-铁素体不锈钢

奥氏体-铁素体不锈钢是新型的双相不锈钢，它的成分是在 $w(Cr)$ = 18% ~26%，$w(Ni)$ = 4% ~7% 的基础上，再加入锰、钼、硅等元素组成。双相不锈钢通常在 1000 ~1100℃ 淬火后，获得铁素体（60% 左右）及奥氏体组织。这类钢具有较高的抗应力腐蚀、晶间腐蚀能力，良好的可焊性、韧性，而且还降低了脆性。适用于制作硝酸、尿素、尼龙等生产设备及零件。常用的双相不锈钢有 1Cr21Ni5Ti、1Cr17Mn9Ni3Mo3Cu2N、1Cr18Mn10Ni5Mo3N 等。

10.1.4.2 沉淀硬化不锈钢

奥氏体不锈钢虽然可通过加工硬化途径实现强化，但对于大截面的零件，特别是形状复杂的零件，由于各处变形程度不同，会造成各处强化不均匀，因此很难达到目的，为了解决这一问题，出现了沉淀硬化不锈钢。

这类钢在 18-8 型奥氏体不锈钢基础上降低了镍含量，适当加入了 Al、Cu、Mo 等元素，以便在热处理过程中析出金属间化合物，再经过时效处理实现沉淀硬化。该类钢主要用作高强度、高硬度而又耐腐蚀的化工机械设备、零件及航天设备等。常用的沉淀硬化不锈钢有 0Cr17Ni7Al、0Cr15Ni7Mo2Al 等钢种。

10.2　耐热钢

钢的耐热性表现在两个方面，即抗氧化性和热强性。抗氧化性指钢在高温下抵抗介质腐蚀的能力。具有这种能力的钢称抗氧化钢（或称不起皮钢）。热强性指钢在高温下既能抵抗介质腐蚀又具有较高的高温强度。具备这种性质的钢称热强钢。抗氧化钢和热强钢合称为耐热钢。

10.2.1　抗氧化钢

抗氧化钢在高温下具有较高的抗氧化能力，并有一定的强度。但并非抗氧化钢在高温下绝对不氧化，只不过是氧化的速度极其缓慢而已。因为大多数金属都能够形成氧化物，且这种氧化作用随温度的升高而明显加剧。但是，在钢中加入适量的铬、铝、硅等合金元素，就能阻止氧化腐蚀，提高钢的抗氧化能力。这是由于这些元素与氧的亲和力大，优先与氧化合形成氧化物，如 Cr_2O_3、Al_2O_3、SiO_2 等，这些氧化物在钢的表面形成一层结构致密、高熔点、与基体结合牢固而稳定的氧化膜，覆盖在钢的表面，使之与腐蚀介质隔绝，从而阻止内层金属的进一步氧化。

能否形成这样一层保护膜，不仅与加入合金的种类有关，而且与加入的数量也有直接关系。一般来说，加入的抗氧化元素含量越高，抗氧化能力越强。例如：钢中 $w(Cr) = 5\%$ 时，在 $600 \sim 650℃$ 尚具有良好的抗氧化能力；$w(Cr) = 10\% \sim 12\%$ 时，抗氧化温度则可提高到 $800℃$，$w(Cr) = 20\% \sim 22\%$，则可提高到 $950 \sim 1000℃$，如 $w(Cr) = 27\% \sim 30\%$ 时，则在 $1100℃$ 时钢的抗氧化能力仍很强。提高钢中铝或硅的含量，也能提高钢的抗氧化温度，如：$6\% Cr + 2\% Al$（质量分数）在 $800℃$ 时几乎完全防止钢的继续氧化；含 $13\% Cr + 1\% Si + 1\% Al$（质量分数）在 $900 \sim 950℃$ 时有极好的抗氧化性；含 $17\% Cr + 1\% Si + 4\% Al$（质量分数）在 $1000 \sim 1100℃$ 有很好的不起皮性。但是，钢中含铝、硅量过高，会使钢变脆，造成加工困难。

抗氧化钢按金相组织可分为铁素体型和奥氏体型两类。

10.2.1.1　铁素体抗氧化钢

常用的铁素体抗氧化钢有 2Cr25N、0Cr13Al 等。铁素体抗氧化钢的特点是抗氧化性好，但高温强度低，不宜用作高承载的零件。只适宜制造承受载荷不大的加热设备构件，如加热设备支架、喷嘴、炉罩，热交换器等。其牌号、化学成分、热处理及用途见表 10-2。

10.2.1.2　奥氏体抗氧化钢

常用的奥氏体抗氧化钢有 0Cr25Ni20、1Cr16Ni35 等。具有较好的抗氧化性和一定的热强性，但在含硫介质中热稳定性差。可用于制造能承受一定载荷的炉内构件、渗碳罐等。还有 3Cr18Mn12Si2N、2Cr20Mn9Ni2Si2N 等节镍奥氏体抗氧化钢，它们除具有抗氧化性和一定的高温强度外，还有较好的抗硫性，可代替高镍奥氏体钢作渗碳罐、加热炉管道，高温正火料盘等。其牌号、化学成分、热处理及用途见表 10-2。

表 10-2　常用抗氧化钢的牌号、化学成分、热处理及用途

类别	牌　号	化学成分 w/%						热处理	用途举例
		C	Mn	Si	Ni	Cr	其他		
铁素体钢	2Cr25N	≤0.20	≤1.50	≤1.00	≤0.60	23.00 ~ 27.00	N 0 ~ 0.25	退火 780 ~ 880℃（快冷）	耐高温腐蚀性强，1082℃以下不产生易剥落的氧化皮，用作1050℃以下炉用构件
	0Cr13Al	≤0.08	≤1.00	≤1.00	≤0.60	11.50 ~ 14.50	Al 0.10 ~ 0.30	退火 780 ~ 830℃（空冷）	最高使用温度900℃，制作各种承受应力不大的炉用构件，如喷嘴、退火炉罩、吊挂等
奥氏体钢	0Cr25Ni20	≤0.08	≤2.00	≤1.50	19.00 ~ 22.00	24.00 ~ 26.00	—	固溶处理 1030 ~ 1180℃（快冷）	可作1035℃以下的炉用材料
	1Cr16Ni35	≤0.15	≤2.00	≤1.50	33.00 ~ 37.00	14.00 ~ 17.00	—	固溶处理 1030 ~ 1180℃（快冷）	抗渗碳、抗渗氮性好，在1035℃以下可反复加热
	3Cr18Mn-12Si2N	0.22 ~ 0.30	10.50 ~ 12.50	1.40 ~ 2.20		17.00 ~ 19.00	N 0.22 ~ 0.33	固溶处理 1100 ~ 1150℃（快冷）	最高使用温度1000℃，制作渗碳炉构件、加热炉传送带、料盘等
	2Cr20Mn-9Ni2Si2N	0.17 ~ 0.20	8.50 ~ 11.00	1.80 ~ 2.70	2.00 ~ 3.00	18.00 ~ 21.00	N 0.20 ~ 0.30	固溶处理 1100 ~ 1150℃（快冷）	最高使用温度1050℃，用途同上。还可制造盐浴坩埚，加热炉管道，可代替0Cr25Ni20

10.2.2　热强钢

热强钢在高温下不仅具有良好的抗氧化能力，并且具有较高的高温强度。我们已经知道，高温强度是金属在高温下对机械载荷的抗力，它可以用蠕变极限和持久强度来衡量。

热强钢之所以具有较高的高温强度，主要与其化学成分和组织有关。在钢中加入高熔点元素钨、钼、钒等，使它们溶于固溶体中，增强了铁原子之间以及合金元素与铁原子之间的结合力，使原子扩散困难，延缓再结晶过程。加入镍、锰、氮等元素，使钢具有面心立方晶格结构，比体心立方晶格致密，原子间结合力强。以上各元素均使钢的再结晶温度提高，从而提高钢的高温强度。向钢中加钒、钛、铌元素，形成高度弥散分布的稳定碳化物，这些碳化物即使在高温下也不易聚集长大，阻碍位错移动，稳定组织，从而使高温强度进一步提高。此外，高温下金属晶界的强度低于晶粒内部，因而，采取粗化晶粒，减少晶界的方法和加入强化晶界的元素，也可提高钢的高温强度。

热强钢按金相组织可分为珠光体钢、马氏体钢和奥氏体钢。

10.2.2.1　珠光体热强钢

珠光体热强钢一般含碳量较低，合金元素总含量也较低，一般为 w(Me) < 5%。常用的钢号有 15CrMo 等。这类钢在高温下的组织是奥氏体，在退火或正火—回火状态下，获得铁素体

和珠光体组织。使用温度在600℃以下为宜。这类钢由于含合金元素总量较少，具有良好的工艺性能（如压力加工、焊接、切削加工等），并且有线胀系数小、热导率大的物理特性。因此，广泛用于制造高压锅炉的过热器管、蒸汽导管、螺母、螺栓以及其他高温管道等。

10.2.2.2　马氏体热强钢

马氏体热强钢含合金元素总量较高，一般 $w(Me) > 10\%$，大部分钢号属于高合金钢。常用的钢号有1Cr13、1Cr11MoV、1Cr12WMoV、4Cr10Si2Mo等。这类钢在高温下的组织为奥氏体，在空气冷却条件下就能获得马氏体，全部经调质处理后使用。其中1Cr13、1Cr11MoV、1Cr12WMoV等有较好的抗氧化性，良好的耐震性，主要用于工作温度为500℃以下的汽轮机叶片和阀等。4Cr9Si2、4Cr10Si2Mo具有较高的热强性、耐磨性、耐蚀性等，可用于制造内燃机的排气阀、进气阀等。

10.2.2.3　奥氏体热强钢

奥氏体热强钢在铬镍钢的基础上加入钼、钨、钒、钛等元素制成。在水中淬火可获得奥氏体组织。这类钢具有优良的热强性和抗氧化性，一般在 600～700℃ 温度范围内使用。0Cr18Ni11Ti 钢在 600℃时仍具有足够的热强性，在850℃时不起皮，常用于制造工作温度超过600℃的加热炉构件，高压锅炉过热器，燃烧室火焰筒等。常用热强钢的牌号、化学成分、热处理及使用温度见表10-3。

表10-3　常用热强钢的牌号、化学成分、热处理及使用温度

类别	牌号	化学成分 w/%						热处理		最高使用温度/℃	
		C	Cr	Mo	Si	W	其他	淬火温度/℃	回火温度/℃	抗氧化	热强性
珠光体钢[①]	15CrMo	0.12～0.18	0.80～1.10	0.40～0.55	—	—		930～960（正火）	680～730	<560	—
	35CrMoV	0.30～0.38	1.00～1.30	0.20～0.30	—	—	V 0.10～0.20	980～1020（正火）	720～760	<580	—
马氏体钢	1Cr13	0.08～0.15	12.00～14.00	—	—	—		950～1000 油	700～750 快冷	800	480
	1Cr13Mo	0.16～0.24	12.00～14.00	—	—	—		970～1000 油	650～750 快冷	800	500
	1Cr11MoV	0.11～0.18	10.00～11.50	0.50～0.70	—	—	V 0.25～0.40	1050～1100 空冷	720～740 空冷	750	540
	1Cr12WMoV	0.12～0.18	11.00～13.00	0.50～0.70	—	0.70～1.10	V 0.18～0.30	1000～1050 油	680～700 空冷	750	580
	4Cr9Si2	0.35～0.50	8.00～10.00	—	2.00～3.00	—		1020～1040 油	700～780 油冷	800	650
	4Cr10Si2Mo	0.35～0.45	9.00～10.50	0.70～0.90	1.90～2.60	—		1020～1040 油、空	720～760 空冷	850	650
奥氏体钢	0Cr18Ni11Ti[②]	≤0.08	17.00～19.00	—	≤1.00	—	Ni 9.00～13.00	920～1150 快冷	—	850	650
	4Cr14Ni14W2Mo（14-14-2）	0.40～0.50	13.00～15.00	0.25～0.40	≤0.80	2.00～2.75	Ni 13～15	1170～1200 固溶处理	—	850	750

①15CrMo、35CrMoV 为 GB 3077—88 牌号（按合金结构钢牌号表示）。
②0Cr18Ni11Ti 中，$w(Ti) \geqslant 5 \times w(C)$，$w(Mn) \leqslant 2\%$。

10.3　耐磨钢

　　耐磨钢是指在强烈冲击载荷作用下产生硬化而具有高耐磨性的钢。因其含锰量高（$w(\text{Mn})$ = 13% 左右），也称高锰钢。ZGMn13 钢是典型的耐磨钢。

　　ZGMn13 钢高锰、高碳，属于奥氏体钢，铸态组织为奥氏体和碳化物，有脆性。为获得单一奥氏体组织，将这种钢加热至 1000 ~ 1100℃，保温一段时间，使碳化物完全溶于奥氏体中，然后进行水淬，碳化物来不及从奥氏体中析出，于是便得到单一奥氏体组织。此法称为水韧热处理。高锰钢经水韧处理后，韧性、塑性特别好，而硬度并不高。但当工作中承受较大的冲击力作用时，它表面产生塑性变形而能迅速引起加工硬化，从而使硬度提高到 HBS500 ~ 550，耐磨性变好。

　　高锰钢之所以具有高的耐磨性，是由于塑性变形引起强烈的加工硬化所致，且在使用过程中会因加工硬化而得到不断强化。因此，这种钢适用于制造工作中承受冲击载荷的零部件。例如，制造破碎机的颚板、球磨机的衬板、铁道道岔、装载机的铲斗等。它们在工作中都受到强烈的冲击和严重的磨损，用高锰钢来制造，能充分发挥其高耐磨性。铸造高锰钢的牌号、化学成分及适用范围见表 10-4。

表 10-4　铸造高锰钢牌号、化学成分及适用范围

牌　号[①]	化学成分 w/%					适用范围
	C	Mn	Si	S	P	
ZGMn13-1	1.10 ~ 1.50		0.30 ~ 1.00		≤0.090	低冲击件
ZGMn13-2	1.00 ~ 1.40	11.00 ~ 14.00		≤0.050	≤0.090	普通件
ZGMn13-3	0.90 ~ 1.30		0.30 ~ 0.80		≤0.080	复杂件
ZGMn13-4	0.90 ~ 1.20				≤0.070	高冲击件

　　① "-" 后阿拉伯数字表示品种代号。

　　应该指出，由于高锰钢易产生加工硬化，不宜进行机械加工，但其具有良好的铸造性能，所以高锰钢一般都是铸造成形后，水韧处理使用。

练习题与思考题

10-1　何谓特殊性能钢，主要有哪几种，它们各有什么特点和用途？

10-2　比较不锈钢、耐热钢、耐磨钢的成分、热处理、性能的区别和应用范围。

10-3　腐蚀的根本原因是什么？

10-4　提高钢的耐蚀性的实质是什么，提高钢的耐蚀性的合金元素有哪几种，作用如何？

10-5　提高钢的耐磨性为什么要加入合金元素锰？

11 有色金属及其合金

在工业生产中，通常把钢、铸铁、铬和锰称为黑色金属，而称其他金属或合金为有色金属及合金或非铁金属及合金，主要包括铝、铜、铅、锌、镁、钛等。有色金属及其合金的种类很多，虽然它们的产量和使用量总的来说不及黑色金属，但它们具有某些独特的性能和优点。例如铝、镁、钛等有色金属的密度小，比强度高，并具有优良的抗蚀性；铜具有优良的导电性、导热性、抗蚀性和无磁性等。因此有色金属及其合金无论作为结构材料还是功能材料，在工业领域特别是高新技术领域具有非常重要的地位。它不仅是生产各种有色金属合金、耐热、耐蚀、耐磨等特殊钢以及合金结构钢所必需的合金元素，而且是现代工业，尤其航空、航天、航海、汽车、石化、电力、核能以及计算机等工业部门赖以发展的重要战略物资和工程材料。

但是，各种有色金属在地壳中的储量极不均衡。铝、镁、钛等在地壳中的贮存量较丰富，如铝的储存量甚至比铁还多；而某些有色金属（如 Mo、V、Nb、W 等）储量很稀缺，且在不同地域和国家的分布情况差别很大。而且大多有色金属的化学活性很高，冶炼、提取困难，产量低、成本高，所以要十分注意节约有色金属材料和矿产资源。

有色金属及其合金大致可以按如下方法进行分类：

（1）有色金属分为重金属、轻金属、贵金属、半金属和稀有金属五类。其中重有色金属是指密度大于 $4.5 \times 10^3 \, kg/m^3$ 的有色金属，主要包括铜、镍、钴、铅、锌、锑、镉、铋、锡等。轻有色金属是密度小于 $4.5 \times 10^3 \, kg/m^3$ 的有色金属，主要包括铝、镁、钾、钠、钙等。贵金属在地壳中含量极少，开采和提炼比较困难，所以价格昂贵。主要包括金、银和铂族元素。半金属的物理化学性质介于金属与非金属之间，主要包括硅、硒、砷、硼等元素。稀有金属通常指在自然界中储量少、分布稀散、提炼困难的金属，主要包括钛、钨、钼、钒、锗、铀等。

（2）有色合金按合金系统可分为重有色金属合金、轻有色金属合金、贵金属合金、稀有金属合金等；按合金用途则可分为变形（压力加工用）合金、铸造合金、轴承合金、印刷合金、硬质合金、焊料、中间合金、金属粉末等。

（3）有色金属材料按化学成分可分铜和铜合金材料、铝和铝合金材料、铅和铅合金材料、镍和镍合金材料、钛和钛合金材料等。按加工后形状分类可分为板、条、带、箔、管、棒、线、型等品种。

11.1 铝及铝合金

铝是一种轻金属，密度小，具有良好塑性。铝的导电性较好，用于制造各种导线。铝具有良好的导热性，可用作各种散热材料。铝还具有良好的抗腐蚀性能和较好的塑性，适合于各种压力加工。铝及其合金是机械工业（尤其是航空、航天等工业）中用量最大的有色金属。目前，工业上实际应用的主要是工业纯铝及铝合金。

铝合金按加工方法可以分为变形铝合金和铸造铝合金。变形铝合金又分为不可热处理强化型铝合金和可热处理强化型铝合金。不可热处理强化型不能通过热处理来提高力学性能，只能通过冷加工变形来实现强化，它主要包括高纯铝、工业高纯铝、工业纯铝以及防锈铝等。可热处理强化型铝合金可以通过淬火和时效等热处理手段来提高力学性能，它可分为硬铝、锻铝、超硬铝和特殊铝合金等。

11.1.1　工业纯铝

铝是地壳中储量最多的一种金属元素，其总质量分数约为地壳的 8.0%。工业纯铝（简称纯铝）的纯度为 98% ～99.7%，常存杂质元素主要是 Fe 与 Si，熔点为 660℃，固态下具有面心立方晶格，无同素异构转变现象，所以，铝的热处理机理与钢不同。工业用纯铝呈银白色，并具有下列特征：

（1）密度小。纯铝的密度为 $2.7 \times 10^3 \text{kg/m}^3$，仅为铁的三分之一。

（2）导电性和导热性较好。室温时铝的导电能力约为铜的 62%，若按单位重量材料的导电能力计算，铝的导电能力约为铜的 200%。

（3）强度、硬度低而塑性好，可进行冷热压力加工。铝的抗拉强度仅为 40～50MPa，硬度为 HBS20～35，断面收缩率为 80%。

（4）抗大气腐蚀性能好。因为在铝的表面能生成一层极致密的氧化铝薄膜，能有效地隔绝铝与氧的接触，而阻止铝表面的进一步氧化，但是在酸、碱、盐溶液中则不抗腐蚀。

（5）无低温脆性，无磁性，无火花、反射光和热的能力较强，耐核辐射等。

（6）可以通过合金化处理和热处理的方法获得不同程度的强化，超硬铝合金的强度可达 600MPa，普通硬铝合金的抗拉强度也达 200～450MPa，它的比强度基本与钢相同。

由于工业纯铝的上述特性，纯铝一般可制造导电体，例如电线、电缆等。还可以制造要求质轻、导热性好、具有一定的耐大气腐蚀能力但强度不高的器具。

工业纯铝分为冶炼产品（铝锭）和压力加工产品（铝材）两种。铝锭一般用于冶炼铝合金，配制合金钢成分或脱氧剂，或作为加工铝材的坯料。铝锭的牌号按杂质含量可分为 AL99.7、AL99.6、AL99.5、AL99.0、AL98.0 五种。铝材的代号包括 L1、L2、L3、L4、L5、L6。符号 L 表示铝，后面的数字越大，表示杂质含量越高。工业纯铝一般是通过冷、热压力加工制成的各种规格的线、管、板、棒以及型材、箔材等。

11.1.2　铝合金的分类及热处理

在纯铝中加入适量的硅、铜、镁、锌等合金元素后，可以配制成具有较高强度和良好加工性能的铝合金。

11.1.2.1　铝合金的分类

根据铝合金的成分及生产工艺特点，可将铝合金分为变形铝合金和铸造铝合金两大类。铝与其他合金元素组成的合金一般为共晶合金。

A　变形铝合金

变形铝合金能够适合压力加工，所以要求具有塑性较高的单相结构。如图 11-1 所示。在 D 点左侧的合金在加热到固溶线以上时，可形成单相的 α 固溶体，适合压力加工，所以在 D 点左侧的铝合金称为变形铝合金。

变形铝合金以 F 点为分界线。F 点左侧合金 α

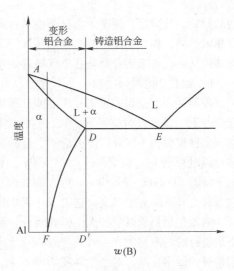

图 11-1　铝合金分类示意图

固溶体的成分和合金组织不随温度的变化而变化，不能用热处理的方法进行强化；而 F 点右侧的合金 α 固溶体的成分和合金组织随温度的变化而变化，所以可以用热处理的方法进行强化。

　　B　铸造铝合金

图 11-1 中 D 点右侧的铝合金在结晶过程中将会发生共晶转变，形成两相的共晶组织，不能采用压力加工的方法进行处理，但其熔点低，流动性好，适合于铸造，所以把 D 点右侧的铝合金称为铸造铝合金。由于铸造合金也具有 α 固溶体，所以也可以采用热处理的方法进行强化，但随着组织中 α 固溶体的减少，热处理的效果逐渐降低。

11.1.2.2　铝合金的热处理

铝合金不仅可以通过冷变形加工硬化提高强度，还可以通过热处理进一步提高其强度。但铝合金的热处理与钢不同，它不能通过控制同素异构转变完成，而是通过控制第二相的析出来完成的。

　　A　铝合金的退火

　　a　铸造铝合金退火

铸造铝合金退火主要目的是用来消除铸造内应力及成分偏析，同时达到稳定组织和提高塑性的目的。退火温度需要根据铝合金的成分决定。

　　b　变形铝合金退火

变形铝合金退火主要用于消除加工硬化，对于一次难以成形的复杂钣金零件（如飞机蒙皮、深冲器具、管材等），都需要进行再结晶退火，改善其加工工艺性。一般加热温度为350～450℃，保温一定时间，空气冷却。对于不能热处理强化的铝合金冷变形零件，为了保持较高强度，可以用"去应力"退火，即在低于再结晶温度下（180～300℃）加热，保温后空冷，以消除内应力和适当提高塑性。

　　B　铝合金的固溶 + 时效处理

　　a　铝合金的固溶处理

固溶处理将铝合金加热到 α 单相区内一温度，使第二相 θ 溶入 α 相中形成均匀的单相固溶体组织，然后在水中快速冷却，使第二相来不及重新析出而形成过饱和的 α 固溶体单相组织，这种处理方法称为固溶处理或固溶（俗称淬火）。固溶后铝合金的强度不高，但塑性好，可以进行冷压成形。为了进一步提高强度，需要在室温下停留相当长的时间或在低温加热并保温一段时间后，其强度、硬度才会显著提高，同时塑性下降。同碳钢比较，铝合金的热处理温度控制要求严格，加热温度一般要控制在 ±5℃ 范围（一般钢件为 ±10℃）。通常变形铝合金是在硝盐槽内加热，铸造铝合金是在空气循环炉中加热。

　　b　铝合金的时效处理

固溶处理后获得的过饱和固溶体是不稳定的组织，它有逐渐向稳定组织转变的趋势。在一定条件下（温度或时间等），第二相从过饱和固溶体中缓慢析出，使合金的强度和硬度明显提高，这种现象称为时效。淬火后铝合金的强度和硬度随时间延长而显著升高的现象。称为时效强化或时效硬化。例如，$w(Cu) = 4\%$，并含有少量镁、锰元素的铝合金，在退火状态下，$\sigma_b = 180 \sim 200MPa$，$\delta = 18\%$。经固溶处理后，$\sigma_b = 240 \sim 250MPa$，$\delta = 20\% \sim 22\%$；经过 4～5d 放置后，其强度显著提高，这时 $\sigma_b = 420MPa$，但伸长率下降为 $\delta = 18\%$。

时效包括自然时效和人工时效两种。在室温下所进行的时效称为自然时效，而在加热条件下所进行的时效称为人工时效。图 11-2 为铝合金自然时效的曲线。由图 11-2 可见，时效强化初期有一段孕育期，对合金强度影响不大，然后在 5～15h 内强化速度最快，经 4～5d 后强度和硬度达到最高值。铝合金时效强化的效果还与加热温度有关。图 11-3 表示了铝合金在不同

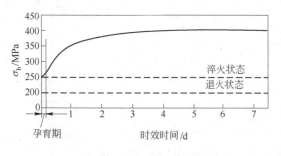
图 11-2 铝合金自然时效的曲线

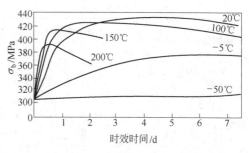
图 11-3 铝合金在不同温度下的时效曲线

温度下的时效曲线。由图 11-3 可见，时效温度增高，时效强化过程加快，即合金达到最高强度所需的时间缩短，但最高强度值却降低，强化效果不好。如果时效温度在室温以下，则时效过程进行很慢。例如，在 -50℃ 以下长期放置后，铝合金的力学性能几乎没有变化。利用这一点，生产中对某些需要进一步加工变形的零件（如铆钉等），可在固溶后置于低温状态下保存，使其在需要加工变形时仍具有良好的塑性。但若人工时效的时间过长或温度过高，反而使合金软化，这种现象称过时效。

C 铝合金的回归处理

回归处理是将已强化的铝合金重新加热（温度 200~270℃），经保温后在水中急冷，使合金恢复到固溶后的状态。经回归后的铝合金与新固溶处理合金一样，仍可进行正常的自然时效，但其强度有所下降。

11.1.3 变形铝合金

变形铝合金的塑性好，可通过压力加工方法生产出板、带、线、管、棒、型材或锻件。按其主要性能特点的不同，变形铝合金可分为防锈、硬铝、超硬铝和锻造铝四种。

11.1.3.1 变形铝合金的代号、牌号及表示方法

变形铝合金按 GB/T 16474—1996 规定，其牌号可用四位字符体系来表示。牌号的第一、三、四位为数字，第二位为字母"A"。第一位数字是依据主要合金元素铜、锰、硅、镁、Mg_2S、锌的顺序来表示变形铝合金的组别。例如，$2A\times\times$ 表示以铜为主要合金元素的变形铝合金。最后两位数字表示同一组别中的不同铝合金。

常用变形铝合金的牌号、化学成分及力学性能如表 11-1 所示。

表 11-1 常用变形铝合金的牌号、化学成分及力学性能

类别	代号	化学成分 w/%					半成品状态[①]	力学性能			新牌号
		Cu	Mg	Mn	Zn	其他		σ_b/MPa	δ	HBS	
防锈铝	LF5	0.10	4.8~5.5	0.3~0.6	0.20	Fe 0.50, Si 0.50, Zn 0.20	B0	270	0.23	70	
	LF11	0.10	4.8~5.5	0.3~0.6	0.20	Ti 或 V 0.02~0.15 Fe 0.50, Si 0.50, Zn 0.20	B0	270	0.23	70	
	LF21	0.20	0.05	1.0~1.6	0.1	Ti 0.15	B0 BY	130 160	0.20 0.10	30 40	3A21

类别	代号	化学成分 w/%					半成品状态①	力学性能			新牌号
		Cu	Mg	Mn	Zn	其他		σ_b/MPa	δ	HBS	
硬铝	LY1	2.2 ~ 3.0	0.2 ~ 0.5	0.2	0.1	Ti 0.15	B0	160	0.24	38	
							BT4	300	0.24	70	
	LY11	3.8 ~ 4.8	0.4 ~ 0.8	0.4 ~ 0.8	0.3	Fe 0.70, Ni 0.10 Si 0.70, Ti 0.15	0	180	0.18	45	2A11
							T4	380	0.18	100	
	LY12	3.8 ~ 4.9	1.2 ~ 1.8	0.3 ~ 0.9	0.3	Fe 0.50, Ni 0.10 Si 0.50, Ti 0.15	0	180	0.18	42	2A12
							T4	430	0.18	105	
超硬铝	LC3	1.8 ~ 2.4	1.2 ~ 1.6	0.10	6.0 ~ 6.7	Fe 0.20, Cr 0.05 Si 0.20, Ti 0.02 ~ 0.08	T4	(抗剪) 290	—	—	7A03
	LC4	1.4 ~ 2.0	1.8 ~ 2.8	0.2 ~ 0.6	5.0 ~ 7.0	Fe 0.50, Si 0.50 Cr 0.10 ~ 0.25	0	220	0.18	—	7A04
							B0	260	0.13	—	
							T6	540	0.10	—	
							BT6	600	0.12	150	
锻铝	LD2	0.2 ~ 0.6	0.45 ~ 0.9	或 Cr 0.15 ~ 0.35	0.2	Si 0.5 ~ 1.2 Fe 0.50, Ti 0.15	B0	130	0.24	30	2A20
							BC	220	0.22	65	
							BT6	330	0.12	95	
	LD6	1.8 ~ 2.6	0.4 ~ 0.8	0.4 ~ 0.8	0.3	Cr 0.01 ~ 0.2, Ti 0.02 ~ 0.1 Si 0.7 ~ 1.2, Fe 0.70, Ni 0.10	T6	390 (模锻)	0.10 (模锻)	100 (模锻)	2A60
	LD10	3.9 ~ 4.8	0.4 ~ 0.8	0.4 ~ 1.0	0.3	Fe 0.70, Si 0.60 ~ 1.2 Ni 0.10, Ti 0.15	T6	40 (模锻)	0.10 (模锻)	120 (模锻)	2A14

①半成品状态：B—不包铝（无 B 者为包铝的）；0—退火；Y—硬化；T4—固溶＋自然时效；T6—固溶＋人工时效。

11.1.3.2　变形铝合金

变形铝合金按热处理时效强化效果的不同可分为不能时效强化和可时效强化两类。

A　不能时效强化的变形铝合金

这类铝合金主要是铝锰系或铝镁系合金，即防锈铝合金。此类铝合金在铸造退火后为单相的固溶体，故抗腐蚀能力好、塑性好，比纯铝具有更高的耐蚀性和强度，但不能进行时效强化，只能用冷变形来提高强度，但会使塑性显著下降。

在防锈铝合金中加入的合金元素主要包括锰元素和镁元素。其中锰元素的主要作用是在铝中可通过固溶强化来提高铝合金的强度，并能显著提高铝合金的抗蚀性，所以含锰的防锈铝合金具有比纯铝更好的抗蚀性。镁元素的主要作用是在铝中具有较好的固溶强化效果，尤其能够降低合金的密度，使制成的零件比纯铝更轻。

防锈铝合金具有很好的塑性及焊接性，常用来制造受力小、质轻、抗蚀的制品与结构件，如油箱、容器、防锈蒙皮、管道、窗框、灯具等。常用牌号有 3A21、5A50 等。

B 可时效强化的铝合金

这类合金主要包括硬铝合金、超硬铝合金、锻造铝合金等。它们主要通过淬火 + 时效处理或形变热处理等方法使合金强化。

a 硬铝合金

硬铝合金基本上是由铝-铜-镁合金系组成。其中还含有少量的锰。经淬火时效后，能保持足够的塑性，同时有较高的强度和硬度，其比强度（强度与密度之比）与高强度钢相近，故名硬铝，但抗蚀性差，在海水中表现的特别明显。为提高其抗蚀性，常在其表面进行表面喷涂或进行包覆纯铝处理。硬铝分为铆钉硬铝、标准硬铝、高强度硬铝，广泛应用于飞机、火箭等制造中。常用的硬铝有 2A01、2A11、2A12 等。

2A11（标准硬铝）既有相当高的硬度又有足够的塑性，退火状态可进行冷弯、卷边、冲压。提高其强度可采用时效处理。常用来制造形状复杂、载荷较低的结构零件和仪器制造零件。

2A12（高强度硬铝），经固溶处理后具有中等塑性，可采用自然时效，切削加工性较好，焊接性差，只适宜点焊。2A12 经固溶处理 + 自然时效后可获得高强度，用于制造飞机翼肋、翼梁等受力构件。

b 超硬铝合金

超硬铝合金是铝-铜-镁-锌系合金，时效强化效果最好，强度最高，经固溶时效后强度比硬铝还高，其比强度已相当于超高强度钢，故名超硬铝。但塑性、抗蚀性很差。在超硬铝合金中时效强化相除 θ 及 S 相外，还有强化效果很大的 $MgZn_2$（η 相）及 $Al_2Mg_3Zn_3$（T 相）。使用中也常在其表面包覆纯铝或进行表面喷涂处理以提高其耐蚀性。另外耐热性也较差，超过 120℃就会融化。常用于制造飞机上机翼大梁、桁架以及起落架等受力大且使用温度不高的构件。

c 锻造铝合金

锻造铝合金基本上是铝-铜-镁-硅系合金。其主要特点是热塑性及抗蚀性好，适合锻造，故名锻铝。主要强化相为 Mg_2Si，力学性能与硬铝相近。主要用于飞机和仪表工业中要求形状复杂且比强度较高的零件。

11.1.4 铸造铝合金

铸造铝合金是指用于制造铸件的铝合金。可用于各种铸造成形工艺，生产形状复杂或要求特殊性能的零件，如发动机缸体、活塞，曲轴箱等。此类合金除要求具有一定的使用性能之外，还要求具有良好的铸造性能，所以合金成分基本处于共晶点成分。但由于此类合金组织中会出现大量硬而脆的化合物，使合金脆性很大，所以实际使用的铸造合金并非都是共晶合金。它与变形铝合金比较只是合金元素含量稍高一些。

按照主要合金元素的不同，铸造铝合金主要分为铝硅系、铝铜系、铝镁系和铝锌系四类，其中以铝硅系应用最为广泛。铸造铝合金的代号用"ZL"及 3 位数字表示。第一位数字表示铝合金的类别（1 为铝硅系，2 为铝铜系，3 为铝镁系，4 为铝锌系）；后面两位数字表示合金顺序号。例如，ZL102 表示 2 号铝硅系铸造铝合金。若代号后面加"A"，则表示优质。

铸造铝合金的牌号用 Z + 铝元素符号 + 合金元素符号 + 合金质量分数的百倍来表示，若优质合金则在牌号后面加"A"。

常用铸造铝合金的代号、牌号、化学成分及力学性能如表 11-2 所示。

表 11-2　常用铸造铝合金的代号、牌号、化学成分及力学性能

类别	代号（牌号）	Si	Cu	Mg	Mn	Zn	Ti	铸造方法与合金状态	σ_b/MPa	δ	HBS	用途
铝硅合金	ZL101（ZAlSi7Mg）	6.5~7.5	—	0.25~0.45	—	—	—	J，T5 S，T5	210 200	0.02 0.02	60 60	形状复杂的砂型、金属型和压力铸造零件，如飞机、仪器的零件，抽水机壳体，工作温度不超过185℃的化油器等
	ZL102（ZAlSi12）	10.0~13.0	—	—	—	—	—	J SB、JB SB、JB、T2	160 150 140	0.02 0.04 0.04	50 50 50	形状复杂的砂型、金属型和压力铸造零件，如仪表、抽水机壳体，工作温度在200℃以下，要求气密性承受低载荷的零件
	ZL105（ZAlSi5Cu1Mg）	4.5~5.5	1.0~1.5	0.4~0.6	—	—	—	J，T5 S，T5 S，T6	240 200 230	0.005 0.01 0.005	70 70 70	砂型、金属型铸造的形状复杂，在225℃以下工作的零件，如风冷发动机的气缸头、机匣、液压泵壳体等
	ZL108（ZAlSi12Cu2Mg1）	11.0~13.0	1.0~2.0	0.4~1.0	0.3~0.9	—	—	J，T1 J，T6	200 260	—	85 90	砂型、金属型铸造的，要求高温强度及低膨胀系数的高速内燃机活塞及其他耐热零件
铝铜合金	ZL201（ZAlCu5Mn）	—	4.5~5.3	—	0.6~1.0	—	0.15~0.35	S，T4 S，T5	300 340	0.08 0.04	70 90	砂型铸造在175~300℃以下工作的零件，如支臂、挂架梁、内燃机汽缸盖、活塞等
	ZL202（ZAlCu10）	—	9.0~11.0	—	—	—	—	S，J S，J，T6	110 170	—	50 100	形状简单，对表面粗糙度要求较高的中等承载零件
铝镁合金	ZL301（ZAlMg10）	—	—	9.5~11.0	—	—	—	S，T4	280	0.09	60	砂型铸造在大气或海水中工作的零件，承受大振动载荷，工作温度不超过150℃的零件
铝锌合金	ZL401（ZAlZn11Si7）	6.0~8.0	—	0.1~0.3	—	9.0~13.0	—	J，T1 S，T1	250 200	0.015 0.02	90 80	压力铸造零件，工作温度不超过200℃，结构形状复杂的汽车、飞机零件

注：铸造方法与合金状态的符号：J—金属型铸造；S—砂型铸造；B—变质处理。

铸造铝合金与变形铝合金比较，它的组织粗大，有严重的枝晶偏析和粗大针状物。此外，铸件的形状一般都比较复杂。因此，铸造铝合金的热处理除了具有一般变形铝合金的热处理特性外，还有不同之处。首先，为了强化相充分溶解、消除枝晶偏析和使针状化合物"团化"，淬火加热温度比较高，保温时间比较长（一般在 15~20h）。其次，由于铸件形状复杂，壁厚也不均匀，为了防止淬火变形和开裂，一般在 60~100℃ 的水中冷却。此外，为了保证铸件的耐蚀性以及组织性能和尺寸稳定，凡是需要时效的铸件，一般都采用人工时效。

根据铝合金铸件的工作条件和性能要求，可以选择不同的热处理方法。各种热处理的代号，工艺特点、目的和应用如表 11-2 所示。其中 T1 热处理表示不经淬火就进行时效，这是由于铸件凝固冷却时，冷却速度较快（特别是湿砂型和金属型），固溶体有一定的过饱和程度。铸造铝合金中除 ZL102 及 ZL302 外，其他合金均能热处理强化。

铸造铝合金是机械工程中应用较广泛的有色铸造合金。各种铸造铝合金的性能特点如下。

11.1.4.1 铝硅系铸造合金

铝硅系铸造合金为共晶型铝合金，其特点是铸造性能好，抗蚀性好，密度小，力学性能好。并且实验证明，在铝硅系合金中随着共晶体数量的增加，不但合金的铸造性能越来越好，而且力学性能也越来越高，所以以 Al-Si 为基础而发展起来的铸造合金是最重要的铸造铝合金。

普通的铝硅二元合金，因硅的脆性大，必须经过变质处理，并且不能进行热处理强化。若向普通硅铝合金中加入铜、镁、锰等元素，可大大改善其性能。除个别合金外，大部分合金无需变质处理，而可以通过热处理方式进行强化。稀土元素对硅铝铸造铝合金有精炼、变质和合金化的作用，可明显改善硅铝铸造合金的性能。

铝硅系合金主要包括 ZL101、ZL102、ZL104、ZL105 等合金，其共同特点是流动性好，且流动性随含硅量的增加而增大。ZL102 中 $w(Cu) = 11\% \sim 13\%$，正好为共晶成分，所以在铸造铝合金中它的流动性最好。此外，这些合金没有热裂倾向，而且具有比较好的耐磨性，但 ZL105 差些。

ZL102 是简单的二元铝硅合金，铸造后的组织为粗大的针状硅与铝基固溶体组成的共晶体和少量板块状初生硅。这种组织力学性能差，σ_b 不超过 140MPa，伸长率 $\delta < 3\%$。ZL102 不能进行时效强化，强度低，只适宜于铸造形状复杂、受力很小的零件。如仪表壳及其他薄壁零件。

为了改善组织，使硅呈球状分布以及细化组织来提高力学性能，需进行变质处理。铝合金的变质处理是浇注前向合金中加入一定量的钠盐，如 NaF67% + NaCl33%（质量分数）或 NaF25% + NaCl62% + KCl13%（质量分数）以及成分更复杂的变质剂。其力学性能 σ_b 可达 180MPa，δ 可达 8%。

ZL104、ZL105、ZL108 等铝硅合金是在铝硅合金中加入适量的铜与镁时，从而形成 Mg_2Si、$CuAl_2$ 等强化相，所以可以采用固溶 + 时效处理来提高力学性能。例如 ZL104 和 ZL105 在固溶和时效后可以获得较高的强度，一般用于承受较高载荷的发动机零件及飞机零件。

11.1.4.2 铝铜系铸造合金

铝铜系铸造合金是应用最早的铝合金，主要包括 ZL201、ZL202 等合金。其特点是热强性比其他铸造铝合金都高，使用温度可达 300℃，熔铸操作简单，但密度较大，抗蚀性较差。ZL201 的铜和锰含量接近硬铝成分。经过固溶和不完全时效后（所谓不完全时效，是指时效温度较低或时效时间较短，不获得最高强度，使合金保持较好塑性），可以得到铸铝中最大的强度，且在 300℃ 以下能保持较高的强度，属于铸造耐热铝合金。它的缺点是铸造性和耐蚀性均差。可用于 300℃ 以下工作的形状简单铸件，如内燃机汽缸盖、活塞等。

11.1.4.3　铝镁系铸造合金

铝镁系铸造合金的室温力学性能高，密度小，抗蚀性能好，但热强性低，铸造性能差，使用时受到一定的限制。主要包括 ZL301 和 ZL302 两种。应用最多的是 ZL301。镁的主要作用是固溶后镁部分溶入铝中，起到良好的固溶强化效果。因为铝镁合金的淬火组织是单相固溶体，故其强度和塑性均高，而且耐蚀性优良。但这种合金铸造性能差，浇铸时容易氧化，易形成显微疏松。ZL301 广泛用于承受高载荷和要求耐腐蚀但外形不太复杂的零件，如飞机、舰船和动力机械的零部件。

11.1.4.4　铝锌系铸造合金

铝锌系铸造合金是成本最低的一种铸造合金，但却具有良好的综合性能。其缺点是密度较大，热强性、抗蚀性不高。锌在铝中的溶解度可达 32%，铝中加入锌（$w(Zn) > 10\%$）就能显著提高合金的强度。

常用的铝锌铸造合金是 ZL401，$w(Al) = 9\% \sim 13\%$，$w(Si) = 5\% \sim 17\%$。铸造性能很好，流动性好，易充满铸型。该合金在铸态下即具有较高的力学性能，特别是铸造后不需要淬火即有明显的时效强化能力。这是由于在低温阶段，锌在铝中原子扩散能力很弱，所以在铸造条件下锌原子很难从过饱和固溶体中析出，因而这种合金在铸造冷却时能自行淬火，并且冷却后可直接进行人工时效。缺点是耐蚀差，热裂倾向大，需变质处理。

ZL401 主要用于温度不超过 200℃，结构形状复杂的汽车、飞机零件，医疗机械和仪器零件。

11.2　铜及铜合金

铜元素在地壳中的储量较少，但是铜及其合金却是人类史上应用最早的金属。我国在殷商时代就制造出质量达 875kg 的世界最大的青铜器——司母戊鼎。历史学家也曾以铜器具为标志来划分人类社会的发展阶段——铜器时代。现代工业上使用的铜及铜合金，主要有工业纯铜、黄铜和青铜，白铜应用较少。纯铜和铜合金均属于贵重金属，应尽可能应用于有特殊性能要求的零部件，一般机械制造的结构零件应尽量以铝代铜。

11.2.1　工业纯铜

铜是人类发现最早和使用最广泛的金属之一。纯铜又名工业纯铜，外表呈玫瑰红色，表面氧化膜呈紫色，故又称紫铜。其纯度为 $w(Cu) = 99.5\% \sim 99.9\%$，密度为 8.9 g/cm^3，熔点为 1083℃，具有面心立方晶格，无同素异构转变。在有色金属材料中，铜的产量仅次于铝。

纯铜的强度、硬度不高（退火状态下 $\sigma_b = 200 \sim 250$MPa，HBS 40 $\sim$ 50），但塑性极好（$\delta = 50\%$），焊接性良好，并能经受各种冷热加工成形（铸、焊、切削、压力加工）。在冷塑性变形后，有明显加工硬化现象，随着变形度的增加，强度可以提高到 400 $\sim$ 500MPa，但塑性指标也急剧下降到 5%，所以如需继续冷变形时，必须经过再结晶退火来恢复塑性。

纯铜具有仅次于银的优良的导电性和导热性，是理想的导电和导热材料；纯铜又是抗磁性材料，对于制作不受外磁场干扰的磁性仪器、定位仪和其他防磁器械具有重要意义。

纯铜的化学稳定性较高，在非工业污染的大气、淡水等介质中均有良好的耐蚀性，在非氧化性酸溶液中也能耐蚀，而在氧化性酸（HNO_3、浓 H_2SO_4 等）溶液以及各种盐类溶液（包括海水）中则易受腐蚀。

如上所述，纯铜最突出的优点是具有优良的导电性、导热性、冷热加工性、良好的抗蚀性和抗磁性，但纯铜的强度、硬度很低，价格贵，具有明显的加工硬化性。所以主要用于制作导电材料、导热材料、防磁材料以及配制各种铜合金。

工业纯铜按产品种类可分为未加工产品（铜锭、电解铜）和压力加工产品（铜材）两种。未加工产品（铜锭）按其纯度可分为 Cu—1、Cu—2、Cu—3、Cu—4 四种代号；压力加工产品（铜材）按其纯度可分为 T1、T2、T3、T4 四种代号，代号中数字表示序号，序号越大，表示杂质含量越多，纯度越低。

11.2.2 铜合金

纯铜不宜用于工程材料，所以在工业上应用较广的为铜合金。按生产方式的不同，铜合金可分为压力加工产品和铸造产品两类；按化学成分分，可以分为黄铜、青铜和白铜三大类。前两类主要用于机械制造工业，而白铜（Cu-Ni 合金）主要是制造精密机械与仪表的耐蚀件及电阻器、热电偶等。

11.2.2.1 黄铜

黄铜就是以锌为主加元素的铜合金。铜锌组成的二元合金称为普通黄铜；在铜锌合金中加入其他合金元素时，则称为特殊黄铜。黄铜色泽鲜明，具有较好的抗海水和大气腐蚀能力，并且具有很好的加工性及铸造性。

A 普通黄铜

a 普通黄铜的组织特征

从图 11-4 可以看出，当 $w(Zn) < 45\%$ 时，在室温下平衡状态有 α 及 β 两个基本相。α 相是锌溶于铜的固溶体，塑性好，适宜冷、热压力加工。β 相是以化合物 CuZn 为基体的固溶体，在室温下比较硬而脆，但加热到 456℃ 以上时，却有良好的塑性，故含有 β 相的黄铜适宜热压力加工。

工业中应用的普通黄铜，按其平衡状态的组织有两种。当 $w(Zn) < 39\%$ 时，室温下组织 α 为单相固溶体（单相黄铜）；当 $w(Zn) = 39\% \sim 45\%$ 时，室温下的组织为 α + β（双相黄铜）。在实际生产中，当 $w(Zn) > 32\%$ 时，就已经出现了 α + β 组织。黄铜组织如图 11-5 和图 11-6 所示。

b 普通黄铜的性能特点

普通黄铜的性能由含锌量和组织共同决定。从图 11-4 可以看出，黄铜的强度和塑性与含锌量有很大关系。当含锌量增加时，由于固溶强化，使黄铜的强度、硬度提高，塑性改善。当 $w(Zn) \approx$

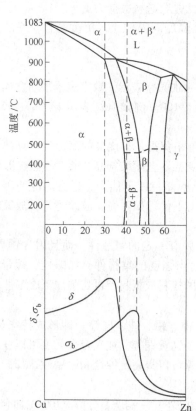

图 11-4 Cu-Zn 合金部分相图及
含锌量对黄铜性能的影响

图 11-5　α 单相黄铜的显微组织

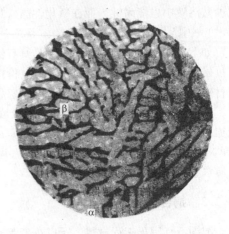

图 11-6　α + β 双相黄铜的显微组织

32% 时，塑性最高；当 $w(Zn)$ > 32% 时，由于在实际生产条件下已出现 β 相，故塑性开始下降；$w(Zn)$ ≈ 45% 时，强度最高；当 $w(Zn)$ > 45% 时，组织中已全部为脆性的 β 相，合金的强度和塑性均急剧下降，在生产中已无实用价值。所以黄铜中 $w(Zn)$ 应小于 50%。

黄铜的抗蚀性较好，与纯铜相近。但当普通黄铜经冷加工后，在海水及潮湿大气中，尤其是含氨的情况下，容易产生应力腐蚀破裂现象。防止方法是再进行去应力退火。

铸造黄铜的铸造性能好，它的熔点比纯铜低，结晶温度间隔较小，使黄铜有较好的流动性、较小的偏析倾向，且铸件组织致密。

c　普通黄铜的表示方法及应用

普通黄铜的代号用"黄"字的汉语拼音首字首"H"加数字表示。数字表示平均含铜的质量分数。普通黄铜的牌号表示方法为 H + 铜的质量分数 × 100。例如 H62 表示 $w(Cu)$ = 62%，余量为锌的普通黄铜。

H90 及 H80 等普通黄铜中 $w(Zn)$ < 20%，属于 α 单相黄铜，有优良的耐蚀性、导热性和冷变形能力，并呈金黄色，故有金色黄铜之称，常用于镀层、艺术装饰品、奖章、散热器等。

H68 及 H70 也属于 α 单相黄铜。它具有优良的冷、热塑性变形能力，适宜用冷冲压（深拉深、弯曲等），用于制造形状复杂而又耐蚀的管、套类零件，如弹壳、波纹管等，故又有弹壳黄铜之称。

H62 及 H59 属于 α + β 双相黄铜。它的强度较高，并有一定的耐蚀性，而且因含铜量少，价格便宜，则广泛用来制作电器上要求导电、耐蚀及适当强度的结构件，如螺栓、螺母、垫圈、弹簧及机器中的轴套。这种材料一般都是热轧成形的棒料或板料，再切削加工成零件。

B　特殊黄铜

在普通黄铜中加入其他合金元素（如铝、锰、锡、镍、铅、铁、硅等）即形成特殊黄铜，可依据加入的第二合金元素来命名，如铝黄铜、铅黄铜、锰黄铜等。加入合金元素可以在不同程度上提高黄铜的强度或其他性能，其中锡、铝、锰、镍可以提高抗蚀性和耐磨性，加硅可以改善铸造性，加铅可以改善切削加工性等。

特殊黄铜的牌号的表示方法为：H + 主加元素（除锌以外）+ 铜质量分数 × 100-主加合金元素的质量分数 × 100。例如 HPb59-1 表示 $w(Cu)$ = 59%、$w(Pb)$ = 1%、余量为锌的铅黄铜。

用于铸造的黄铜称为铸造黄铜，其牌号表示方法为：Z + 铜元素符号 + 主加元素符号及质量分数 × 100 + 其他合金元素及元素的质量分数 × 100。例如，ZCuZn38 表示 $w(Zn)$ = 38%、余量为铜的铸造黄铜。

常用普通黄铜和特殊黄铜的代号（牌号）、化学成分、力学性能和用途如表11-3所示。

表11-3 常用普通黄铜和特殊黄铜的代号（牌号）、化学成分、力学性能及用途

类别	代号（牌号）	化学成分（质量分数）/%		力学性能[①]			主 要 用 途
		Cu	其 他	σ_b/MPa	δ	HBS	
普通黄铜	H90（90黄铜）	88.0~91.0	余量 Zn	$\dfrac{260}{480}$	$\dfrac{0.45}{0.04}$	$\dfrac{53}{130}$	双金属片、供水和排水管、证章、艺术品（又称金色黄铜）
	H68（68黄铜）	67.0~70.0	余量 Zn	$\dfrac{320}{660}$	$\dfrac{0.55}{0.03}$	$\dfrac{—}{150}$	复杂的冷冲压件、散热器外壳、弹壳、导管、波纹管、轴套
	H62（62黄铜）	60.5~63.5	余量 Zn	$\dfrac{330}{600}$	$\dfrac{0.49}{0.03}$	$\dfrac{56}{164}$	销钉、铆钉、螺钉、螺母、垫圈、弹簧、夹线板、散热器等
	ZH62（ZCuZn38）	60.0~63.0	余量 Zn	$\dfrac{300}{300}$	$\dfrac{0.3}{0.3}$	$\dfrac{60}{70}$	散热器、螺钉
特殊黄铜	HSn62-1（62-1锡黄铜）	61.0~63.0	Sn 0.7~1.1 余量 Zn	$\dfrac{400}{700}$	$\dfrac{0.4}{0.04}$	$\dfrac{50}{95}$	与海水和汽油接触的船舶零件（又称海军黄铜）
	HSi80-3（80-3硅黄铜）	79.0~81.0	Si 2.5~4.5 余量 Zn	$\dfrac{300}{350}$	$\dfrac{0.15}{0.2}$	$\dfrac{90}{100}$	船舶零件，在海水、淡水和蒸汽（低于265℃）条件下工作的零件
	HMn58-2（58-2锰黄铜）	57.0~60.0	Mn 1.0~2.0 余量 Zn	$\dfrac{400}{700}$	$\dfrac{0.4}{0.1}$	$\dfrac{85}{175}$	海轮制造业和弱电用零件
	HPb59-1（59-1铅黄铜）	57.0~60.0	Pb 0.8~1.9 余量 Zn	$\dfrac{400}{650}$	$\dfrac{0.45}{0.16}$	$\dfrac{44}{80}$	热冲压及切削加工零件，如销、螺钉、螺母、轴套（又称易削黄铜）
	HAl59-3-2（59-3-2铝黄铜）	57.0~60.0	Al 2.5~3.5 Ni 2.0~3.0 余量 Zn	$\dfrac{380}{650}$	$\dfrac{0.5}{0.15}$	$\dfrac{75}{155}$	船舶、电机及其他在常温下工作的高强度、耐蚀零件
	ZHMn55-3-1（ZCuZn40Mn3Fe1）	53.0~58.0	Mn 3.0~4.0 Fe 0.5~1.5 余量 Zn	$\dfrac{450}{500}$	$\dfrac{0.15}{0.1}$	$\dfrac{100}{110}$	轮廓不复杂的重要零件，海轮上在300℃以下工作的管配件，螺旋桨

①力学性能中数字的分母，对压力加工黄铜为硬化状态（变形程度50%）时的数值，对铸造黄铜为金属型铸造时的数值；分子，对压力加工黄铜为退火状态（600℃）时的数值，对铸造黄铜为砂型铸造时的数值。

11.2.2.2 青铜

青铜原指铜和锡的合金，是人类历史是应用最早的一种合金。现在把黄铜和白铜（铜镍合金）以外的铜合金统称为青铜。青铜可以分为普通青铜和特殊青铜。通常把以锡为主加元素的青铜称为普通青铜（或锡青铜）；把锡青铜以外的其他青铜称为特殊青铜（或无锡青铜）。无锡青铜的名称可以依据加入的元素来命名，如铝青铜、铅青铜、锰青铜等。

青铜的牌号表示方法为：Q + 第一主加元素的化学符号及元素的质量分数 × 100 + 其他合金元素及元素的质量分数 × 100（Q 为"青"字汉语拼音的第一个字母）。例如，QAl7 表示 $w(Al)$ = 7%、余量为铜的压力加工铝青铜。用于铸造的青铜称为铸造青铜，其牌号表示方法同铸造黄铜。例如，ZCuAl10Fe3 表示 $w(Al)$ = 10%、$w(Fe)$ = 3%、余量为铜的铸造铝青铜。

A　普通青铜（锡青铜）

工业用普通青铜的 $w(Sn)$ ＝3%～14%。它具有较高的强度、硬度，良好的耐磨性、抗蚀性及铸造性，此外还具有良好的减摩性、抗磁性和低温韧性等。

a　锡青铜的组织与性能特点

在一般铸造条件下，$w(Sn)$ <7%的锡青铜为 α 单相固溶体。从图 11-7 可知，在一定范围之内，强度随着锡含量的增大而提高，塑性也较好，所以可以进行冷压力加工（冷轧、深冲、冷拉丝等）。这类锡青铜不仅强度高、塑性较好，还具有良好的弹性和耐磨性，通常加工成板、带、线材供应。

当 $w(Sn)$ >7%时，合金中析出硬脆的化合物 δ 相（$Cu_{31}Sn_8$），室温组织为 α＋共析体（α＋δ），如图 11-7 所示，这种合金的强度、硬度很高，但随着锡含量的增大，塑性急剧下降，因而不能进行冷压力加工，只能铸造成形。当 $w(Sn)$ >20%时，强度也急剧下降，合金完全变脆，没有使用价值。因此，要求铸造锡青铜的含锡量 $w(Sn)$ ≤14%。

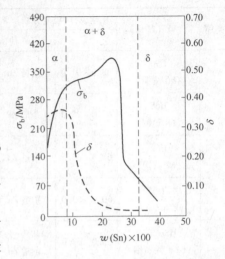

图 11-7　锡含量对青铜力学性能的影响

b　常用普通青铜

普通青铜按生产方法可以分成压力加工锡青铜和铸造锡青铜两类。

压力加工锡青铜中 $w(Sn)$ ≤8%，适宜于冷热加工，用于制造精密仪器中要求抗蚀及耐磨的零件、弹性零件、抗磁性零件以及机器的轴承、轴套等。锡青铜通常加工成板、带、棒、管等型材使用。常用的压力加工锡青铜有 QSn4-3 等。

铸造锡青铜因其锡、磷的含量较压力加工锡青铜高，具有良好的铸造性、耐磨性、减摩性、抗磁性及低温韧性，适合制造滑动轴承、蜗轮、齿轮等零件以及抗腐蚀的蒸汽管、水管附件等。常用的铸造锡青铜的牌号有 ZCuSn10Pb1 和 ZCuSn5Pb5Zn5 等。

B　无锡青铜

无锡青铜的种类很多，下面主要介绍铝青铜和铍青铜。

a　铝青铜

以铝为主加元素的铜合金称为铝青铜，其中 $w(Al)$ ＝5%～10%。铝青铜与锡青铜和黄铜相比，具有更高的强度、抗蚀性和耐磨性，此外还有耐寒性、冲击时不产生火花等特性。铝青铜的结晶温度范围小，具有很好的流动性，易于获得组织致密的铸件，还可以通过热处理进行强化。在铝青铜中加入铁、锰、镍等元素可以进一步提高其力学性能和其他性能。

铝青铜的价格低廉，性能优良，可以作为价格昂贵的锡青铜的替代品，常用于制造强度和耐蚀性、耐磨性要求都较高的齿轮、轴套及船用零件。常用铝青铜的牌号有 QAl7、QAl9-4 等。

b　铍青铜

以铍为主加元素的铜合金称为铍青铜，通常 $w(Be)$ ＝1.6%～2.5%。铍青铜的时效强化效果极大，经淬火后、冷压成形并经时效处理后，可以获得很高的强度、硬度、弹性和耐磨性，而且抗蚀性、导电性、耐寒性也很好，此外还具有抗磁性、受冲击时无火花等特点。在工艺性能方面，它的冷热加工性都很好，同时具有较好的铸造性能。

铍青铜主要用于制造精密仪器、仪表中的各种重要的弹性元件、抗蚀性和耐磨性都较高的零件以及防爆工具、航海罗盘等。但由于铍价格昂贵，生产工艺复杂，所以它的使用受到比较大的限制。

常用青铜的代号（牌号）、化学成分、力学性能和用途如表 11-4 所示。

表 11-4 常用青铜的代号（牌号）、化学成分、力学性能和用途

类别	代号（牌号）	化学成分(质量分数)/%		力学性能[1]			主要用途
		第一主加元素	其他	σ_b/MPa	δ	HBS	
压力加工锡青铜	QSn4-3（4-3 锡青铜）	Sn 3.5~4.5	Zn 2.7~3.3 余量 Cu	$\dfrac{350}{550}$	$\dfrac{0.4}{0.04}$	$\dfrac{60}{160}$	弹性元件、管配件、化工机械中耐磨零件及抗磁零件
	QSn6.5-0.1（6.5-0.1 锡青铜）	Sn 6.0~7.0	P 0.1~0.25 余量 Cu	$\dfrac{350\sim450}{700\sim800}$	$\dfrac{0.6\sim0.7}{0.075\sim0.12}$	$\dfrac{70\sim90}{160\sim200}$	弹簧、接触片、振动片、精密仪器中的耐磨零件
铸造锡青铜	ZQSn10-1（ZCuSn10Pb1）	Sn 9.0~11.0	P 0.6~1.2 余量 Cu	$\dfrac{220}{250}$	$\dfrac{0.03}{0.05}$	$\dfrac{80}{90}$	重要的减摩零件，如轴承、轴套、蜗轮、摩擦轮、机床丝杆螺母
特殊青铜	QAl7（7 铝青铜）	Al 6.0~8.0	—	$\dfrac{470}{980}$	$\dfrac{0.7}{0.03}$	$\dfrac{70}{154}$	重要用途的弹簧和弹性元件
	QAl9-4（9-4 铝青铜）	Al 8.0~10.0	Fe 2.0~4.0 余量 Cu	$\dfrac{550}{900}$	$\dfrac{0.40}{0.05}$	$\dfrac{110}{180}$	齿轮、轴套等
	ZQPb30（ZCuPb30）	Pb 27.0~33.0	余量 Cu	$\dfrac{—}{—}$	$\dfrac{—}{—}$	$\dfrac{—}{245}$	大功率航空发动机，柴油机曲轴及连杆的轴承、减摩件
	QBe2（2 铍青铜）	Be 1.9~2.2	Ni 0.2~0.5 余量 Cu	$\dfrac{500}{850}$	$\dfrac{0.4}{0.03}$	HV $\dfrac{90}{250}$	重要的弹簧与弹性元件、耐磨零件以及在高速、高压和高温下工作的轴承
	QSi3-1（3-1 硅青铜）	Si 2.75~3.5	Mn 1.0~1.5 余量 Cu	$\dfrac{350\sim400}{650\sim750}$	$\dfrac{0.5\sim0.6}{0.01\sim0.05}$	$\dfrac{80}{180}$	弹簧、在腐蚀介质中工作的零件及蜗轮、蜗杆、齿轮、衬套、制动销等

[1] 力学性能数字表示意义同表 11-3。

11.3 其他有色金属及其合金

11.3.1 镁及镁合金

镁是银白色金属，原子序数为 12，密度为 $1738kg/m^3$，熔点为 648.8℃，沸点为 1090℃。纯镁的力学性能较低，导热性和导电性都较差。通常在冶炼球墨铸铁时用作球化剂，在冶炼铜镍合金时用作脱氧剂和脱硫剂，也可以作为化工原料使用。纯镁在燃烧时能够产生高热和强光，因此镁常用于制造焰火、照明弹和信号弹等。

镁合金是实际应用中最轻的金属结构材料，但与铝合金相比，镁合金的研究和发展还很不充分，镁合金的应用也还很有限。目前，镁合金的产量只有铝合金的 1%。镁合金作为结构应用的最大用途是铸件，其中 90% 以上是压铸件。

限制镁合金广泛应用的主要问题是：由于镁元素极为活泼，镁合金在熔炼和加工过程中极容易氧化燃烧，因此，镁合金的生产难度很大；镁合金的生产技术还不成熟和完善，特别是镁合金成形技术有待进一步发展；镁合金的耐蚀性较差；现有工业镁合金的高温强度、蠕变性能较低，限制了镁合金在高温（150~350℃）场合的应用；镁合金的常温力学性能，特别是强度和塑韧性有待进一步提高；镁合金的合金系列相对很少，变形镁合金的研究开发严重滞后，不能适应不同应用场合的要求。

镁合金可分为铸造镁合金和变形镁合金。镁合金按合金组元不同主要有 Mg-Al-Zn-Mn 系、Mg-Al-Mn 系和 Mg-Al-Si-Mn 系、Mg-Al-RE 系等合金。

11.3.1.1　耐热镁合金

耐热性差是阻碍镁合金广泛应用的主要原因之一，当温度升高时，它的强度和抗蠕变性能大幅度下降，使它难以作为关键零件（如发动机零件）材料在汽车等工业中得到更广泛的应用。已开发的耐热镁合金中所采用的合金元素主要有稀土元素（RE）和硅（Si）。稀土是用来提高镁合金耐热性能的重要元素。含稀土的镁合金 QE22 和 WE54 具有与铝合金相当的高温强度。

Mg-Al-Si（AS）系合金在 175℃ 时，AS41 合金的蠕变强度明显高于 AZ91 和 AM60 合金。但是，AS 系镁合金由于在凝固过程中会形成粗大的 Mg_2Si 相，损害了铸造性能和力学性能。研究发现，微量 Ca 的添加能够改善 Mg_2Si 相的形态，细化 Mg_2Si 颗粒，提高 AS 系列镁合金的组织和性能。

11.3.1.2　耐蚀镁合金

镁合金的耐蚀性问题可通过两个方面来解决：

（1）严格限制镁合金中的 Fe、Cu、Ni 等杂质元素的含量。例如，高纯 AZ91HP 镁合金的耐蚀性大约是 AZ91C 的 100 倍，超过了压铸铝合金 A380，比低碳钢还好得多。

（2）对镁合金进行表面处理。根据不同的耐蚀性要求，可选择化学表面处理、阳极氧化处理、有机物涂覆、电镀、化学镀、热喷涂等方法处理。例如，经化学镀的镁合金，其耐蚀性超过了不锈钢。

11.3.1.3　高强高韧镁合金

现有镁合金的常温强度和塑韧性均有待进一步提高。在 Mg-Zn 和 Mg-Y 合金中加入 Ca、Zr 可显著细化晶粒，提高其抗拉强度和屈服强度；加入 Ag 和 Th 能够提高 Mg-RE-Zr 合金的力学性能，如含 Ag 的 QE22A 合金具有高室温拉伸性能和抗蠕变性能，已广泛用作飞机、导弹的优质铸件。通过快速凝固粉末冶金、高挤压比等方法，可使镁合金的晶粒处理得很细，从而获得高强度、高塑性甚至超塑性。

11.3.1.4　变形镁合金

虽然目前铸造镁合金产品用量大于变形镁合金，但经变形的镁合金材料可获得更高的强度，更好的延展性及更多样化的力学性能，可以满足不同场合结构件的使用要求。如通过挤压 + 热处理后的 ZK60 高强变形镁合金，其强度及断裂韧性可相当于时效状态的 Al7075 或 Al7475 合金，而采用快速凝固（RS）+ 粉末冶金（PM）+ 热挤压工艺开发的 Mg-Al-Zn 系 EA55RS 变形镁合金，其性能大大超过常规镁合金，具有较高的比强度、塑性和抗腐蚀性。

11.3.2　钛及钛合金

钛是一种银白色的金属，原子序数为 22，密度为 $4500kg/m^3$，熔点为 1668℃，沸点为

3287℃。钛属于高强度金属，韧性比钢好，且具有耐高温和耐低温的性能，在 –253℃ 到 550℃ 之间均能保持良好的强度。钛具有同素异构转变，转变温度为 882℃。

钛合金因具有比强度高、耐蚀性好、耐热性高等特点而被广泛用于各个领域。常用的钛合金是 Ti-6Al-4V 合金，由于它的耐热性、强度、塑性、韧性、成形性、可焊性、耐蚀性和生物相容性均较好，而成为钛合金中的主要品种，该合金使用量已占全部钛合金的 75% ~85%。其他许多钛合金都可以看做是 Ti-6Al-4V 合金的改型。20 世纪 50 ~60 年代，主要是发展航空发动机用的高温钛合金和机体用的结构钛合金，70 年代开发出耐蚀钛合金，80 年代以来，耐蚀钛合金和高强钛合金得到进一步发展。耐热钛合金的使用温度已从 50 年代的 400℃ 提高到 90 年代的 600 ~650℃。目前，世界上已研制出的钛合金有数百种，最著名的合金有 20 ~30 种，如 Ti-6Al-4V、Ti-5Al-2.5Sn 等。

11.3.2.1 高温钛合金

典型的高温钛合金是 Ti-6Al-4V，使用温度为 300 ~350℃。随后相继研制出使用温度达 400℃ 的 IMI550、BT3-1 等合金，以及使用温度为 450 ~500℃ 的 IMI679、IMI685、Ti-6246、Ti-6242 等合金。目前已成功地应用在军用和民用飞机发动机中。

11.3.2.2 钛铝化合物为基的钛合金

与一般钛合金相比，钛铝化合物为基体 Ti_3Al 和 TiAl 金属化合物，其最大优点是高温性能好（最高使用温度分别为 816℃ 和 982℃）、抗氧化能力强、抗蠕变性能好和重量轻（密度仅为镍基高温合金的 1/2），这些优点使其成为未来航空发动机及飞机结构件最具竞争力的材料。

11.3.2.3 高强高韧 β 型钛合金

典型的 β 型钛合金为 B120VCA 合金（Ti-13V-11Cr-3Al）。β 型钛合金具有良好的冷热加工性能，易锻造，可轧制、焊接，可通过固溶 + 时效处理获得较高的力学性能、良好的环境抗力及强度与断裂韧性的良好配合。

11.3.2.4 医用钛合金

钛无毒、质轻、强度高且具有优良的生物相容性，是非常理想的医用金属材料，可用做植入人体的植入物等。目前，在医学领域中广泛使用的仍是 Ti-6Al-4V ELI 合金。但后者会析出极微量的钒和铝离子，降低了细胞适应性且有可能对人体造成危害。

11.3.3 钨及钨合金

钨为银白色或白色体心立方结构的金属，原子序数为 74，相对原子质量为 183.85，熔点为 3410℃，沸点为 5660℃，密度为 19350kg/m³。钨在地壳中的含量为百万分之一点五，居第 54 位。自然界中的钨主要以钨酸盐的形式存在。钨的力学性能优良，具有高强度和较大的弹性模量，并具有比较好的高温性能和高硬度。

钨广泛用于制备钨钢，能提高钨钢的耐高温强度，增加钢的硬度和抗腐蚀能力。它广泛应用于金属切削刀具，还有军事工业中枪、炮、坦克等武器装备的耐热、耐压部件。此外钨的碳化物具有极高的硬度、耐磨性和红硬性，在硬质合金的制造中具有极为重要的作用。

钨及钨合金具有高密度、高强度、低线膨胀系数、抗腐蚀性和良好的机械加工等综合性能，已在航空航天、军事装备、电子、化工等许多领域中得到了广泛应用。其主要的应用范围包括：

（1）用于切削、焊接和喷涂方面的碳化物，如碳化钨。

（2）用于电子工业中大量的灯丝和电子管的阴极，高温电阻炉的加热元件，如目前研究较多的耐振钨丝、复合稀土钨电极等。

（3）用于高温领域，以至军事上制作的穿甲弹、药型罩等。

另外钨铜基粉末冶金复合材料是由高熔点、高硬度的钨和高导电、热导率的铜所构成的假合金。因其具有良好的耐电弧侵蚀性、抗熔焊性和高强度、高硬度等优点，目前被广泛地用作电触头材料，电阻焊、电火花加工和等离子电极材料，电热合金和高密度合金，特殊用途的军工材料（如火箭喷嘴、飞机喉衬），以及计算机中央处理系统、大规模集成电路的引线框架等。

11.3.4　镍、铅、锡、金、银

11.3.4.1　镍

镍的原子序数为28，相对原子质量为58.69。元素名来源于德文，原意是"假铜"。1751年由瑞典化学和矿物学家克龙斯泰德发现并分离出来。镍是一种相当丰富的元素，在地壳中约占0.018%，处第23位。

镍为银白色的金属，熔点为1455℃，沸点为2730℃，密度为8900kg/m³。镍比铁硬度高、韧性好，有铁磁性和延展性，能导电和导热。

镍的化学性质和铁、钴相似，在常温下与水和空气不起作用，能抗碱性腐蚀；镍能缓慢地溶于稀盐酸、硫酸和硝酸中，放出氢气；细粉末状的金属镍在加热时可吸收相当量的氢气；加热时与氧、硫、氯、溴等发生剧烈反应。

工业上大部分镍用于制造不锈钢和其他抗腐蚀合金；镍还用于镀镍、陶瓷制品、电池、聚丙烯着色；在化学中主要作加氢催化剂。

11.3.4.2　铅

铅的原子序数为82，相对原子质量为207.2。铅是人类最早使用的金属之一，公元前3000年，人类已会从矿石中熔炼铅。铅在地壳中的含量为0.0016%。铅在自然界中常以化合物的状态出现，铅的矿物主要是方铅矿。

铅为带蓝色的银白色重金属，熔点为327.502℃，沸点为1740℃，密度为11343.7kg/m³，硬度小，质地柔软，抗张强度小。铅的密度很大，高能辐射几乎不能通过较厚的铅板，故铅板可用来防护X射线、γ射线等辐射。

金属铅在空气中受到氧、水和二氧化碳作用，其表面会很快氧化生成保护薄膜；在加热下，铅能很快与氧、硫、卤素化合；铅与冷盐酸、冷硫酸几乎不起作用，能与热或浓盐酸、硫酸反应；铅与稀硝酸反应，但与浓硝酸不反应；铅能缓慢溶于强碱性溶液。

铅主要用于制造铅蓄电池。铅、锡和锑合金可铸铅字，锡和铅的合金可做焊锡。在化学、原子能、建筑、桥梁和船舶工业中，铅常用来制造防酸蚀的管道和各种构件。铅及其化合物对人体有较大毒性，并可在人体内积累，对人体具有比较大的危害。

11.3.4.3　锡

锡的原子序数为50，相对原子质量为118.71。在约公元前2000年，人类就已开始使用锡。锡在地壳中的含量为0.004%，几乎都以锡石（氧化锡）的形式存在，此外还有极少量的锡的硫化物矿。

金属锡柔软，易弯曲，熔点为231.89℃，沸点为2260℃，有三种同素异形体：四方晶系的白锡、金刚石形立方晶系的灰锡和正交晶系的脆锡。

在空气中锡的表面由于生成二氧化锡保护膜而稳定，但加热时氧化反应加快；锡与卤素加热下反应生成四卤化锡，也能与硫反应；锡对水稳定，能缓慢溶于稀酸，较快溶于浓酸中；锡能溶于强碱性溶液；在氯化铁、氯化锌等盐类的酸性溶液中会被腐蚀。

金属锡主要用于制造合金。含锡合金包括以锡为主的锡合金，以及锡为主要添加元素的合金。主要包括铜-锡合金、巴氏合金、铝-锡合金、易熔合金和超导铌-锡合金，主要用于汽车、

机车、拖拉机轴瓦和重型机器轴瓦，其中锡基巴氏合金应用最广泛。

11.3.4.4　金

金的原子序数为79，相对原子质量为196.96654。公元前3000年埃及即已采集黄金，用作饰物。金的分布很广，主要以游离金和碲化物矿形式存在。

金为深黄色有光泽的贵金属，熔点1064.43℃，沸点3080℃，密度18880kg/m³。晶体结构为面心立方。金是热和电的良导体，延展性特别好，很容易被打成厚仅0.00001mm的半透明金箔。金能与大多数金属形成合金。

金是极不活泼的金属之一，在任何温度下都不会被空气或氧氧化，也不会被硫侵蚀；金与强碱和所有纯酸都不起作用，仅溶于王水；金与干燥氯气不起作用，但与氯水反应。

金主要做黄金储备、装饰品和货币，约占生产总量的75%；此外在二极管和晶体管中可作引线的触点和抑制器；用作能量反射器。

11.3.4.5　银

银的原子序数为47，相对原子质量为107.8682。银在古代已被发现，公元前4000年左右，埃及人已使用银。在地壳中的含量为百万分之五，居第63位。在自然界主要以自然银和银化合物矿的形式存在。

银为白色有光泽的贵金属，质地较软，熔点为961.93℃，沸点为2212℃，密度为10500kg/m³；晶体结构为面心立方。银是导电性和导热性最高的金属，延展性仅次于金。银的反光能力特别强，经抛光后能反射95%的可见光。银能与铜、金、锌、铅等金属形成合金。

银是不活泼金属，一般不与氧作用，约240℃时能与臭氧直接反应；常温下能与卤素逐渐化合；银不与除硝酸外的稀酸或强碱反应，但能与浓硫酸反应；硝酸银是重要的可溶性银盐，其他银盐一般不溶于水。

银的最大用途是与其他金属制成合金，用于货币、饰物、电池等方面；银的化合物用途很广，硝酸银可用于镀银，也可作催化剂，卤化银可用于照相，碘化银可用于降雨等。

11.4　轴承合金

轴承是支承轴进行工作的机械零件。根据其工作特点可以分为滚动轴承和滑动轴承两大类。与滚动轴承相比，滑动轴承具有承载面积大，工作平衡无噪声以及检修方便等优点，所以在机械中应用十分广泛。

滑动轴承是直接与轴配合使用的。在工作过程中，轴在滑动轴承中转动，由于轴与轴承之间的高速相对运动，轴与轴瓦之间必然产生强烈的摩擦，所以轴与轴承之间的磨损较大。因轴是机器上最重要的零件，价格较贵，更换困难，所以在磨损不可避免的情况下应从轴瓦材料上确保轴受到最小的磨损，必要时可以更换轴瓦而继续保证轴的使用。

在滑动轴承中，制造轴瓦及其内衬的合金称为轴承合金。

11.4.1　轴承合金的性能要求

为了确保轴承对轴的磨损最小，并适应轴承的其他工件条件，轴瓦材料必须具有以下一些主要特性。

（1）在工作温度下具有足够的强度和硬度，以便承受轴颈所施加的较大的单位压力，并要耐磨；

（2）有足够的塑性和韧性，以保证与轴的配合良好并能抵抗冲击和振动；

（3）与轴之间的摩擦系数小，并能够储存润滑油；

（4）具有良好的磨合能力，使负荷能够均匀分布；

（5）具有良好的抗蚀性和导热性，较小的膨胀系数；

（6）易于制造且价格低廉。

11.4.2　轴承合金的组织特征

为使构成轴瓦材料的轴承合金能够满足以上要求，除了要求保证材料的力学性能和物理化学性能之外，还对轴瓦材料的组织提出了要求。目前轴承合金的组织主要包括软基体硬质点组织和硬基体软质点组织两种。

11.4.2.1　软基体硬质点组织

软基体硬质点组织是在软的基体上分布着硬的质点，如图 11-8 所示，当轴进入工作状态后，软的基体很快被磨凸，比较抗磨的硬质点（一般为化合物，其体积约占总体积的 15% ～ 30%）突出于表面以承受轴载荷，凹下去的地方可以储存润滑油，有利于形成连续的油膜，保证有极低的摩擦系数，同时软的基体还能起到嵌藏外来硬质点的作用，以保证轴颈不被损伤。此外，软基体还有很好的磨合性与抗冲击性以及抗振动性，但此类组织承载能力较差，难以承受较大的载荷。属于这类组织的轴承合金有锡基轴承合金和铅基轴承合金等。

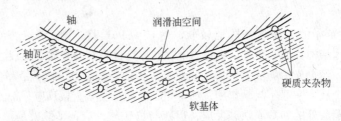

图 11-8　软基体硬质点轴瓦与轴的分界面

11.4.2.2　硬基体软质点组织

硬基体软质点组织同样可以达到上述作用，而且较软基体硬质点组织具有更大的承载能力，但磨合性能较差，通常用来制造重载、高转速的重要轴承。属于这类组织的轴承合金有铜基轴承合金和铝基轴承合金。

11.4.3　常用轴承合金

常用轴承合金按主要化学成分可以分为锡基、铅基、铜基和铝基轴承合金。锡基轴承合金和铅基轴承合金使用温度较低，称为低熔点合金，也称为巴氏合金。

轴承合金的牌号为 Z（"铸"的汉语拼音字首）+ 基体元素与主加元素的符号 + 主加元素质量分数 × 100 + 辅加元素符号 + 辅加元素质量分数 × 100。如 ZPbSb15Sn5 为铸造铅基轴承合金，表示主加元素锑 $w(Sb) = 15\%$，辅加元素锡 $w(Sn) = 5\%$，余量为铅。

11.4.3.1　锡基轴承合金（锡基巴氏合金）

锡基轴承合金是以锡为基体元素，加入锑、铜等元素组成的软基体硬质点合金。ZSnSb11Cu6 显微组织如图 11-9 所示，组织中暗色的软基体为锑溶入锡中的 α 固溶体，硬度为 30HBS；硬质点以化合物 SnSb 为基的

图 11-9　ZSnSb11Cu6 显微组织

β 固溶体（图中白色方块）和化合物 Cu_6Sn_5（图中针形和星形结构）。该合金的线膨胀系数和摩擦系数小，具有良好的韧性、减摩性和导热性。常用作重要的轴承，如发动机、汽轮机等巨型机器的高速轴承。其主要缺点是疲劳强度较低，价格较高，工作温度不宜高于150℃。

11.4.3.2 铅基轴承合金（铅基巴氏合金）

铅基轴承合金是以铅、锑为基体元素，加入锡、铜等元素而组成的合金，也是一种软基体硬质点的轴承合金。这种合金组织的软基体是由锑溶于铅中的 α 固溶体和铅溶入 SnSb 化合物的 β 固溶体组成的共晶组织；硬质点是初生 β 相和 Cu_2Sb 化合物。该合金的强度、硬度、韧性、导热性及抗蚀性均低于锡基合金，且摩擦系数较大，但价格较便宜。因此常用来制造承受中、低载荷的中速轴承，如汽车、拖拉机的曲轴、连杆轴承及电动机轴承等。

为提高锡基、铅基轴承合金的疲劳强度、承压能力和使用寿命，生产时需对其进行挂衬，形成双金属轴承。所谓挂衬，即是采用离心浇注法将其镶铸在钢质轴瓦上，形成一层薄而均匀的内衬。常用锡基与铅基轴承的牌号、成分及用途如表11-5所示。

表 11-5　常用锡基与铅基轴承的牌号、成分及用途

类别	牌 号	w(Me)/%					硬度 HBS（不小于）	用途举例
		Sb	Cu	Pb	Sn	杂质		
锡基轴承合金	ZSnSb12Pb10Cu4	11.0~13.0	2.5~5.0	9.0~11.0	余量	0.55	29	一般发动机的主轴承，但不适于高温工作
	ZSnSb11Cu4	10.0~12.0	5.5~6.5	—	余量	0.55	27	1500kW以上蒸汽机、370kW涡轮压缩机，涡轮泵及高速内燃机轴承
	ZSnSb8-4	7.0~8.0	3.0~4.0	—	余量	0.55	24	一般大机器轴承及高载荷汽车发动机的双金属轴承
	ZSnSb4-4	4.0~5.0	4.0~5.0	—	余量	0.50	20	涡轮内燃机的高速轴承及轴承衬
铅基轴承合金	ZPbSb16-16-2	15.0~17.0	1.5~2.0	余量	15.0~17.0	0.6	30	110~880kW蒸汽涡轮机，150~750kW电动机和小于1500kW起重机及重载荷推力轴承
	ZPbSb15Sn5Cu3	14.0~16.0	2.5~3.0	Cd1.75~2.25 As0.6~1.0 Pb余量	5.0~6.0	0.4	32	船舶机械、小于250kW电动机、抽水机轴承
	ZPbSb15Sn10	14.0~16.0	—	余量	9.0~11.0	0.5	24	中等压力的机械，也适用于高温轴承
	ZPbSb15Sn5	14.0~15.5	0.5~1.0	余量	4.0~5.5	0.75	20	低速、轻压力机械轴承
	ZPbSb10Sn6	9.0~11.0		余量	5.0~7.0	0.75	18	重载荷、耐蚀、耐磨轴承

11.4.3.3　铜基轴承合金

铜基轴承合金是指以铅为主要元素的铜合金。主要有锡青铜、铅青铜、铝青铜、铍青铜、铝铁青铜等，属于硬基体软质点轴承合金。

A　锡青铜

常用的锡青铜包括锡磷青铜和锡锌铅青铜。其中锡锌铅青铜（ZCuSn10Pb1）属于软基体硬质点轴承合金，其组织中存在较多的分散缩孔，有利于储存润滑油。这种合金能承受较大的载荷，广泛用于中等速度及受较大的固定载荷的轴承，如电动机、泵、金属切削机床轴承；锡青铜还可以直接制成轴瓦，但与其配合的轴颈应具有较高的硬度（HBS300～400）。

B　铅青铜

常用的铅青铜是ZCuPb30。属于硬基体软质点轴承合金，与巴氏合金相比，它具有较高的疲劳强度和承载能力，优良的耐磨性、导电性和低的摩擦系数，并可在较高温度下（250℃）正常工作。因此适合制造高负荷、高速度下工作的重要轴承，如航空发动机、高速柴油机及其他高速机器的主轴承。

11.4.3.4　铝基轴承合金

铝基轴承合金是以铝为基体元素，锡或锑为主加元素所形成的合金，也是一种硬基体软质点轴承合金。该合金密度小、导热性好，具有高的疲劳强度、抗蚀性和化学稳定性等，并且原料丰富，价格低廉。其缺点是线膨胀系数较大，抗咬合性不如巴氏合金。我国已逐步用它来代替巴氏合金与铜基轴承合金，目前使用的铝基轴承合金有 ZAlSn6Cu1Ni1 和 ZAlSn20Cu 两种。铝基轴承合金适合高速、重载发动机轴承。目前已在汽车、拖拉机、内燃机车上广泛使用。

除上述轴承合金外，珠光体灰口铸铁也常作为滑动轴承材料。它也是一种硬基体软质点轴承合金。硬基体由珠光体构成，主要用来保证轴承强度；软质点由石墨构成，具有润滑和吸振的作用。铸铁轴承可承受较大的压力，价格低廉，但摩擦系数较大，导热性低，则只适宜于低速的不重要轴承。各种轴承合金的性能如表11-6所示。

表11-6　各种轴承合金的性能比较

种　类	抗咬合性	磨合性	耐蚀性	耐疲劳性	合金硬度 HBS	轴颈处硬度 HBS	最大允许压力 /MPa	最高允许温度 /℃
锡基巴氏合金	优	优	优	劣	20～30	150	600～1000	150
铅基巴氏合金	优	优	中	劣	15～30	150	600～800	150
锡青铜	中	劣	优	优	50～100	300～400	700～2000	200
铅青铜	中	差	差	良	40～80	300	2000～3200	220～250
铝基合金	劣	中	优	良	45～50	300	2000～2800	100～150
铸　铁	差	劣	优	优	160～180	200～250	300～600	150

11.5　硬质合金

硬质合金是把一些高硬度、高熔点的粉末（WC、TiC等）和胶结物质（Co、Ni等）混合，加压制坯，再经烧结而成的一种粉末冶金工具材料，是粉末冶金法在制造工具方面的重要应用。

11.5.1　硬质合金的性能特点

由于高熔点、高硬度的金属碳化物WC、TiC及TiN作为基体，以软又韧的Co、Ni等金属起粘结作用，使硬质合金具有很高的硬度（HRC76），很高的热硬性，切削温度可达1000℃，高的耐磨性以及一定的强度。其耐磨性比高速钢高 10 ~ 20 倍；它在 800 ~ 900℃时的硬度和高速钢在 500 ~ 600℃时的硬度相当。使用这种合金制作刀具，可以提高金属的切削速度，用硬质合金制作的刀具，其切削速度与高速钢相比可提高 4 ~ 5 倍，从而提高机床的生产效率。硬质合金的主要缺点是韧性低、价格高，所以在用硬质合金做刀具或模具时，常常将硬质合金镶嵌在其他价廉材料上使用。同时由于硬质合金的硬度很高，对其进行切削加工非常困难。因此形状复杂的刀具，如拉刀、滚刀就不能用硬质合金来制作。

11.5.2 硬质合金的分类和应用

11.5.2.1 硬质合金的分类

硬质合金按其成分和性能特点分为钨钴合金（YG）、钨钛钴合金（YT）、钨钛钽（铌）钴合金（YW）和碳化钛铌钼合金（YN）四类。它们的牌号用汉语拼音字母"Y"和决定合金特性的主要元素（或化合物）及其成分数字（或顺序号）表示。

A 钨钴类硬质合金

钨钴类硬质合金牌号有 YG3、YG6、YG8 等。YG 表示钨钛类硬质合金，"G"是 Co 的代号，后边的数字表示 Co 的质量分数，如 YG8 表示 Co 的质量分数为 8%、WC 的质量分数为 92% 的钨钴类硬质合金。

B 钨钴钛类硬质合金

钨钴钛类硬质合金牌号有 YT5、YT15、YT30 等。YT 表示钨钴钛类硬质合金，"T"是钛的代号，后边的数字表示 TiC 的质量分数。如 YT15 表示 TiC 的质量分数为 15%，其余为 WC 和 Co 的钨钴钛类硬质合金。

C 钨钛钽（铌）钴类硬质合金

钨钛钽（铌）钴类硬质合金牌号有 YW1，其中"W"是"万"的代号，YW 表示钨钴钛钽（铌）硬质合金（也叫通用合金或万能合金），后面的数字是顺序号，不代表化学成分。

硬质合金的化学成分及碳化物颗粒大小对性能有很大影响。一般来说，碳化物含量越多，合金的硬度越高，强度越低；钴含量越多，合金的硬度越低，但强度则越高。制造硬质合金的碳化物颗粒越细，合金的硬度越高，但强度略有下降，反之，颗粒越粗，强度和韧性有所提高，但硬度和耐磨性略有下降。为了区分粉末粒度，有些牌号后边还加有"X"或"C"来表示合金中粉末粒度的粗细，如 TG6X 表示含钴量 6% 的细颗粒硬质合金，YG6C 表示含钴量 6% 的粗颗粒硬质合金。常用的硬质合金见表 11-7。

表 11-7　几种硬质合金的牌号、成分和性能

| 牌 号 | w/% | | | | 力学性能 | | 密度 /g·cm⁻³ |
	WC	TiC	TaC	Ca	硬度/HRA（大于）	抗弯强度/MPa（大于）	
YG3	97	—	—	3	91	1080	14.9 ~ 15.3
YG6	94	—	—	6	89.5	1370	14.6 ~ 15.0
YG8	92	—	—	8	89	1470	14.4 ~ 14.8
YT30	66	30	—	4	92.5	880	9.4 ~ 9.8
YT15	79	15	—	6	91	1130	11.0 ~ 11.7
YT14	78	14	—	8	90.5	1180	11.2 ~ 11.7
YW1	84	6	4	6	92	1230	12.6 ~ 13.0
YW2	82	6	4	8	91	1470	12.4 ~ 12.9

11.5.2.2　硬质合金的应用

硬质合金的应用范围有以下五个方面：

（1）制作刀具，如车刀、铣刀、钻头、铰刀、镗刀等。其中，YG 类合金适用于加工铸铁、有色金属及某些非金属材料，YT 类合金适用于加工钢材，YW 类适用于对铸铁及钢件的加工。

（2）制作模具，如拉伸模、冲压模、成形模等，小的拉伸模一般都用 YG6X 和 YG8，大的拉伸模则用 YG8 和 YG15。

（3）制作凿岩工具，一般用 YGSC 和 YG15。

（4）制作量具，如千分尺、块规、塞块等各种专用量具，一般用 YG 类的硬质合金。

（5）制作耐磨零件，在容易磨损的工作面上镶以硬质合金，如精轧辊、顶尖、精密磨床的精密轴承等，常用的是 YG 类硬质合金。

练习题与思考题

11-1　解释下列名词：

　　　自然时效、人工时效、过时效、回归处理、巴氏合金。

11-2　说明有色金属的基本分类。

11-3　说明工业纯铁的基本特征。

11-4　说明防锈铝合金中锰元素、镁元素的主要作用。

11-5　说明工业纯铜的主要性能。

11-6　说明锌的含量对普通黄铜力学性能的影响。

11-7　说明锡的含量对青铜力学性能的影响。

11-8　说明限制镁合金广泛应用的因素。

11-9　说明钨及钨合金的主要用途。

11-10　比较各种轴承合金的力学性能。

11-11　说明化学成分及碳化物颗粒大小对硬质合金性能的影响。

12 非金属材料

12.1 高分子材料

12.1.1 高分子材料概述

高分子材料是以相对分子质量特别大的高分子化合物为主要组分的材料。它由大量的低分子化合物聚合而成，故又称为高分子化合物或高聚物。

高分子化合物可分为天然和人工合成两大类。天然高分子材料有淀粉、羊毛、纤维素、天然橡胶、木材、蛋白质等；人工合成高分子材料有塑料、合成纤维、合成橡胶等。高分子材料以其优良的特性，发展迅猛，已经广泛地用于生活、生产等各个领域。

12.1.1.1 高分子材料的合成

高分子化合物的合成是指把低分子化合物聚合起来形成高分子化合物的过程。该反应称为聚合反应。能聚合成大分子链的低分子化合物称为单体。大分子链中的重复结构单元称为链节，链节的重复次数称为聚合度。显然，聚合度越大，高分子材料的相对分子质量也就越大。合成高分子化合物的方法主要有两类，即加聚反应和缩聚反应。

A 加聚反应

加聚反应是指由一种或多种单体相互加成而生成聚合物的反应，其产物称为加聚物。在加聚反应过程中，没有低分子产物析出，而且生成的聚合物和原料具有相同的化学组成，其相对分子量质量为低分子化合物相对分子质量的整数倍。加聚反应是目前高分子合成工业的基础，有80%的高分子材料是由加聚反应得到的，如聚氯乙烯是由氯乙烯单体聚合而成的，氯乙烯单体在化学引发剂的作用下，双键打开，逐个连接起来，形成一条大分子链，成为聚氯乙烯高分子化合物。

由一种单体进行的加聚反应称为均聚反应，简称均聚。所得产物叫均聚物（如聚氯乙烯）。由两种或两种以上单体进行的加聚反应，称为共聚反应，所得的产物称为共聚物（如ABS塑料）。

均聚物应用广，产量也很大，但受结构限制，性能的开发受到影响。共聚物则通过单体的改变，可以改进聚合物的性能，并保持各单体的优越性能，创造出新品种。正因为共聚物能把两种或多种自聚的特性综合到一种聚合物中来，所以共聚物有非金属的"合金"之称。

B 缩聚反应

由两种或两种以上具有可反应的官能团的低分子化合物，通过官能团之间相互缩聚作用，获得高分子化合物，同时析出某些低分子产物（如水、氨、醇、卤化氢等）的反应称为缩聚反应，所生成的聚合物称缩聚物。缩聚反应与加聚反应不同：加聚反应是连锁反应，有链增长过程，一次形成最后产物，不能得到中间产物；而缩聚反应则是由若干聚合反应构成，是逐步进行的，可以停留在某阶段上，获得中间产物。如酚醛树脂、环氧树脂、有机硅树脂等。还有，缩聚产物的化学结构和单体的化学结构也不完全相同，而加聚反应则是相同的。

缩聚反应是制取聚合物的主要方法之一。在近代技术发展中，对性能要求严格和特殊的新型耐热高聚物，如聚酰亚胺、聚苯并咪唑、聚苯并恶唑等，都是由缩聚合成的。

12.1.1.2　高分子材料的分类

高分子材料品种繁多，性质各异，尚无统一的分类方法。若从材料的内在结构和性能特点，可将高分子材料按以下方法分类。

A　按聚合反应的类型分类

聚合物的形成方式有加聚反应和缩聚反应两种。据此可将高分子材料分为加聚聚合物和缩聚聚合物两类。前者如聚烯烃等，后者如酚醛、环氧等。

B　按高分子的几何结构分类

按高分子的几何结构高分子材料主要分为线型聚合物和体型聚合物两类。线型聚合物的高分子为线型或支链型结构，它可以是加聚反应产生的，也可以是缩聚反应产生的；体型聚合物的高分子为网状或体型结构，通常这种结构是由缩聚反应产生的，有少数材料可以由加聚反应产生。

C　按聚合物的热行为分类

按聚合物的热行为可分为热塑性聚合物和热固性聚合物两类。热塑性聚合物具有线型（或支链）分子结构，如热塑性塑料，受热时软化，可塑制成一定形状，冷却后变硬，再加热时仍可软化或再成形；热固性聚合物具有体型（或网状）分子结构，如热固性塑料，在初受热时也变软，这时可塑制成一定形状，但加热到一定时间或加固化剂后，就硬化定型，重复加热时不再软化。

12.1.2　高分子材料的性能特点

12.1.2.1　高分子材料的力学性能特点

高分子材料的力学性能与金属材料相比，具有以下特点：

（1）低强度和较高的比强度。高分子材料的抗拉强度平均为 100MPa 左右，比金属材料低得多，即使是玻璃纤维增强的尼龙，抗拉强度也只有 200MPa，相当于灰铸铁的强度。但高分子材料的密度小，只有钢的 1/4 ~ 1/6，所以其比强度并不比某些金属低。

（2）高弹性和低弹性模量。高弹性和低弹性模量是高分子材料所特有的性能。橡胶是典型的高弹性材料，其弹性变形率为 100% ~ 1000%，弹性模量仅为 1MPa 左右，为了防止橡胶产生弹性变形，采用硫化处理方法使分子链交联成网状结构。随着硫化程度增加，橡胶的弹性降低，弹性模量增大。

轻度交联的高聚物在 T_g 以上温度（即玻璃态温度）具有典型的高弹性，即弹性变形大，弹性模量小，而且弹性随温度升高而增大。高聚物的变形随温度的变化关系如图 12-1 所示。

（3）黏弹性。高聚物在外力作用下，同时发生高弹性变形和黏性流动，其变形与时间有关，此现象称黏弹性。高聚物的黏弹性表现为蠕变、应力松弛和内耗三种现象。

蠕变是在恒定载荷下，应变随时间延长而增加的现象。它反映材料在一定载荷作用下的形状

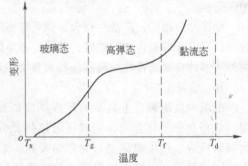

图 12-1　线性非晶态高聚物的
变形-温度曲线示意图

稳定性。

应力松弛与蠕变的本质相同，它是在应变恒定的条件下，舒展的分子链通过热运动发生构象改变，而回缩到稳定态，从而使应力随时间延长而逐渐衰减的现象。

内耗是在交变应力作用下，处于高弹态的高分子，当其变形速度跟不上应力变化速度时，会出现应变滞后的现象。这样就使有些能量消耗于材料中分子内摩擦并转化为热能放出，这种由于力学滞后使机械能转化为热能的现象称为内耗。

（4）高耐磨性。高聚物的耐磨性一般比金属高，摩擦系数较低，尤其塑料更为突出。有些塑料还具有自润滑性，可在干摩擦条件下工作。所以，广泛使用塑料制成轴承、轴套、凸轮等摩擦磨损零件。

12.1.2.2 高分子材料的理化性能特点

A 绝缘性好

高分子化合物以共价键结合，没有自由电子，不能电离，故其导电能力低，介电常数小，即绝缘性好。因此，高分子材料是电力电子工业中的重要绝缘材料。

B 耐热性低

高聚物在受热过程中，容易发生链段运动和整个分子链移动，导致材料软化或熔化，使性能变坏，因而耐热性差。

C 导热性低

高分子化合物内部没有自由电子，而且分子链互相缠绕在一起，受热后不易运动，故导热性差。约为金属的 $1/100 \sim 1/1000$。

D 热膨胀性高

高分子材料的线膨胀系数较大，为金属的 $3 \sim 10$ 倍。这是由于材料受热时，分子链间缠绕程度降低，分子间结合力减小，分子链柔性增大，导致材料的体积增加。

E 化学稳定性好

高分子材料对酸、碱等腐蚀性介质具有良好的抗腐蚀能力。如聚四氟乙烯在浓酸、碱中化学稳定性非常好，甚至在"王水"中也不受腐蚀。

12.1.3 常用高分子材料

12.1.3.1 塑料

塑料是指以树脂为主要成分，并加入某些添加剂，在一定温度和压力下制成的材料或制品。按塑料的使用范围可分为通用塑料、工程塑料和特种塑料。

A 通用塑料

通用塑料主要包括：聚乙烯、聚氯乙烯、聚苯乙烯、聚丙烯、酚醛塑料和氨基塑料等六大品种。这一类塑料的特点是产量大、用途广、价格低、大多用于日常生活用品。

a 聚乙烯（PE）

聚乙烯的生产原料是石油或天然气，在塑料工业中，产量也最大。聚乙烯的相对密度较低，耐低温，绝缘性能好，耐腐蚀性好。高压聚乙烯的质地柔软，适合制造薄膜、软管；低压聚乙烯质地坚硬，适合制造塑料管、板及承载不高的零件。聚乙烯的缺点是刚度、强度、表面硬度较低，蠕变大，线膨胀系数大，耐热性低，容易老化。

b 聚氯乙烯（PVC）

聚氯乙烯是最早的塑料产品之一，产量仅次于聚乙烯。聚氯乙烯具有较高的抗拉强度，良好的抗蚀性和阻燃性；但它的耐热性差，冲击韧性低，还有一定的毒性。广泛地用于制作管材、板材和棒状制品，也可用于工业包装和农业薄膜，但不能用来包装食品。

c　聚苯乙烯（PS）

聚苯乙烯也是较早的塑料品种，产量仅次于前两种。它具有良好的加工性能，其薄膜具有优良的电绝缘性，常用于制造电器零件；作为发泡材料相对密度小，具有良好的隔音、隔热、防震性能，广泛用于仪器的包装和隔音、保温材料。聚苯乙烯加入各种颜料，可制成色彩鲜艳的各种玩具和日用器皿。

d　聚丙烯（PP）

聚丙烯工业生产较晚，因其价格便宜，用途广泛，产量迅速增长。其优点是，相对密度小，是塑料中最轻的；强度、刚度、表面硬度比 PE 塑料大；而且无毒、耐热性也好，是常用塑料中唯一能在水中煮沸，经受消毒温度（130℃）的品种。缺点是粘合性、染色性、印刷性均差，低温易脆化，易受热、光作用而变质，且易燃，收缩性大。聚丙烯主要用于制造各种机械零件，如法兰盘、齿轮、接头、把手、各种化工管道、容器等，还被广泛用于制造各种家用电器的外壳和药品、食品的包装材料等。

B　工程塑料

工程塑料是指能作为结构材料在机械设备和工程结构中使用的塑料。由于它具有力学性能好，耐热、耐蚀等性能，是现代工业部门不可缺少的一种工程材料。这类塑料主要有：聚酰胺、聚甲醛、有机玻璃、聚碳酸酯、ABS 塑料、聚苯醚、聚砜、氟塑料等。

a　聚酰胺（PA）

聚酰胺又叫尼龙或锦纶。它由氨基酸脱水制成内酰胺再聚合而得，或由二元胺与二元酸缩聚而成。是最先发现能承受载荷的热塑性塑料，在机械工业中应用比较广泛。它的优点是强度较高，耐磨和自润滑性优异，摩擦系数小，耐油，耐蚀，消音，减震。主要缺点是热导率低，热膨胀大，吸水性较大，蠕变大，受热吸湿后强度较差。主要用于制造小型机械零件，以及减震耐磨的传动件。

b　聚甲醛（POM）

聚甲醛是一种没有侧链的高密度、高结晶性的线型聚合物。综合性能优异，特别是它的耐疲劳性突出，是热塑性工程塑料中最高的。它的摩擦系数低而稳定，在干摩擦情况下尤为突出。但它的热稳定性差，尤其是高温下易分解，成形困难，不耐辐射，易燃、易老化。适用于制造无润滑条件下的轴承、齿轮等减摩、耐磨传动件。

c　聚碳酸酯（PC）

聚碳酸酯是一种新型热塑性工程塑料，品种多、产量高。它的强度与尼龙差不多，弹性模量高，尤其是抗冲击，抗蠕变性能突出，具有良好的透光性；但疲劳强度差，制品有应力开裂倾向。一般用于耐冲击的机械传动结构件，仪器仪表零件、透明件、电气绝缘件，如机械设备上的涡轮、凸轮、棘轮、轴类及光学照明方面的大型灯罩、防爆灯、飞机驾驶室外窗、医疗器械等。

d　有机玻璃（PMMA）

有机玻璃学名聚甲基丙烯酸甲酯，是目前最好的透明材料，耐冲击，耐紫外线及大气老化，在低温下冲击韧度的变化很小；但耐磨性差，且易溶于有机溶剂中。常用于制造需要一定透明度和强度的零件，如飞机座舱、汽车风挡、仪器设备的防护罩、光学镜片等。

e　ABS 塑料

　　ABS 由丙烯腈、丁二烯、苯乙烯三种组元共聚而成。ABS 塑料是在改性聚苯乙烯基础上发展起来的，类似"合金"，兼有三种组元的共同特性，丙烯腈使其耐化学腐蚀，有一定的表面硬度，丁二烯使其具有韧性，苯乙烯使其具有热塑性塑料的加工特性。因此 ABS 是具有"坚韧、质硬、刚性"的材料。由于其综合性能好，价格便宜、易于加工，所以，在机械工程、电器制造、纺织、汽车、飞机、轮船、化工等工业中得到广泛应用。

　　f　聚苯醚（PPO）

　　聚苯醚是线型、非结晶的工程塑料，具有很好的综合性能。最大优点是使用温度宽（–190～190℃），达到热固性塑料的水平，耐摩擦磨损性能和电性能也很好，还具有耐水、耐蒸汽性能。所以，聚苯醚主要用于较高温度下工作的齿轮、轴承、泵叶轮、鼓风机叶片、化工管道、阀门等。

　　g　聚砜（PSF）

　　聚砜是分子链中具有硫键的透明树脂，综合性能良好。它的抗蠕变性能、耐热性能好，长期使用温度为 150～174℃，脆化温度为 –100℃，广泛用于制作高强度、耐热、抗蠕变的机械结构件和电气绝缘体。

　　h　聚四氟乙烯（PTFE）

　　聚四氟乙烯是氟塑料中的一种，氟塑料品种很多，聚四氟乙烯在机械工程中用得较多。它具有突出的耐高、低温性能和化学稳定性。几乎不受所有化学药品的腐蚀，抗蚀性能超过了玻璃、陶瓷、不锈钢、甚至金、铂。摩擦系数也小。聚四氟乙烯主要用作减摩擦密封材料，化工机械中的耐腐蚀零件等。

　　C　特种塑料

　　特种塑料是指具有某些特殊性能、满足某些特殊要求的塑料。这类塑料产量有限，价格也贵，只用于特殊需要的场合，如医用塑料等。

12. 1. 3. 2　橡胶

　　橡胶是一种具有高弹性的高分子材料。橡胶根据原料来源可分为天然橡胶和合成橡胶两大类。合成橡胶根据用途又可分为通用橡胶和特种橡胶。

　　橡胶最突出的特性是高弹性，它在很高的温度范围内处于高弹态。一般橡胶在 –40～80℃范围内具有高弹性。某些特种橡胶在 –100℃的低温和200℃高温下仍保持高弹性。橡胶的弹性模量很低，在外力作用下变形量很大，去除外力又能很快地恢复原状。还有优良的伸缩性、抗撕性、耐磨性、隔音、绝缘和良好的储能能力等性能。

　　由于橡胶具有一系列的优良性能，从而成为重要的工程材料，在国民经济各领域中获得了广泛的应用。如用于制作密封件、减振件、传动件、轮胎和电线绝缘套等。常用橡胶的性能及用途列于表 12-1 中。

12. 1. 3. 3　合成纤维

　　凡能保持长度比本身直径大 100 倍的均匀条状或链状的高分子材料称为纤维。包括天然纤维和化学纤维。化学纤维又可分为人造纤维和合成纤维。人造纤维是以天然的纤维为原料加工制成，俗称"人造丝"、"人造棉"的粘胶纤维和硝化纤维、醋酸纤维等。合成纤维是以石油、天然气、煤等为原料，经过化学合成而制成的化学纤维。合成纤维按其用途不同又分为普通合成纤维和特种合成纤维两类。

　　常见的普通合成纤维以六大纶为主，产量占合成纤维总产量的 90% 以上，其性能及用途见表 12-2。

表 12-1　常用橡胶的性能及用途

名称	通用橡胶						特种橡胶				
	天然	丁苯	顺丁	丁醛	氯丁	丁腈	聚氨酯	乙丙	氟	硅	聚硫
代号	NR	SBR	BR	HB	CR	NBR	UR	EPDM	FPM	Si	TR
抗拉强度/MPa	25~30	15~20	18~25	17~21	25~27	15~30	20~35	10~25	20~22	4~10	9~15
伸长率/%	650~900	500~800	450~800	650~800	800~1000	300~800	300~800	400~800	100~500	50~500	100~700
使用温度/℃	-50~120	-50~140	-73~120	120~170	-35~130	-35~175	-30~80	-40~150	-50~300	-70~275	-7~130
抗撕性	好	中	中	好	中	中	好	中		差	差
耐磨性	中	好	好	中	中	好	中	中		差	差
回弹性	好	中	好	中	中	中				差	差
耐油性	差			中	好	好	好		好		好
耐碱性	好	好	好	好	好	好	差				
抗老化	中	中	中	好	好			好	好	好	好
价格		高				高			高	高	
特殊性能	高强、绝缘、防震	耐磨	耐磨、耐寒	耐酸碱气密、绝缘	耐酸碱、耐燃	耐油、耐水、气密	高强、耐磨	耐水、绝缘	耐油碱耐热、真空	耐热、绝缘	耐油、耐碱
用途举例	通用制品、轮胎	通用制品、轮胎、胶板、胶布	轮胎、耐寒运输带	内胎、水胎、化工衬里、防震品	胶管、电缆、胶黏剂、汽车门窗嵌条	油管、耐油密封垫圈、耐磨件	实心轮胎、胶辊、耐磨件	气配件、散热器件、耐热胶管、绝缘件	化工衬里、高密封件、高真空橡胶件	耐高温制品、耐高温绝缘件、印模	腻子密封胶、丁腈橡胶改性用

表 12-2　主要合成纤维的性能及用途

化学名称		聚酯纤维	聚酰胺纤维	聚丙烯腈	聚乙烯醇缩醛	聚烯烃	含氯纤维
商品名称		涤纶（的确良）	锦纶（尼龙）	腈纶（人造毛）	维纶	丙纶	氯纶
强度	干态	优	优	中	优	优	中
	湿态	优	中	中	中	优	中
相对密度		1.38	1.14	1.14~1.17	1.26~1.3	0.91	1.39
吸水率/%		0.4~0.5	3.5~5.0	1.2~2.0	4.5~5.0	0	0
软化温度/℃		238~240	180	190~230	220~230	140~150	60~90
耐蚀性		优	最优	差	优	优	中
耐日光性		优	差	最优	优	差	中
耐酸性		优	中	优	中	中	优
耐碱性		中	优	优	优	优	优

续表 12-2

化学名称	聚酯纤维	聚酰胺纤维	聚丙烯腈	聚乙烯醇缩醛	聚烯烃	含氯纤维
特 点	挺括、不皱、耐冲击、耐疲劳	结实、耐磨	蓬松、耐晒	成本低	轻、牢固	耐磨、不易燃
工业应用举例	渔网、高级帘子布、缆绳、帆布	渔网、工业帘子布、降落伞、运输带	制作碳纤维及石墨纤维原料	工业帆布、过滤布、渔具、缆绳	军用被服、绳索、水龙带、渔网、合成纸	导火索皮、口罩、劳保用品、帐篷

特种合成纤维的品种较多，而且还在不断的发展，目前应用较多的有耐高温纤维（如芳纶1313）、高强力纤维（如芳纶1414）、高模量纤维（如有机碳纤维、有机石墨纤维）、耐辐射纤维（如聚酰亚胺纤维）、防火纤维、离子交换纤维、导电性纤维、导光性纤维等。

12.1.3.4 胶黏剂

胶黏剂一般由几种材料组成，通常是以黏性物质为基础，再加入各种添加剂组成的一种混合物。

胶黏剂按化学成分可分为有机和无机胶黏剂两类。其中有机胶黏剂又分为天然胶黏剂和合成胶黏剂两种。天然胶黏剂有虫胶、骨胶等；合成胶黏剂有环氧树脂、氯丁橡胶等。若按胶黏剂固化形式可分为三类：溶剂型，通过挥发或吸收固化；反应型，由不可逆的化学变化引起固化；热熔型，通过加热熔融胶接，随后冷却固化。还可按被胶接材料等很多方法进行分类。

胶接是工程上一种新型的、较为经济的连接方法。它的优点在于胶接处应力分布均匀，构件（机件）的整体强度高，质量轻，胶缝绝缘、密封性好，耐腐蚀。目前已部分代替铆接、焊接、螺接等工艺，并可以连接难以焊接或无法焊接的金属，还可以用于金属与塑料、橡胶、陶瓷等非金属材料的连接。随着橡胶技术的不断发展和应用，胶接剂日益受到重视，已成为制造产品的重要材料。表12-3列出一些材料适用的胶黏剂。

表 12-3 一些材料适用的部分胶黏剂

胶黏剂 ＼ 材料	钢、铁、铝	热固性塑料	硬聚氯乙烯	聚乙烯聚丙烯	聚碳酸酯	ABS	橡胶	玻璃陶瓷	混凝土	木材
无机酸	可							优		
聚氨酯	良	良	良	可	良	良	良	可	—	优
环氧树脂：										
胺类固化	优	优	—	可	—	良	可	优	良	良
酸酐固化	优	优	—		良	—	—	优	良	良
环氧-丁腈	优	良	—		—	可	良	良	—	
酚醛-缩醛	优	优	—		—	可	良	良	—	
酚醛-氯丁	可	可	—		—	—	优	—	可	可
氯丁橡胶	可	可	良		—	可	优	可	—	良
聚酰亚胺	良	良						良		

12.2 陶瓷材料

12.2.1 陶瓷材料概述

12.2.1.1 陶瓷材料的分类
陶瓷材料的分类方法很多。

按原料可分为普通陶瓷（传统陶瓷）和特种陶瓷（现代陶瓷）。普通陶瓷是以天然矿物，如黏土、石英、长石等为原料；特种陶瓷是以人工合成化合物，如氧化物、氮化物、碳化物、硅化物等为原料。

按用途可分为日用陶瓷和工业陶瓷。其中工业陶瓷又可分为工程结构陶瓷和功能陶瓷。

按性能可分为高强度陶瓷、高温陶瓷、压电陶瓷、磁性陶瓷、半导体陶瓷和生物陶瓷等。

特种陶瓷按化学组成可分为氧化物陶瓷、氮化物陶瓷、碳化物陶瓷和金属陶瓷等。

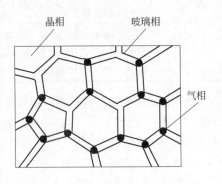

图 12-2　陶瓷显微组织示意图

12.2.1.2　陶瓷材料的结构

陶瓷材料是多相材料，在其内部中存在着晶相、玻璃相和气相。各组成相的结构、相对数量、形状、大小和分布直接影响到陶瓷的性能。图 12-2 为陶瓷显微组织示意图。

A　晶相

晶相（晶体相）是陶瓷材料的主要组成相。大多数陶瓷是由离子键构成的离子晶体（如 MgO、Al_2O_3），也有由共价键构成的共价晶体（如 Si_3N_4、SiC），一般是由两种晶体共同存在。不论哪种晶相都有各自的晶体结构。

大多数氧化物结构是氧离子排列成简单立方、面心立方和密排六方晶体结构，金属离子位于其间隙中。如 CaO 为面心立方结构，Al_2O_3 为密排六方结构。

硅酸盐是陶瓷的主要原料，这类化合物的化学组成较复杂，但构成硅酸盐的基本结构单元都是硅氧四面体（SiO_4），四个氧离子构成四面体，硅离子居四面体的间隙中。

实际陶瓷晶体与金属晶体类似，是一种多晶体，也存在着晶粒和晶界，这就不可避免地存在着晶体缺陷。这些缺陷会影响到陶瓷的性能。如晶界和亚晶界影响陶瓷的强度。通过细化晶粒和亚晶粒，可以提高陶瓷强度。

B　玻璃相

在陶瓷烧结时，由各组成物和杂质经过一系列物理化学作用后形成的非晶态固体称为玻璃相。它是陶瓷材料中不可缺少的组成相，主要作用是把分散的晶相粘结在一起，还可降低烧结温度，抑制晶粒长大，并填充气孔。

玻璃相熔点低，热稳定性差，而且其中存在的金属离子会降低陶瓷的绝缘性。所以，工业陶瓷一般限制玻璃相的数量不超过 20% ~40%。

C　气相

存在于陶瓷制品孔隙中的气体称为气相。在陶瓷生产过程中不可避免地形成并保留下来的气孔，常以孤立的状态分布在玻璃相和晶界内。通常陶瓷中的气孔率为 5% ~ 10%。气孔的存在对陶瓷的性能有显著影响，它会引起应力集中，降低陶瓷强度和电击穿能力，降低绝缘性能；它能降低陶瓷密度并吸振。所以，在工业陶瓷中应尽量减少气孔，控制气孔的形状、大小和分布。

12.2.1.3　陶瓷材料的性能

A　力学性能

陶瓷材料具有极高的硬度，大多在 1500HV 以上，氮化硅和立方氮化硼更接近金刚石的硬度，而淬火钢为 500 ~800HV，高聚物都低于 20HV。因此陶瓷的耐磨性好，常用陶瓷制作新型的刀具和耐磨零件。

陶瓷材料由于其内部和表面缺陷（如气孔、位错、微裂纹等）的影响，其抗拉强度低，而且实际强度低于理论强度（仅为 1/100 ~ 1/200）。但抗压强度较高，约为抗拉强度的 10 ~ 40 倍。通过减少陶瓷中的杂质和气孔，细化晶粒，提高致密度和均匀度，都可以提高强度。例如热压氮化硅陶瓷在致密度增大、气孔率接近于零时，强度接近理论值。

陶瓷材料具有高弹性模量、高脆性。图 12-3 为陶瓷与金属的室温拉伸应力-应变曲线示意图。由图看出，陶瓷在拉伸时几乎没有塑性变形，在拉应力作用下产生一定弹性变形后直接脆断。其弹性模量为 $1 \times 10^5 ~ 4 \times 10^5 MPa$。大多数陶瓷的弹性模量都比金属高，陶瓷是脆性材料，故其冲击韧性、断裂韧性都很低，其断裂韧性约为金属的 1/60 ~ 1/100。

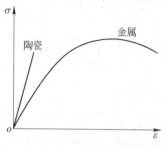

图 12-3　陶瓷与金属的拉伸
应力-应变曲线示意图

B　理化性能

陶瓷材料熔点高，大多在 2000℃ 以上，使陶瓷具有优于金属的高温强度和高温蠕变抗力，所以广泛用作工程上耐高温材料。陶瓷的线膨胀系数小，热导率低，而且随气孔率增加而降低，故多孔或泡沫陶瓷可作绝热材料。但陶瓷抗热振性差，当温度剧烈波动时容易破裂。

大多陶瓷具有高电阻率，是良好的绝缘体，故大量用于制作电气工业中的绝缘体、瓷瓶、套管等。少数陶瓷材料具有半导体性质，如 $BaTiO_3$ 是近年发展起来的半导体陶瓷。随着科学技术的发展，不断出现各种电性能陶瓷，如压电陶瓷已成为无线电技术和高科技领域不可缺少的材料。

具有特殊光学性能的陶瓷是重要的功能材料，如红宝石（$\alpha\text{-}Al_2O_3$ 掺铬离子）、钇铝石榴石、含钕玻璃等是固体激光材料，玻璃纤维可作光导纤维材料，此外，还有用于光电计数、跟踪等自控元件的光敏电阻材料。

磁性瓷又名铁氧体，它主要是由 Fe_2O_3 和 Mn、Zn 等氧化物组成的磁性陶瓷材料，可用作磁芯、磁带、磁头等。

陶瓷的结构稳定，所以陶瓷的化学稳定性高，抗氧化性好，在 1000℃ 高温下不会氧化，并对酸、碱、盐有良好的抗蚀性。所以陶瓷在化工工业中应用广泛，有些陶瓷还能抵抗熔融金属的侵蚀，如 Al_2O_3 制作的高温坩埚。又如透明 Al_2O_3 陶瓷可作钠灯管，能承受钠蒸气的强烈腐蚀。

12. 2. 2　常用陶瓷材料

12. 2. 2. 1　普通陶瓷

普通陶瓷是以黏土、长石、石英为原料经配制、烧结而成的陶瓷。这类陶瓷质地坚硬，不氧化，不导电，耐高温，易加工成形，成本低等优点。缺点是玻璃相较多，强度较低。

普通陶瓷历史悠久，产量大，应用广泛。大量用于建筑、日用、卫生、化工、纺织、高低压电气等行业的结构件和容器。表 12-4 列出部分普通陶瓷的性能及用途。

12. 2. 2. 2　特种陶瓷

凡是具有某些特殊物理和化学性能的陶瓷材料统称为特种陶瓷。包括氧化物陶瓷、氮化硅陶瓷、碳化硅陶瓷、氮化硼陶瓷、金属陶瓷等多种。

表 12-4　普通陶瓷的性能及用途

种类名称	原料	特性	用途
日用陶瓷	黏土、石英、长石、滑石等	具有良好的热稳定性、致密度、机械强度和硬度	生活瓷器
建筑用瓷	黏土、长石、石英等	具有较好的吸水性、耐腐蚀性、耐酸性、耐碱性、耐磨性等	铺设地面、输水管道装置、卫生间等
电瓷	一般采用黏土、长石、石英等配制	介电强度高，抗拉、抗弯强度较高，耐热、耐冷急变性能较好	隔电、机械支撑件、瓷质绝缘件
过滤陶瓷	以石英砂、河砂等瘠性原料为骨架，添加结合剂和增孔剂	具有耐腐蚀、耐高温、强度大、不老化、寿命长、不污染、易清洗再生及操作方便等优点	用于制作多孔 SO_2 陶瓷器件，气体、液体过滤器等
化工陶瓷	黏土、焦宝石（熟料）滑石、长石等	具有耐酸、耐碱、耐腐蚀性，不污染介质	石油化工、冶炼、造纸、化纤工业等

A　氧化铝陶瓷

这是以 Al_2O_3 为主要成分，含少量 SiO_2 的陶瓷。Al_2O_3 为主晶相，按 Al_2O_3 的质量分数可分为 75 瓷、95 瓷和 99 瓷等。75 瓷又称刚玉-莫来石瓷，95 瓷和 99 瓷称刚玉瓷。氧化铝含量越高，玻璃相越少、气孔也越少，性能就越好，但工艺复杂、成本也高。

氧化铝陶瓷的强度比普通陶瓷高 2~3 倍，甚至更高；硬度高，耐磨性好；耐高温性能好，在空气中使用温度可达 1980℃；耐蚀性和绝缘性好。缺点是脆性大，抗热振性差。

氧化铝陶瓷可用于制作高温器皿、发动机用火花塞、石油化工用泵的密封环、机械工程中的轴承和耐磨零件，以及各种模具和切削刀具等。

B　氮化硅陶瓷

氮化硅陶瓷是以 Si_3N_4 为主要成分，以共价键化合物 Si_3N_4 为主晶相的陶瓷。氮化硅陶瓷按生产工艺分为热压烧结法和反应烧结法两种。热压烧结法是以 Si_3N_4 粉为原料，加入少量添加剂，装入石墨模具中，在 1600~1700℃ 高温和 20265~30398kPa 的高压下成形烧结，得到组织致密、气孔率接近于零的氮化硅陶瓷。反应烧结法是以硅粉或硅粉与 Si_3N_4 粉为原料，压制成形后，放入渗氮炉中进行渗氮处理，直到所有的硅都形成氮化硅，获得的氮化硅陶瓷制品。但该制品中有 20%~30% 的气孔，强度不如热压烧结氮化硅陶瓷。

氮化硅陶瓷的高温强度和硬度高，摩擦系数小，并有自润滑性，是极好的耐磨材料；线膨胀系数小，具有良好的抗热疲劳和抗热振性；化学稳定性好，除氢氟酸外，能耐各种酸、碱溶液的腐蚀，还能抵抗熔融金属的侵蚀；并具有优良的电绝缘性能。

热压烧结氮化硅陶瓷主要用于制造形状简单的耐磨、耐高温零件和工具，如切削刀具，转子发动机叶片，高温轴承等。反应烧结氮化硅陶瓷主要用于制造耐高温、耐磨、耐腐蚀、绝缘、形状复杂且尺寸精度高的零件，如腐蚀性介质下工作的机械密封环、高温轴承、热电偶套管、燃气轮机转子叶片等。

C　碳化硅陶瓷

碳化硅陶瓷的主晶相是 SiC，也是共价晶体。生产工艺也分为反应烧结法和热压烧结法两种。

　　碳化硅陶瓷的最大优点是高温强度高，在 1400℃时其抗弯强度仍保持 500~600MPa，工作温度可达 1600~1700℃；而且还具有良好的导热性、热稳定性、抗蠕变能力、耐磨性，耐蚀性以及耐辐射。

　　碳化硅是良好的高温结构材料，主要用于制造火箭尾喷管的喷嘴、浇注金属的喉嘴、热电偶套管、炉管、燃气轮机叶片、高温轴承、高温热交换器以及核燃料的包封材料等。

　　D　氮化硼陶瓷

　　氮化硼陶瓷的主晶相是 BN，也是共价晶体，晶体结构与石墨相似，属六方晶系，所以又称"白石墨"。

　　氮化硼具有良好的耐热性、热稳定性、导热性、高温介电强度，是理想的散热材料和高温绝缘材料；化学稳定性好，能抵抗大部分熔融金属的侵蚀；具有良好的自润滑性和耐磨性。氮化硼制品硬度低，可进行切削加工。

　　氮化硼陶瓷可用于制造熔炼半导体的坩埚、冶金用高温容器、高温轴承、高温散热、绝缘零件以及热电偶套管和玻璃成形模具等。

　　E　金属陶瓷

　　金属陶瓷是由金属或合金与陶瓷组成的非均质复合材料。综合了金属和陶瓷的优良性能。发挥了金属热稳定性好，韧性好及陶瓷硬度高、耐高温、抗蚀性好的优点；克服了金属易氧化、高温强度低及陶瓷热稳定性差、脆性大的缺点。金属陶瓷具有高强度、高温强度、高韧性和高耐蚀性。

　　金属陶瓷中常用的陶瓷材料有各种氧化物、碳化物和氮化物，如 Al_2O_3、ZrO_2、MgO、TiC、WC、Si_3N_4 等。常用的金属有铁、铬、镍、钴及其合金等。采用不同成分和比例制成的金属陶瓷，可以得到不同性能和用途的金属陶瓷，以陶瓷为主的金属陶瓷多作为工具材料，以金属为主的金属陶瓷可作为结构材料。实际应用最多的是工具材料。

　　a　氧化物基金属陶瓷

　　这类金属陶瓷中研究最早、应用最多的是氧化铝基金属陶瓷，以铬为黏结剂。铬的高温性能好，表面氧化时生成 Cr_2O_3 薄膜，而 Cr_2O_3 薄膜又能与 Al_2O_3 形成固溶体，把氧化铝粉牢固地黏在一起。因此，这种陶瓷比纯氧化铝陶瓷的韧性好，热稳定性和抗氧化性得到提高。如果再加入 Ni 和 Fe 等，则可进一步改善它的高温性能。

　　氧化铝基金属陶瓷主要用作切削工具。也可用于制作要求耐磨的喷嘴、热拉丝模、抗蚀轴承以及机械密封环等。

　　b　碳化物基金属陶瓷

　　即硬质合金。它是用粉末冶金工艺制成的以碳化物为基，以金属为黏结剂的金属陶瓷。作为工具材料时，是利用碳化物的高硬度和金属的韧性；作为高温结构材料时，是利用碳化物的高温强度和金属的塑性。

　　碳化物基金属陶瓷抗氧化性好，熔点和硬度高，强度高。有时还加入少量难熔元素 Cr、Mo、W 等，以提高韧性和热稳定性。主要用于制造切削工具，也可用于金属成形工具、矿山工具和耐磨零件，应用领域不断扩大。

12.3　复合材料

12.3.1　复合材料概述

　　随着航天、航空、原子能、电子、通讯及机械等工业的发展，对材料的性能要求越来越高，这对单一的金属材料、高分子材料和陶瓷材料来说都是难以满足的。若将这些具有不同性能特点的单一材料组合起来，取长补短，就能满足现代高新技术发展的需要。

复合材料是由两种或两种以上性质不同的材料，通过不同的工艺方法人工合成的多相材料。在这种多相材料中，一类组成（或相）为基体，起黏结作用；另一类为增强材料，起承载作用。复合材料既保持组成材料各自的优点，又具有组合后的新特点。所以，组合后的复合材料比单一材料更具优良的性能。

12.3.1.1　复合材料的分类

复合材料种类繁多，目前尚无统一分类方法。比较通行的是按基体相和增强相进行分类。

按基体相的性质复合材料可分为金属基复合材料、高分子基复合材料和陶瓷基复合材料三类。

按增强相的性质和形态复合材料可分为颗粒增强复合材料、纤维增强复合材料和叠层增强复合材料等。

各类复合材料中，纤维增强复合材料发展最快，应用最广。不同种类的复合材料见表12-5。

表 12-5　复合材料的种类

增强体＼基体		金属	无机非金属				有机材料		
			陶瓷	玻璃	水泥	炭素	木材	塑料	橡胶
金属		金属基复合材料	陶瓷基复合材料	金属网嵌玻璃	钢筋水泥	无	无	金属丝增强塑料	金属丝增强橡胶
无机非金属	陶瓷{纤维 粒料	金属基超硬合金	增强陶瓷	陶瓷增强玻璃	增强水泥	无	无	陶瓷纤维增强塑料	陶瓷纤维增强橡胶
	炭素{纤维 粒料	碳纤维增强金属	增强陶瓷	陶瓷增强玻璃	增强水泥	碳纤维增强碳复合材料	无	碳纤维增强塑料	碳纤维炭黑增强橡胶
	玻璃{纤维 粒料	无	无	无	增强水泥	无	无	玻璃纤维增强塑料	玻璃纤维增强橡胶
有机材料	木材	无	无	无	水泥木丝板	无	无	纤维板	无
	高聚物纤维	无	无	无	增强水泥	无	无	高聚物纤维增强塑料	高聚物纤维增强橡胶
	橡胶颗粒	无	无	无	无	无	橡胶合板	高聚物合金	高聚物合金

12.3.1.2　复合材料的性能特点

A　比强度和比模量高

比强度（强度/密度）和比模量（弹性模量/密度）是材料承载能力的重要指标。比强度越高，在同样强度下零构件的自重越小；比模量越高，在模量相同条件下零构件的刚度越大。这对要求减轻自重和高速运转的零构件是非常重要的。表12-6列出了一些金属材料与纤维增强复合材料的性能。通过比较可以看出，复合材料都具有较小的密度和较高的比强度和比模量。尤以碳纤维-环氧树脂复合材料最为突出，其比强度为钢的8倍，比模量约为钢的4倍。

表 12-6　金属材料与纤维复合增强材料的性能比较

性能　材料	密度 /g·cm^{-3}	抗拉强度 /MPa	拉伸模量 /MPa	比强度 /N·m·kg^{-1}	比模量 /N·m·kg^{-1}
钢	7.8	1030	2.1×10^5	0.13×10^6	27×10^6
铝	2.8	470	0.75×10^5	0.17×10^6	27×10^6
钛	4.5	960	1.14×10^5	0.21×10^6	25×10^6
玻璃钢	2.0	1060	0.4×10^5	0.53×10^6	20×10^6
高强度碳纤维-环氧	1.45	1500	1.4×10^5	1.03×10^6	97×10^6
高模量碳纤维-环氧	1.6	1070	2.4×10^5	0.67×10^6	150×10^6
硼纤维-环氧	2.1	1380	2.1×10^5	0.66×10^6	100×10^6
有机纤维 PRD-环氧	1.4	1400	0.8×10^5	1.0×10^6	57×10^6
SiC 纤维-环氧	2.2	1090	1.02×10^5	0.5×10^6	46×10^6
硼纤维-铝	2.65	1000	2.0×10^5	0.38×10^6	75×10^6

B　抗疲劳性能好

复合材料特别是纤维-树脂复合材料对应力集中敏感性小，而且复合材料中基体和纤维间的界面能阻止疲劳裂纹的扩展。因此，复合材料具有较高的疲劳强度。实验证明，碳纤维聚酯树脂复合材料的疲劳强度是其抗拉强度的 70%～80%，而金属材料的疲劳强度只有其抗拉强度的 40%～50%，图 12-4 是三种材料的疲劳性能曲线。

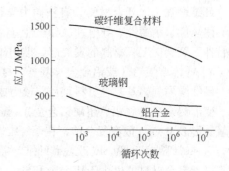

图 12-4　三种材料疲劳性能比较

C　抗断裂能力强

纤维增强复合材料中，有大量独立存在的纤维，平均每平方厘米面积上有几千甚至几万根，由具有韧性的基体把它们结合成整体。当纤维复合材料构件由于过载，造成少量纤维断裂时，载荷就会重新分配到其他未断的纤维上，构件不致短时间内发生突然破坏。因此，复合材料都具有较好的断裂安全性。

D　减振性能好

机械构件的自振频率不但与构件的结构有关，还与材料的比模量的平方根成正比。复合材料的比模量大，其自振频率也高，可避免构件在一般工作状态下产生共振及由此引起的早期破坏。另外，即使构件已产生振动，由于复合材料的基体与纤维之间的界面有吸振作用，而且阻尼特性较好，振动会很快衰减下来，所以，复合材料的减振性比钢等金属材料要好。

E　高温性能优良

大多数增强纤维材料在高温下仍可保持较高的强度，所以，增强纤维复合材料，特别是金属基复合材料都具有较好的高温性能。例如，铝合金在 400℃时，弹性模量已降至接近于零，强度也显著降低，用碳纤维或硼纤维增强铝合金后，在同样温度下，其强度和弹性模量基本保持不变。

F　其他性能

复合材料除上述一些特性外，还具有较优良的抗蚀性、减摩性、电绝缘性以及工艺性能。

复合材料虽然具备较多的优点，但也存在不足，如断裂伸长小，冲击韧性较低，价格高等。在科学技术飞速发展的今天，这些不足会被逐渐改善，复合材料也将会快速发展和广泛应用。

12.3.2　常用复合材料

12.3.2.1　金属基复合材料

金属是目前机械工程中用量最多的一类材料。这是因为它具有优良的理化性能、力学性能和工艺性能。但有时仍不能满足要求。在加工过程中虽然采用合金化、热处理、形变强化等方法处理，可提高其某些性能，但效果有限，进一步改善其性能最好的途径是与其他材料进行复合。

A　纤维增强金属基复合材料

纤维增强金属基复合材料是由高强度、高模量的增强纤维与具有较好韧性的低屈服强度的金属复合而成。常用的增强纤维有硼纤维、碳纤维、碳化硅纤维等；常用的基体材料有铝及铝合金、钛及钛合金、铜及铜合金、镁及镁合金等。制造方法主要有直接涂覆法（包括电镀和化学镀法、等离子喷涂法、离子涂覆法、化学气相沉积法等）、液态法（包括铸造法、液态模锻法、连续浸渍法等）和固态法（包括扩散黏结法、粉末冶金法、压力加工法等）。

纤维增强金属复合材料具有横向力学性能好，层间剪切强度高，冲击韧性好，高温强度高，耐热性、耐磨性、导电性、导热性好。不吸潮、尺寸稳定，不老化等优点。这一系列的优良特性无疑会对工程材料的发展起到推动作用，更是对高端技术的发展提供了先决条件。

a　纤维增强铝（或铝合金）基复合材料

硼纤维增强铝基复合材料是目前较为成熟、应用最广的金属基复合材料。它由硼纤维与纯铝、变形铝合金（硬铝、超硬铝合金）、铸造铝合金等组成。由于硼和铝在高温易形成 AlB_2，与氧易形成 B_2O_3，故在复合前，在硼纤维表面要涂上一层 SiC，目的是提高硼纤维的化学稳定性，这种硼纤维又称为 SiC 改性硼纤维。硼纤维铝（或铝合金）基复合材料的性能优于硼纤维环氧树脂复合材料，也优于铝合金和钛合金等。它具有高拉伸模量、高横向模量，高抗压强度、剪切强度和疲劳强度，其比强度优于钛合金。主要用于制造飞机或航天器蒙皮、大型壁板、长梁、加强肋、航空发动机叶片等。

碳纤维增强铝基复合材料是由碳（石墨）纤维与纯铝、变形铝合金和铸造铝合金组成。由于碳（石墨）与铝（或铝合金）溶液间的润湿性很差，在高温下易形成 Al_4C_3，降低强度，最好在碳纤维表面蒸镀一层 Ti-B 薄膜，以改善润湿性并防止形成 Al_4C_3。该种复合材料具有比强度高、比模量高、高温强度好，减摩性和导电性好。主要用于制造飞机蒙皮、螺旋桨、航天飞机外壳、运载火箭的圆锥段、级间段、接合器、油箱，以及重返大气层运载工具的防护罩和涡轮发动机的压气机叶片等。

碳化硅纤维增强铝基复合材料是碳化硅纤维和纯铝、铸造铝合金组成。具有比强度高、比模量高和高硬度。用于制造飞机机身结构件及汽车发动机的活塞、连杆等零构件。

b　纤维增强铜（或铜合金）基复合材料

纤维增强铜基复合材料主要由碳（石墨）纤维与铜或铜镍合金组成。为了增强碳纤维与基体的结合强度，常在纤维表面镀铜或镀镍后再镀铜。这类复合材料具有高强度、高电导率、低摩擦系数和高耐磨性。用于制造高负荷的滑动轴承、集成电路的电刷、滑块等。

c　纤维增强钛合金基复合材料

这类材料是由硼纤维、碳化硅改性硼纤维或碳化硅纤维与 Ti-6Al-4V 钛合金组成。这类复合材料具有低密度、高强度、高弹性模量、高耐热性、低线膨胀系数等优点，是理想的航天航空用结构材料。如碳化硅改性硼纤维与 Ti-6Al-4V 组成的复合材料，密度为 $3.6kg/m^3$，比钛还轻，抗拉强度可达 $1.21 \times 10^3 MPa$，弹性模量达 234GPa，线膨胀系数为 $1.39 \times 10^{-6} \sim 1.75 \times 10^{-6}/℃$。目前，纤维增强钛合金复合材料还处于试用发展阶段。

B 颗粒增强金属基复合材料

颗粒增强的效果虽然不如纤维，但复合工艺较简单，价格也相对便宜，按照增强粒子的尺寸大小，颗粒增强金属基复合材料可分为两类：一类为金属陶瓷，其粒子尺寸大于 $0.1\mu m$；一类为弥散强化合金，其粒子尺寸在 $0.01 \sim 0.1\mu m$ 范围。

a 金属陶瓷

金属陶瓷中常用的增强粒子为金属氧化物、碳化物、氮化物等陶瓷粒子，其体积分数通常大于20%。陶瓷粒子耐热性好，硬度高，但脆性大，一般采用粉末冶金方法将陶瓷粒子与韧性金属黏结在一起。这种复合材料既具有陶瓷硬度高、耐热性好的优点，又能承受一定程度的冲击。

典型的金属陶瓷是碳化钨-钴、碳化钛-镍-钼等，即所谓硬质合金。硬质合金是优良的切削刀具材料，还可用于制作耐磨、耐冲击的工模具等。这已在第十一章作过介绍。

b 弥散强化合金

弥散强化合金是将少量的（体积分数通常小于20%）、颗粒尺寸极小的增强微粒高度弥散地均匀分布在基体金属中的颗粒增强金属基复合材料。常用的增强相是 Al_2O_3、ThO_2、MgO、BeO 等氧化物微粒，基体金属主要是铝、铜、钛、铬、镍等。一般采用表面氧化法、内氧化法、机械合金化法、共沉淀法等特殊工艺使增强微粒弥散分布于基体中。由于增强微粒的尺寸及粒子间距都很小，粒子对金属基中位错运动的阻力更大，因而强化效果更显著，这与沉淀强化合金（如时效强化铝合金）类似。但沉淀强化合金中的弥散相是在沉淀过程（固溶处理加时效处理）中产生的，当工作温度高于发生沉淀过程的温度时，沉淀相将粗化甚至重新溶解，使合金的高温强度显著降低。相反，弥散强化合金中的弥散相在合金的固相线温度以下均是保持稳定的，所以，弥散强化合金有更高的高温强度。如经变形强化的合金，当温度达到基体金属熔点（T_m）一半，即 $0.5T_m$ 时，其强度便明显降低；固溶强化可以使材料的强度维持到 $0.6T_m$；沉淀强化可以使强度维持到 $0.7T_m$；而弥散强化可以使强度维持到 $0.85T_m$。

（1）弥散强化铝。也称烧结铝，一般采用表面氧化法制备，即首先使片状铝粉的表面氧化成 Al_2O_3 薄膜，再经压制、烧结和挤压而成 Al_2O_3 增强铝基复合材料。在加工时，片状铝粉表面的氧化铝薄膜被压碎成粉粒并弥散地分布在铝基体中。弥散强化铝的优点是高温强度高，在 $300 \sim 500℃$ 之间，其强度远远超过形变铝合金。烧结铝可用于制造飞机的结构件，还可作为发动机的压气机叶轮、高温活塞，在动力机械设备上可用作大功率柴油机的活塞，在原子能工业中可用作冷却反应堆中核燃料元件的包套材料。

（2）弥散强化铜。铜是良好的导电材料，但在较高温度下强度明显下降，采取固溶强化和时效强化又会使导电性降低。用极微小的氧化物（如 Al_2O_3、ThO_2、SiO_2、ZrO、BeO、Y_2O_5 等）与铜复合成弥散强化铜，由于极微小的弥散粒子不妨碍铜的导电性，既使这种材料具有良好的高温强度，又保持了良好的导电性。弥散强化铜的制取方法一般采用内氧化法或共沉淀法。用途是常用作高温下导热、导电体。

C 塑料-金属多层复合材料

这类材料是由几种性质不同的材料经热压或胶合而成，以达到某种使用目的。这类复合材料一般具有密度较小，刚度高和热压稳定性好，以及绝缘、绝热、耐磨、耐蚀等特殊性能。典型的三层复合材料是以钢为基体，烧结铜网或铜球为中间层，塑料为表面层的一种润滑材料，其结构如图 12-5 所示。其整体性能取决于基体，而摩擦磨损取决于塑料，中间层作用是使层间具有较强的结合力。这种复合材料与单一的塑料相比，承载能力提高 20 倍，热导率提高 50 倍，线膨胀系数降低 75%，从而提高工件尺寸稳定性和耐磨性。适于制造高应力（140MPa）、高温（270℃）及低温（- 195℃）和无油润滑条件下的各种滑动轴承，已在汽车、矿山机械、化工机械中应用。

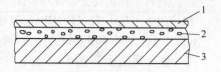

图 12-5　塑料 - 金属三层复合材料
1—塑料层 0.05 ~ 0.3mm；2—多孔型青铜
中间层 0.2 ~ 0.3mm；3—钢基体

各种复合材料的性能特点及用途列于表 12-7 中。

表 12-7　各种复合材料的性能和特点及用途

类 别	名 称	主要性能特点	用途举例
纤维增强复合材料	玻璃纤维（包括织物、布带）增强复合材料，也称玻璃钢	热固性树脂与玻纤复合：抗拉（弯）、抗压、抗冲击强度高，脆性降低，收缩减少。热塑性树脂与玻纤复合：抗拉抗弯、抗压、抗蠕变性及弹性模量均提高，缺口敏感性改善，线胀系数和吸水率降低；热变形温度显著上升，冲击韧度下降	主要用途：耐磨、减摩及一般机械零件、密封件；仪器仪表零件；管道、泵阀、汽车、船舶壳体、槽车等
	碳、石墨纤维增强复合材料	碳-树脂复合、碳-碳复合、碳-金属复合、碳-陶瓷复合等，比强度、比模量高，线胀系数小，摩擦、磨损和自润滑性好	在航空、宇航、原子能等工业中用于制作发动机壳体、轴瓦、齿轮等
	硼纤维增强复合材料	硼纤维与环氧树脂复合，强度与弹性模量比玻璃纤维高，工艺操作较难，价格高	用于飞机、火箭等的结构件，可减轻质量 25% ~ 40%
	晶须增强复合（包括自增强纤维复合）	晶须是单晶，一般无空穴、位错等缺陷，机械强度特别高	可用于涡轮机叶片
纤维增强复合材料	石棉纤维（包括织物、布带）增强复合材料	温石棉纤维、不耐酸；闪石棉耐酸但较脆	与树脂复合，用于密封件、制动件、绝缘材料等
	植物纤维（包括木材单板、纸、棉布、带等）	木纤维或棉纤维与树脂复合成的纸板、层压布板；综合性能好，绝缘性能好	用于轴承、电绝缘
	合成纤维复合材料	少量尼龙或聚丙烯腈纤维加入水泥中，可大幅度提高构件的冲击韧度	用于制成受强烈冲击的构件
细粒增强复合材料	金属细粒与塑料复合	金属粉加入塑料，可改善复合材料导热及导电性，能降低线膨胀系数等	高含量铅粉塑料作 γ 射线的罩屏和隔声材料；铅粉加氟塑料可作轴承材料
	陶瓷粒与金属复合	提高耐蚀、润滑性和高温耐磨性等	氧化物金属陶瓷作高速切削及高温材料；碳化铬用作耐腐蚀、耐磨喷嘴、重载轴承、高温无油润滑件；钴基碳化钨用于切削、拉丝模、阀门；镍基碳化钨用作火焰管喷嘴等高温零件
	弥散强化复合	将氧化钇等硬质粒子均匀分布于合金（如镍铬合金），能耐高温 1100℃ 以上	用于耐热件

类别	名　称	主要性能特点	用途举例
夹层迭合材料	多层复合	钢-多孔性青铜-塑料三层复合材料	用于轴承、垫片、球头座耐磨件
	玻璃覆层	两层玻璃板间夹一层聚乙烯醇缩丁醛	用于安全玻璃
	塑料覆层	普通钢板覆一层塑料，提高耐蚀性能	用于化工及食品工业
骨架增强复合	多孔浸渍材料	多孔材料浸渍（渗）低摩擦系数的油脂或氟塑料	作油枕及轴承；浸树脂的石墨可作抗磨材料
	夹层结构材料	质轻、抗弯强度大	作飞机机翼、舱门，大电机罩等

12.3.2.2　陶瓷基复合材料

陶瓷基复合材料是用纤维或粒子与陶瓷复合而成。陶瓷本身脆性大，但经复合后其韧性明显提高，更具有耐高温、抗氧化、耐磨、耐蚀性、弹性模量高、抗压强度大等优点，显示出广泛的应用前景。

A　纤维增强陶瓷基复合材料

纤维与陶瓷复合的目的主要是提高陶瓷材料的韧性。采用的纤维主要有碳纤维、Al_2O_3 纤维、SiC 纤维以及晶须和金属纤维等。其制造方法主要有泥浆浇注法、溶胶-凝胶法、化学气相渗透法等。

纤维增强陶瓷基复合材料不仅保持陶瓷材料的优点，而且克服了缺点，韧性和强度得到明显的提高。表 12-8 是部分陶瓷材料经碳化硅纤维增强前后的性能比较，由表中看出，增强后的陶瓷材料其断裂韧性和抗弯强度都远高于未增强的陶瓷材料，例如 SiC 增强玻璃的断裂韧性提高了 15 倍，抗弯强度提高 12 倍。

表 12-8　陶瓷材料经碳化硅纤维增强前后的性能比较

材料	抗弯强度 /MPa	断裂韧度 /MPa·$m^{1/2}$	材料	抗弯强度 /MPa	断裂韧度 /MPa·$m^{1/2}$
Al_2O_3	550	5.5	玻璃-陶瓷	200	2.0
Al_2O_3/SiC	790	8.8	玻璃-陶瓷/SiC	830	17.6
SiC	495	4.4	Si_3N_4（热压）	470	4.4
SiC/SiC	750	25.0	Si_3N_4/SiC 晶须	800	56.0
ZrO	250	5.0	玻　璃	62	1.1
ZrO/SiC	450	22	玻璃/SiC	825	17.6

纤维增强陶瓷复合材料除具备一般陶瓷基复合材料的优点外，还具有比强度高、比模量高的特点，在军事上和空间技术上有广泛的应用前景。如石英纤维增强二氧化硅，碳化硅增强二氧化硅，碳化硼纤维增强石墨，碳化硅增强或氧化铝纤维增强玻璃等，可用于制造导弹的雷达罩，空间飞行器的天线窗和鼻锥、装甲、发动机零构件、换热器、汽轮机零构件、轴承和喷嘴等。

B　粒子增强陶瓷基复合材料

用粒子增强陶瓷基复合材料，显著改善陶瓷的脆性，提高强度，且工艺简单。研究较多的体系有碳化硅基、氧化铝基和莫来石基。例如：SiC-TiC、SiC-ZrB_2、Al_2O_3-TiC、Al_2O_3-SiC、莫来石-ZrO_2等体系。如用 ZrO_2 粒子与莫来石复合后，显著提高其强度和韧性，而且还降低烧成温度，莫来石-ZrO_2 复合材料用作发动机部件的绝热材料，已引起重视。

12.3.2.3　塑料基复合材料

塑料作为机械工程材料的最大优点是密度小、耐蚀性、可塑性好、易加工成型；最大的缺点是强度低、弹性模量低、耐热性差。改善其性能最有效的途径是将其制备成复合材料。

纤维增强塑料基复合材料常用的增强纤维为玻璃纤维、碳纤维、硼纤维、碳化硅纤维、凯夫拉（Kevlar）纤维及其织物、毡等，基体材料为热固性塑料（如不饱和聚酯树脂、环氧树脂、酚醛树脂、呋喃树脂、有机硅树脂等）和热塑性塑料（如尼龙、聚苯乙烯、ABS、聚碳酸酯等）。这类材料的复合与制品的成形是同时完成的。常用的成形方法有手糊法、喷射法、压制法、缠绕法、离心成形法和袋压法等。广泛应用的有玻璃纤维增强塑料、碳纤维增强塑料、硼纤维增强塑料、碳化硅纤维增强塑料和 Kevlar 纤维增强塑料。

A　玻璃纤维增强塑料

玻璃纤维增强塑料也称玻璃钢，按塑料基体性质可分为热塑性玻璃钢和热固性玻璃钢两类。

a　热塑性玻璃钢

热塑性玻璃钢的种类较多，常用的有尼龙基、聚烯烃基、聚苯乙烯基、ABS 基、聚碳酸酯基等。它由体积分数为 20% ~ 40% 的玻璃纤维与 60% ~ 80% 的热塑性基体材料组成。这种材料具有高强度和高冲击韧性，良好的低温性能和低线膨胀系数。如 40% 玻璃纤维增强尼龙66，其抗拉强度超过铝合金；40% 玻璃纤维增强聚碳酸酯，其线膨胀系数低于不锈钢铸件；玻璃纤维增强聚苯乙烯、聚碳酸酯、尼龙66 等在 −40℃ 时冲击韧性不但不像一般塑料那样严重降低，反而有所升高。几种热塑性玻璃钢的性能如表 12-9 所示。

表 12-9　几种热塑性玻璃钢的性能

基体材料	密度/g·cm⁻³	抗拉强度/MPa	弯曲弹性模量/MPa	线膨胀系数/℃⁻¹
尼龙66	1.37	182	9100	3.24×10^{-5}
ABS	1.28	101.5	7700	2.88×10^{-5}
聚苯乙烯	1.28	94.5	9100	3.42×10^{-5}
聚碳酸酯	1.43	129.5	8400	2.34×10^{-5}

b　热固性玻璃钢

热固性玻璃钢是由体积分数为 60% ~ 70% 的玻璃纤维和 30% ~ 40% 的热固性树脂复合而成。它的主要优点是密度小、比强度高、耐腐蚀、绝缘绝热性好，防磁、微波穿透性好，成形工艺简单。缺点是弹性模量低，只有结构钢的 1/5 ~ 1/10，刚性差、耐热性低，不超过 300℃，容易老化，容易蠕变。

为了改善和提高玻璃钢的某些性能，可进行改性处理。例如，用酚醛树脂与环氧树脂混溶后作基体进行复合，既具有环氧树脂的黏结作用，又降低了酚醛树脂的脆性，还可以保持酚醛树脂的耐热性。因此，环氧-酚醛玻璃钢热稳定性好、强度高，几种热固性玻璃钢的性能列于表 12-10 中。

表 12-10 几种热固性玻璃钢的性能

基体材料 \ 性能	密度/g·cm⁻³	抗拉强度/MPa	抗压强度/MPa	抗弯强度/MPa
聚 酯	1.7~1.9	180~350	21000~25000	210~350
环 氧	1.8~2.0	70.3~298.5	18000~30000	70.3~470
酚 醛	1.6~1.85	70~280	10000~27000	270~1100

玻璃钢主要用于制造要求自重轻的受力零构件和要求无磁性、绝缘、耐腐蚀的零件。例如，用于制造航天和航空工业中的雷达罩、直升机机身、飞机螺旋桨、发动机叶轮、火箭导弹发动机壳体和燃料箱等；在船舶工业中用于制造轻型船、舰、艇；在车辆工业中用于制造汽车、机车、拖拉机车身，发动机机罩等；在电动机、电器工业中用于制造重型发电机护环、大型变压器线圈绝缘筒以及各种绝缘零件等；在化学工业中代替不锈钢制造耐酸、耐碱、耐油的容器、管道和反应釜等。

B 碳纤维增强塑料

碳纤维增强塑料由碳纤维和聚酯、酚醛、环氧、聚四氟乙烯等树脂组成的复合材料。这类材料具有低密度、高强度、高弹性模量、高比强度和比模量，优良的抗疲劳性能、耐冲击性能、自润滑性、减摩耐磨性、耐蚀性和耐热性。缺点是碳纤维与基体的结合力不够大，各向异性程度高，垂直方向的强度和弹性模量低。

碳纤维增强塑料的性能优于玻璃钢，主要用于制造航天和航空工业中的飞机机身、螺旋桨、尾翼、发动机风扇叶片、卫星壳体、飞行器外表面防热层；在机械工业中制作轴承、齿轮等受载磨损零件；在汽车工业中用于制造汽车外壳，发动机壳体等；在化工工业中制造管道、容器等。

C 硼纤维增强塑料

硼纤维增强塑料是由硼纤维与环氧、聚酰亚胺等树脂组成的复合材料。这类材料具有高的比强度和比模量、良好的耐热性能。如硼纤维-环氧树脂复合材料的拉伸、压缩、剪切的比强度都比铝合金和钛合金高；其弹性模量为铝合金的3倍，是钛合金的2倍，而比模量则为铝合金和钛合金的4倍。缺点是各向异性明显，纵向力学性能高、横向性能低，两者相差十几倍到数十倍，此外加工困难、成本高。主要用于制作航天和航空工业中要求高刚度的结构件，如飞机机身、机翼、轨道飞行器隔离装置等。

D 碳化硅纤维增强塑料

碳化硅纤维增强塑料由碳化硅纤维与环氧树脂复合而成。它具有高的比强度和比模量。抗拉强度接近碳纤维-环氧树脂复合材料，而抗压强度为后者的2倍。这种材料发展前景广阔。主要用于制造宇航器上的结构件，比金属减轻重量30%。还可用于制作飞机的门、降落传动装置箱、机翼等。

E 凯夫拉（Kevlar）纤维增强塑料

凯夫拉纤维增强材料由 Kevlar 纤维与环氧、聚乙烯、聚碳酸酯、聚酯等树脂复合而成。其中常用的是 Kevlar 纤维-环氧树脂复合材料，其抗拉强度高于玻璃钢，与碳纤维-环氧树脂复合材料相近，且延展性与金属相近；其抗冲击性超过碳纤维增强塑料；具有优良的抗疲劳性能和减振性，其抗疲劳性高于玻璃钢和铝合金，减振性能为钢的8倍，为玻璃钢的4~5倍。主要用于制作飞机机身、雷达天线罩、火箭发动机外壳、轻型船舰、快艇等。

12.3.2.4　橡胶基复合材料

橡胶本身具有弹性高、减振性好、热导率低、绝缘等优点；但其强度和耐磨性差。为改善橡胶制品的性能，可用增强纤维和粒子与其复合，制成纤维增强橡胶和粒子增强橡胶制品。

A　纤维增强橡胶

纤维增强橡胶由增强纤维和橡胶基体组成。常用的增强纤维有天然纤维、人造纤维、合成纤维（如尼龙、涤纶、维尼纶等）、玻璃纤维、金属丝等。要求增强纤维具有高强度、耐挠曲、伸长率低、蠕变性小，且与橡胶有良好的粘结性能等。

纤维增强橡胶复合材料通常经过素炼、混炼、涂覆、挤出、压延、成形、硫化等工序制成纤维增强橡胶制品。这些制品主要有轮胎、皮带、橡胶管、橡胶布等。该复合材料的制品具有质轻、高强度、高弹性和柔软性好。

纤维增强橡胶复合材料用于制造飞机、汽车和拖拉机的轮胎，各种传动设备上的传动带，以及机械设备中使用的增强橡胶软管等。

B　粒子增强橡胶

在橡胶工业中，经常使用大量的辅助材料来改善橡胶的性能。增强效果最好的是补强剂，如炭黑、白炭黑、氧化锌、活性炭酸钙等。补强剂的细小粒子填充到橡胶分子的网状结构中，形成一种特殊的界面，使橡胶的抗拉强度、撕裂强度、耐磨性都有显著提高。表 12-11 是炭黑对橡胶的增强效果。

表 12-11　炭黑对橡胶的增强效果

橡胶类别	硫化后的抗拉强度/MPa		增强效果
	未加炭黑	加炭黑	加炭黑强度/未加炭黑强度
天然橡胶	20 ~ 30	30 ~ 34.5	1 ~ 1.6
氯丁橡胶	15 ~ 20	20 ~ 28	1 ~ 1.8
丁苯橡胶	2 ~ 3	15 ~ 25	5 ~ 12
丁腈橡胶	2 ~ 4	15 ~ 25	4 ~ 12

练习题与思考题

12-1　简述高分子材料的性能特点。

12-2　高分子材料分为哪些种类？

12-3　高聚物的聚合方式有哪几种，各有何特点？

12-4　高分子材料的表化如何防止？

12-5　简述常用高分子材料的种类、性能特点及应用。

12-6　何谓陶瓷？简述陶瓷材料的分类。

12-7　陶瓷材料由哪些相组成，它们对陶瓷性能有何影响？

12-8　陶瓷材料主要以什么键结合，并分析陶瓷材料的性能特点？

12-9　简述常用陶瓷材料的种类、性能特点及应用。

12-10　什么是复合材料，都有哪些类型？

12-11　复合材料有哪些性能特点？

12-12　常用的增强纤维有哪些，各有何特点？

12-13　比较玻璃钢、碳纤维增强塑料、硼纤维增强塑料的性能特点，并举例说明它们的用途。

12-14　弥散强化铝合金复合材料与时效强化铝合金的性能有何不同，原因是什么？

13 典型零件的选材及热处理工艺分析

在机械制造业，每一个机械零件的设计与制造，都会涉及材料的选用，所以掌握各种工程材料的特性，正确地选择和使用材料，并能初步分析机器及零件在使用过程中出现的各种材料问题，是对从事机械制造的工程技术人员的基本要求。因为机器零件的设计与制造，不只是结构设计，还应包括材料的选用与工艺路线的制定。实际上许多机器的重大质量事故都来源于材料问题。因此掌握机械零件选材方法的要领，了解正确选材的过程是十分必要的。

13.1 常用力学性能指标在选材中的意义

机械零件的失效方式和防止失效的方法已在前面介绍了。常用力学性能指标即弹性模量 E、硬度（HBS、HRC）、屈服强度 σ_s、抗拉强度 σ_b、伸长率 δ、断面收缩率 ψ、冲击韧度 a_k 等在选材中具有一定实际意义，但也有一定局限性。所以必须综合考虑各种力学性能指标在不同情况下的应用，才能正确地进行材料的选择。以下分析各种力学性能指标在选材中的具体应用。

13.1.1 刚度和弹性指标

13.1.1.1 刚度指标

刚度是指零件在受力时抵抗弹性变形的能力。当零件的尺寸和外加载荷一定时，材料的弹性模量决定了材料的弹性变形量的大小。在其他条件相同的情况下，弹性模量愈大，弹性变形量愈小。例如选用钢、铝合金、聚苯乙烯这三种材料进行比较，它们的弹性模量 E 分别为 210GPa、70GPa 和 3.5GPa，钢的弹性模量大于铝合金的弹性模量，铝合金的弹性模量又大于聚苯乙烯的弹性模量。当零件的长度、截面尺寸及外加载荷相同的情况下，三者的弹性变形量也为钢的弹性变形量小于铝合金的弹性变形量，而铝合金的弹性变形量又小于聚苯乙烯的弹性变形量。如果一根轴在承受弯曲载荷时，显然选用钢轴的弹性变形量小，选用钢轴是比较合适的。但是如果要在给定的弹性变形量下，又要求零件质量最轻，则这时就不能单纯按照弹性模量来选材了，而应当按照比刚度进行选材。比刚度与材料的弹性模量、密度及加载方式有关。例如对于飞机机翼，尽管钢的弹性模量大于铝合金的弹性模量，但由于铝合金的密度小于钢的密度，所以铝合金的比刚度大于钢，飞机机翼应选用铝合金制造。

13.1.1.2 弹性指标

弹性是指材料弹性变形的大小。材料的弹性极限 σ_e 越高，弹性模量 E 越低，则零件的弹性越好。因此，弹性极限 σ_e 和弹性模量 E 是设计弹性零件应考虑的基本性能。例如弹簧，其主要功能是起缓冲、减振和传递力的作用。因此要求弹簧既要有高的弹性，即要能吸收较多的弹性变形时的能量，又不能发生塑性变形。这就要求材料具有尽可能高的弹性极限 σ_e 和低的弹性模量 E。虽然有些材料的弹性模量 E 较低，如塑料、橡胶、低熔点金属等，但由于其弹性极限 σ_e 低，所以也不适于用于弹性元件。因此工程结构中的弹簧都选用弹性模量较大、弹性极限或屈服强度较高的材料。例如汽车板簧，选用合金弹簧钢并经淬火＋中温回火获得尽可能高的弹性极限和屈服强度。

13.1.2 硬度和强度指标

13.1.2.1 硬度指标

硬度是材料抵抗局部塑性变形能力的性能指标。硬度是工业生产上控制和检查零件质量最常用的检验方法，通常采用压入法，以淬火钢球或金刚石锥体为压头，在一定载荷下压入材料表面。用这种方法测得的硬度分别表示为布氏硬度 HBS、洛氏硬度 HRC、维氏硬度 HV。由于压头压入时压头周围材料发生塑性变形，所以因此硬度与材料的其他力学性能之间必然存在一定关系。例如金属材料的布氏硬度 HBS 与抗拉强度在一定硬度范围内数值上存在线性关系，即 $\sigma_b = k$HBS，不同金属材料有不同 k 值，如钢铁材料和铝合金 k 值约为 1/3，铜及其合金约为 0.40 ~ 0.55。因此可以通过硬度预示材料的其他力学性能。对于刀具、冷成形模具和黏着磨损或磨粒磨损失效的零件，其磨损抗力和材料的硬度成正比，硬度是决定耐磨性的主要性能指标。对于承受接触疲劳载荷的零件如齿轮、滚动轴承等，在一定硬度范围内提高硬度对减轻麻点剥落是有效的。同时由于硬度测量非常简单，且基本不损坏零件，所以硬度常作为金属零件的质量检验标准。在一定的处理工艺下，只要硬度达到了规定的要求，其他性能也基本达到要求。

13.1.2.2 强度指标

A 屈服强度

σ_s 是在强度设计中用得最多的性能指标，设计中规定零件的工作应力 σ 必须小于许用应力 $[\sigma]$ 即 $\sigma \leqslant [\sigma] = \sigma_s / k$，式中 k 为安全系数。按此式似乎材料的屈服强度 σ_s 愈高，承载能力愈大，零件的寿命愈长。实际上不能一概而论。对于纯剪或纯拉的零件，屈服强度具有重要意义，例如螺钉或螺栓，σ_s 可直接作为设计的依据，并取 $k = 1.1 ~ 1.3$；对于承受交变接触应力的零件，由于表面经热处理强化（渗碳、渗氮、感应加热淬火等），疲劳裂纹多发生在表面硬化层和心部交界处，因而适当提高零件心部屈服强度对提高接触疲劳性能有利，这类零件除要求表面高硬度外，还要求有一定的心部屈服强度；对于低应力脆折的零件，其承载能力已不是由材料的屈服强度来控制，而是取决于材料的韧性；此时就应适当地降低材料的屈服强度；对于承受弯曲和扭转的轴类零件，由于工作应力表层最高，心部趋于零，因此只要求一定的淬硬层深度，对于零件心部的屈服强度不需要过高要求。

B 抗拉强度 σ_b

σ_b 对设计塑性低的材料如铸铁、冷拔高碳钢丝和脆性材料如陶瓷、白口铸铁等制作的零件有直接意义，设计时以抗拉强度确定许用应力即 $\sigma \leqslant [\sigma] = \sigma_b / k$（$k$ 为安全系数）。而对于塑性材料制作的零件，虽然抗拉强度在设计中没有直接意义，但由于大多数断裂事故都是由疲劳断裂引起的，疲劳强度 σ_{-1} 与抗拉强度 σ_b 有一定的比例关系，所以通常以抗拉强度来衡量材料疲劳强度的高低，提高材料的抗拉强度对零件抵抗高周疲劳断裂有利。此外，抗拉强度对材料的成分和组织很敏感。若材料的成分或热处理工艺不局，有时尽管硬度相同，但抗拉强度不同，因此可用抗拉强度作为两种不同材料或同一材料两种不同热处理状态的性能比较的标准，这样可以弥补硬度作为检验标准的不足之处。

13.1.3 塑性和冲击韧性指标

13.1.3.1 塑性指标

塑性指标氏 δ、ψ 是材料产生塑性变形能力的度量。设计零件时要求材料达到一定的 δ、ψ

值，但 δ、ψ 数值的大小只能表示在单向拉伸应力状态下的塑性，不能表示复杂应力状态下的塑性，即不能反映应力集中、工作温度、零件尺寸对断裂强度的影响，因此不能可靠地避免零件脆断。

13.1.3.2 冲击韧性指标

冲击韧性指标 A_K 或 a_K 表征在有缺口时材料塑性变形的能力，反映了应力集中和复杂应力状态下材料的塑性，而且对温度很敏感，正好弥补了 δ、ψ 的不足。例如普通结构钢的光滑试样在液氮（$-196℃$）中拉伸时的值 δ、ψ 相当高，但冲击韧性值已很低。因此材料的冲击韧性指标 A_K 或 a_K 比塑性指标 δ、ψ 更能反映实际零件的情况。在设计中，对于脆断是主要危险的零件，冲击韧性是判断材料脆断抗力的重要性能指标。其缺点是 A_K 或 a_K 不能定量地用于设计，只能凭经验提出对冲击韧性值的要求。如果过分地追求高的冲击韧性值，结果会造成零件笨重和材料浪费，而且有时即使采用了高的冲击韧性值，也不能可靠地保证零构件不发生脆断。尤其对于中低强度材料制造的大型零件和高强度材料制造的焊接构件。

13.1.4 材料强度、塑性与韧性的合理配合

通常情况下，材料的强度与塑性、韧性是相互矛盾的。强度高则塑性、韧性低，而塑性、韧性高则强度低。大多数情况下，为了确保安全，防止零件发生脆断，通常规定较高的 δ、ψ 和 a_k 值，而牺牲强度。这样必然加大零件尺寸，致使零件笨重。或者选用强度和塑性、韧性都很好的高级合金钢或其他高级材料，这样会导致零件成本增加，浪费材料。而过高的塑性、韧性却未必能够保证零件安全可靠，因为大多数机件的断裂是由疲劳引起的。发生早期疲劳断裂时，往往是强度不足，而塑性、韧性尚有余。例如柴油机的曲轴、连杆和万能铣床的主轴，过去为了追求高的塑性、韧性，选用 45 钢制造并经调质处理，以获得优良的综合力学性能，但失效分析结果表明，这类零件的断裂方式大多为疲劳断裂，所以不必追求高的塑性、韧性。改用球墨铸铁制造就能够完全满足要求，同时又简化了加工工序，降低了成本。但也不能认为强度愈高愈好。对于含裂纹的零构件，应适当降低强度，提高塑性、韧性。

综上所述，材料的强度、塑性、韧性必须合理配合。对于以疲劳断裂为主要危险的零件，在 σ_b 小于 1400MPa 范围内，材料的强度愈高，其疲劳强度也愈高，则零件的寿命愈高，因此提高材料强度、适当降低塑性、韧性，既对提高零件寿命有利，又可以减轻零件的质量。若 σ_b 大于 1400MPa，由于这类材料的强度对缺口、表面加工质量、热加工缺陷、冶金质量等都很敏感，随强度增加，其疲劳寿命反而降低，所以对以低应力脆断为主要危险的零件，如中低强度钢制造的汽轮机转子、发电机转子、大型轧辊、低温或高压化工容器以及高强度钢制造的火箭发动机壳体等，材料的韧性比强度更重要。应该适当增加材料的塑性、韧性，减小强度，以提高零件的使用寿命。总之，应从零件的实际工作情况出发，使材料的强度、塑性、韧性合理配合。

13.2 选材方法

在工程结构和机械零件的设计与制造过程中，合理地选择材料是十分重要的。所选材料的使用性能应能适应零（构）件的工作条件，使其经久耐用，而且要求有较好的加工工艺性能和经济性。以下通过从材料的使用性能、工艺性能和经济性三方面来讨论选材的基本原则。

13.2.1 根据材料的使用性能选材

所谓使用性能是材料在零件工作过程中所应具备的性能（包括力学性能、物理性能、化学

性能），它是选材最主要的依据。不同零件所要求的使用性能是不同的，如有的零件要求高强度，有的要求高弹性，有的要求耐腐蚀，有的要求耐高温，有的要求绝缘性等。即使同一零件，有时不同部位所要求的性能也不同，例如齿轮，齿面要求高硬度，而心部则要求具有一定强度和塑性、韧性。因此在选材时，首先必须准确地判断零件所要求的使用性能，然后再确定所选材料的主要性能指标及具体数值并进行选材。

13.2.1.1　分析零件的工作条件，确定使用性能

工作条件分析包括：

（1）零件的受力情况，如载荷类型（静载、交变载荷、冲击载荷）、载荷形式（拉伸、压缩、扭转、剪切、弯曲）、载荷大小及分布情况（均匀分布或有较大的局部应力集中）。

（2）零件的工作环境（温度和介质）。

（3）零件的特殊性能要求，如电性能、磁性能、热性能、密度、颜色等。

在工作条件分析基础上确定零件的使用性能。例如静载时，材料对弹性或塑性变形的抗力是主要使用性能；交变载荷时，疲劳抗力是主要使用性能。

13.2.1.2　进行失效分析，确定零件的主要使用性能

零件失效方式是多种多样的，根据零件承受载荷的类型和外界条件及失效的特点，可将失效分为三大类，即过量变形、断裂、表面损伤。失效分析的目的就是要找出产生失效的主导因素，为较准确地确定零件主要使用性能提供经过实践检验的可靠依据。例如长期以来，人们认为发动机曲轴的主要使用性能是高的冲击抗力和耐磨性，必须选用45号钢制造。而失效分析结果表明，曲轴的失效方式主要是疲劳断裂，其主要使用性能应是疲劳抗力。所以，以疲劳强度为主要失效抗力指标来设计、制造曲轴，其质量和寿命显著提高，而且可以选用价格便宜的球墨铸铁来制造。

失效分析的基本步骤如下：

（1）收集失效零件的残骸并拍照记录失效实况，找出失效的发源部位或能反映失效的性质或特点的地方，然后在该部位取样。这是失效分析中最关键的一步，也是非常费力、费时的工作，但这一步必须做到。

（2）详细查询并记录、整理失效零件的有关资料，如设计图样、实际加工工艺过程及尺寸、使用情况等，对失效零件从设计、加工、使用各方面进行全面分析。

（3）对所选试样进行宏观（用肉眼或立体显微镜）及微观（用高倍的光学或电子显微镜）的断口分析，以及必要的金相剖面分析，确定失效的发源点及失效方式。这是失效分析中的另一个关键步骤，它一方面告诉人们零件失效的精确地点和应该在该处测定哪些数据；另一方面可以指示出可能的失效原因，例如若断口为沿晶间断裂，则应该是材料、加工或介质作用的问题，而与结构设计的关系不大。

（4）对所选试样进行成分、组织和性能的分析与测试，包括检验材料成分是否符合要求；分析失效零件上的腐蚀产物、磨屑的成分；检验材料有无内部或表面裂纹和缺陷及材料的组织是否正常；测定与失效方式有关的各项性能指标，并与设计时所依据的性能指标数值作比较。

（5）综合各方面资料，判断和确定失效的具体原因，提出改进措施。

13.2.1.3　根据零件使用性能要求提出对材料性能（力学性能、物理性能、化学性能）的要求

在零件工作条件和失效方式分析的基础上明确了零件的使用性能要求以后，并不能马上按此进行选材，还要把使用性能的要求，通过分析、计算转化成某些可测量的实验室性能指标和具体数值，再按这些性能指标数据查找手册中各类材料的性能数据和大致应用范围进行选材。

必须指出，一般手册中给出的材料性能大多限于常规力学性能 σ_s、σ_b、δ、ψ、a_k、HRC 或 HBS。而对于非常规力学性能如断裂韧度及腐蚀介质中的力学性能等，可通过模拟试验取得数据，或从有关专门资料上查到相应数据进行选材。不能盲目地根据常规力学性能数据来代替非常规力学性能数据，否则不仅无法做到合理选材，甚至会导致零件早期损坏。

除了根据力学性能选材之外，对于在高温和腐蚀介质中工作的零件还要求材料具有优良的化学稳定性，即抗氧化性和耐腐蚀性；此外，有些零件要求具有特殊性能，如电性能（导电性或绝缘性）、磁性能（顺磁、逆磁、铁磁、软磁、硬磁）、热性能（导热性、热膨胀性）和密度小等。这时就应根据材料的物理性能和化学性能进行选材。例如要求零件具有高导电性和导热性，则应选铜、铝等金属材料；要求零件具有好的绝缘性，则应选高分子材料和陶瓷材料；要求零件耐腐蚀或抗氧化，则应选不锈钢或耐热钢、耐热合金和陶瓷材料；要求零件防磁，则应选奥氏体不锈钢或铜及铜合金等；要求零件质量轻，则应选铝合金、钛合金和纤维增强复合材料等。

13.2.2 根据材料的工艺性能选材

材料的工艺性能表示材料加工的难易程度。任何零件都是由所选材料通过一定的加工工艺制造出来的，因此材料的工艺性能的好坏也是选材时必须考虑的重要问题。所选材料应具有好的工艺性能，即工艺简单，加工成形容易，能源消耗少，材料利用率高，产品质量好（变形小、尺寸精度高、表面光洁、组织均匀致密）。而零件对所选材料的工艺性能的要求，与其制造的加工工艺路线有关。以下以金属材料的工艺性能和加工工艺路线进行说明。

13.2.2.1 金属零件的加工工艺路线

按零件的形状及性能要求可以有不同的加工工艺路线，大致分为三类：

（1）性能要求不高的一般零件，如铸铁件、碳钢件等。加工工艺路线为备料→毛坯成形加工（铸造或锻造）→热处理（正火或退火）→机械加工→零件

（2）性能要求较高的零件，如合金钢和高强度铝合金零件。加工工艺路线为备料→毛坯成形加工（铸造或锻造）→热处理（正火或退火）→粗加工（车、铣、刨等）→热处理（淬火＋回火或固溶＋时效处理或表面热处理）→精加工（磨削）→零件

（3）尺寸精度要求高的精密零件，如合金钢制造的精密丝杠、镗杆等。加工工艺路线为备料→热处理（正火或退火）→粗加工（车、铣、刨等）→热处理（淬火＋回火或固溶＋时效处理）→精加工（粗磨）→表面化学热处理（渗氮或渗碳）或稳定化处理（去应力退火）→精磨→稳定化处理（去应力退火）→零件

由上述工艺路线可见，用金属材料制造零件时，加工工艺路线较复杂，故对材料工艺性能的要求较高。

13.2.2.2 金属材料的工艺性能的影响

A 铸造性能

铸造性能主要指流动性、收缩、偏析、吸气性等。接近共晶成分的合金铸造性能最好，因此用于铸造成形的材料成分一般都接近共晶成分，如铸铁、硅铝明等。铸造性能较好的金属材料有铸铁、铸钢、铸造铝合金和铜合金等，铸造铝合金和铜合金的铸造性能优于铸铁和铸钢，而铸铁又优于铸钢。

B 压力加工性能

压力加工分为热压力加工（如锻造、热轧、热挤压等）和冷压力加工（如冷冲压、冷轧、冷镦、冷挤压等）。压力加工性能主要指冷、热压力加工时的塑性和变形抗力及可热加工的温

度范围，抗氧化性和加热、冷却要求等。形变铝合金和铜合金、低碳钢和低碳合金钢的塑性好，有较好的冷压力加工性能，铸铁和铸造铝合金完全不能进行冷、热压力加工，高碳高合金钢如高速钢、高铬钢等不能进行冷压力加工，其热加工性能也较差，高温合金的热加工性能更差。

C　机械加工性能

机械加工性能主要指切削加工性、磨削加工性等。铝及铝合金的机械加工性能较好，钢中以易切削钢的切削加工性能最好，而奥氏体不锈钢及高碳高合金的高速钢的切削加工性能较差。

D　焊接性能

焊接性能主要指焊缝区形成冷裂或热裂及气孔的倾向。铝合金和铜合金焊接性能不好，低碳钢的焊接性能好，高碳钢的焊接性能差，铸铁很难焊接。

E　热处理工艺性能

热处理工艺性能主要指加热温度范围、氧化和脱碳倾向、淬透性、变形开裂倾向等。大多数钢和铝合金、钛合金都可以进行热处理强化，铜合金只有少数能进行热处理强化。对于需热处理强化的金属材料，尤其是钢，热处理工艺性能特别重要。合金钢的热处理工艺性能比碳钢好，故结构形状复杂或尺寸较大且强度要求高的重要零件都用合金钢制造。

综上所述，零件从毛坯直至加工成合格成品的全部过程是一个整体，只有使所有加工工艺过程都符合设计要求，才能制成高质量的零件，达到所要求的使用性能。此外，在大批量生产时，有时工艺性能可以成为选材的决定因素。有些材料的使用性能好，但由于工艺性能差而限制其应用。例如 24SiMnWV 钢拟作为 20CrMnTi 钢的代用材料，虽然前者力学性能较后者为优，但因正火后硬度较高，切削加工性差，故不能用于制作大批量生产的零件。相反，有些材料使用性能不是很好，例如易切削钢，但因其切削加工性好，适于自动机床大批量生产，故常用于制作受力不大的普通标准件（螺栓、螺母、销子等）。

13.2.3　根据材料的经济性选材

在满足使用性能的前提下，经济性也是选材必须考虑的重要因素。选材的经济性不只是指选用的材料价格便宜，更重要的是要使生产零件的总成本降低。零件的总成本包括制造成本（材料价格、零件自重、零件的加工费、试验研究费）和附加成本（零件的寿命，即更换零件和停机损失费及维修费）。在保证零件使用性能前提下，尽量选用价格便宜的材料，可降低零件总成本。但有时选用性能好的材料，虽然其价格较贵，但由于零件自重减轻，寿命延长，维修费用减少，反而是经济的。例如汽车用钢板，若将低碳优质碳素结构钢改为低碳低合金结构钢，虽然钢的成本提高，但由于钢的强度提高，钢板厚度可以减薄，用材总量减少，汽车自重减小，寿命提高，油耗减少，维修费减少，因此总成本反而降低。此外，选材时还应考虑国家资源和生产、供应情况，所选材料应符合我国资源情况，来源丰富且材料种类尽量少而集中，便于采购和管理。由于我国 Ni、Cr、Co 资源缺少，应尽量选用不含或少含这类元素的钢或合金。

13.3　典型零件的选材与热处理工艺分析

金属材料、高分子材料、陶瓷材料是三类最主要的工程材料。高分子材料的强度、刚度、韧性较低，一般不能用于制作重要的机器零件，但其弹性好、减振性及耐磨性或减摩性好、密度小，适于制作受力小、减振、耐磨、密封零件，如轻载传动齿轮、轴承、密封垫圈、轮胎等；陶瓷材料硬而脆，也不能制作重要的受力构件，但它具有好的热硬性和化学稳定性，可用于制作高温下工作的零件和耐磨、耐腐蚀零件，如切削刀具、燃烧器喷嘴、石油化工容器等；金属材料具有优良的综合力学性能，其强度、塑性、韧性好，可用于制作重要的机器零件和工程结构，仍然是机械工程中应用最广的材料，尤以钢铁材料使用更为普遍；复合材料虽然具有最优良的性能，但由于其价格昂贵，除了在航空、航天、船舶等国防工业中的重要结构件上有所应用外，在一般机械工业中很少应用。以下就钢铁材料制成的几种典型零件的选材及热处理工艺进行分析。

13.3.1 齿轮

13.3.1.1 齿轮的工作条件、失效方式及性能要求

A 工作条件和失效方式

齿轮是应用很广的机械零件，主要起传递扭矩、变速或改变传力方向的作用。其工作条件是：

(1) 传递扭矩时齿根部承受较大的交变弯曲应力；

(2) 齿啮合时齿面承受较大的接触压应力并受强烈的摩擦和磨损；

(3) 换挡、启动、制动或啮合不均匀时承受一定冲击力。

齿轮的失效方式主要是齿的折断（包括疲劳断裂和冲击过载断裂）和齿面损伤（包括接触疲劳麻点剥落和过度磨损）。

B 性能要求

根据齿轮的工作条件和失效方式，齿轮材料应具有如下性能：

(1) 高的弯曲疲劳强度，防止轮齿疲劳断裂；

(2) 足够高的齿心强度和韧性，防止轮齿过载断裂；

(3) 足够高的齿面接触疲劳强度和高的硬度及耐磨性，防止齿面损伤；

(4) 较好的工艺性能，如切削加工性好，热处理变形小或变形有一定规律，过热倾向小，有一定淬透性等。

13.3.1.2 齿轮的选材及热处理

A 机床齿轮

机床齿轮工作平稳无强烈冲击，负荷不大，转速中等，对齿轮心部强度和韧性的要求不高，一般选用 40 或 45 钢制造。经正火或调质处理后再经高频感应加热表面淬火，齿面硬度可达 HRC52 左右，齿心硬度为 HBS 220 ~ 250，完全可以满足性能要求。对于一部分性能要求较高的齿轮，可用中碳低合金钢（如 40Cr、40MnB、45Mn2 等）制造，齿面硬度提高到 HRC58 左右，心部强度和韧性也有所提高。

机床齿轮的加工工艺路线为：

下料→锻造→正火→粗加工→调质→半精加工→高频感应加热表面淬火 + 低温回火→精加工→成品

其热处理工艺的主要作用是正火处理可使组织均匀化，消除锻造应力，调整硬度，改善切削加工性（对于一般齿轮，正火也可作为高频感应加热表面淬火前的最后热处理工序）；调质处理可使齿轮具有较高的综合力学性能，提高齿心的强度和韧性，使齿轮能承受较大的弯曲应力和冲击载荷，并减小淬火变形；高频感应加热表面淬火可提高齿轮表面硬度和耐磨性，提高齿面接触疲劳强度；低温回火是在不降低表面硬度的情况下消除淬火应力，防止产生磨削裂纹和提高齿轮抗冲击的能力。

B　汽车、拖拉机齿轮

汽车、拖拉机齿轮的工作条件比机床齿轮恶劣，受力较大，超载与启动、制动和变速时受冲击频繁，对耐磨性、弯曲疲劳强度、接触疲劳强度、心部强度和韧性等性能的要求均较高。选用中碳钢或中碳低合金钢经高频感应加热表面淬火已不能保证使用性能。选用合金渗碳钢（20CrMnTi、20CrMnMo、20MnVB）较为适宜。这类钢经正火处理后再经渗碳、淬火处理，表面硬度可达 HRC 55 ~ 65，心部硬度为 HRC 35 ~ 45。

汽车、拖拉机齿轮的加工工艺路线为：

下料→锻造→正火→机械加工→渗碳→淬火 + 低温回火→喷丸→磨加工→成品

其热处理工艺的主要作用是正火处理可使组织均匀，调整硬度改善切削加工性；渗碳是提高齿面含碳量（0.8% ~ 1.05%）；淬火可提高齿面硬度并获得一定淬硬层深度（0.8 ~ 1.3mm），提高齿面耐磨性和接触疲劳强度；低温回火的作用是消除淬火应力，防止磨削裂纹，提高冲击抗力；喷丸处理可提高齿面硬度约 1 ~ 3 个 HRC 单位，增加表面残余压应力，提高接触疲劳强度。

13.3.2　轴

13.3.2.1　轴的工作条件、失效方式及性能要求

A　工作条件和失效方式

轴是机械中广泛使用的重要结构件，其主要作用是支承传动零件并传递扭矩，它的工作条件为：

（1）承受交变扭转载荷、交变弯曲载荷或拉-压载荷；

（2）局部（轴颈、花键等处）承受摩擦和磨损；

（3）特殊条件下受温度或介质作用。

轴的失效方式主要是疲劳断裂和轴颈处磨损，有时也发生冲击过载断裂，个别情况下发生塑性变形或腐蚀失效。

B　性能要求

根据轴的工作条件及失效方式，轴的材料应具有如下性能：

（1）高的疲劳强度，防止疲劳断裂；

（2）优良的综合力学性能，即较高的屈服强度和抗拉强度、较高的韧性，防止塑性变形及过载或冲击载荷作用下的折断和扭断；

（3）局部承受摩擦的部位具有高硬度和耐磨性，防止磨损失效；

（4）在特殊条件下工作的轴的材料应具有特殊性能，如蠕变抗力、耐腐蚀性等。

13.3.2.2　轴的选材及热处理

A　机床主轴

机床主轴承受中等扭转-弯曲复合载荷，转速中等并承受一定冲击载荷。大多选用 45 钢制造，经调质处理后轴颈及锥孔处再进行表面淬火。载荷较大时选用 40Cr 钢制造。

机床主轴的工艺路线为：

下料→锻造→正火→粗加工→调质→半精加工→局部表面淬火 + 低温回火→精磨→成品

其热处理工艺的主要作用是正火处理可细化组织，调整硬度，改善切削加工性；调质处理可获得高的综合力学性能和疲劳强度；局部表面淬火及低温回火可获得局部高硬度和耐磨性。

对于有些机床主轴，例如万能铣床主轴，也可用球墨铸铁代替 45 号钢来制造。对于要求高精度、高尺寸稳定性及耐磨性的主轴例如镗床主轴，往往用 38CrMoAlA 钢制造，经调质处理

后再进行渗氮处理。

B　内燃机曲轴

曲轴是内燃机中形状复杂而又重要的零件之一。它在工作时受汽缸中周期性变化的气体压力、曲柄连杆机构的惯性力、扭转和弯曲应力及扭转振动和冲击力的作用。需要根据内燃机转速不同，选用不同材料。通常低速内燃机曲轴选用正火态的 45 钢或球墨铸铁制造；中速内燃机曲轴选用调质态 45 钢或球墨铸铁、调质态中碳低合金钢 40Cr、45Mn2、50Mn2 等制造；高速内燃机曲轴选用高强度合金钢 35CrMo、42CrMo、18Cr2Ni4WA 等制造。

内燃机曲轴的工艺路线为：

下料→锻造→正火→粗加工→调质→半精加工→轴颈表面淬火 + 低温回火→精磨→成品

各热处理工序的作用与上述机床主轴相同。

近年来常采用球墨铸铁代替 45 钢制造曲轴，其工艺路线为：

熔炼→铸造→正火 + 高温回火→机械加工→轴颈表面淬火 + 低温回火→成品

这种曲轴质量的关键是铸造质量，首先应保证球化良好并无铸造缺陷，然后再经正火增加组织中的珠光体含量和细化珠光体片，以提高其强度、硬度和耐磨性，最后用高温回火消除正火风冷所造成的内应力。

C　汽轮机主轴

汽轮机主轴尺寸大，工作负荷大，受弯矩、扭矩及离心力和温度的联合作用，工作条件恶劣。其失效方式主要是蠕变变形和由内部缺陷（如白点、夹杂物、焊接裂纹等）引起的低应力脆断或疲劳断裂和应力腐蚀开裂。因此汽轮机主轴对材料性能的要求除应有较高的强度及足够的塑性和韧性外，还要求锻件中不出现较大的夹杂物、氢引起的微裂纹（白点）及焊接裂纹。对于在 500℃ 以上工作的主轴还要求材料有一定的高温强度。根据汽轮机功率和主轴工作温度选用不同材料。对于工作温度在 450℃ 以下的主轴，不必考虑高温强度，若汽轮机功率较小（小于 12000kW），主轴尺寸较小，可选用 45 钢，若汽轮机功率较大（大于 12000kW），主轴尺寸较大，必须选用 35CrMo 钢，以提高淬透性；对于工作温度在 500℃ 以上的主轴，由于汽轮机功率大，要求较高的高温强度，选用珠光体耐热钢制造，一般高中压主轴选用 25CrMoVA 或 27CrZMoVA 钢，低压主轴选用 15CrMoV 或 17CrMoV 钢；对于燃气轮机主轴，由于工作温度更高，要求材料具有更高的高温强度，一般选用珠光体耐热钢 20Cr3MoWV（小于 540℃）、铁基耐热合金 Cr14Ni26MoTi（小于 650℃）和 Cr14Ni35MoWTiAl（小于 680℃）。

汽轮机主轴的工艺路线为：

钢锭→锻造→第一次正火→去氢处理→第二次正火→高温回火→机械加工→成品

其热处理工艺的主要作用是第一次正火可消除锻造应力，使组织均匀；去氢处理的目的是使氢自锻件中扩散出去，防止产生白点；第二次正火是为了获得细片状珠光体，提高高温强度；高温回火可消除正火应力，并使合金元素 V、Ti 充分进入碳化物中，而使 Mo 充分融入铁素体中，进一步提高高温强度。

```
练习题与思考题
```

13-1　简述常用力学性能指标在选材中的意义。

13-2　简述断裂韧性在选材中的意义。

13-3　设计人员怎样才能做到对材料的强度、塑性、韧性提出合理要求。

13-4　设计人员在选材时应考虑哪些原则，如何才能做到合理选材？

13-5　有一贮存液化气的压力容器，工作温度为 -196℃，试回答下列问题，并说明理由。

(1) 低温压力容器要求材料具有哪些力学性能？

(2) 在下列材料中选择何种材料较合适？

①低合金高强度钢；②奥氏体不锈钢；③形变铝合金；④加工黄铜；⑤软合金；⑥工程塑料。

13-6　选择下列零件的材料并说明理由；制定加工工艺路线并说明各热处理工序的作用：

①机床主轴；②镗床镗杆；③燃气轮机主轴；④汽车、拖拉机曲轴，⑤中压汽轮机后级叶片；

⑥钟表齿轮，⑦内燃机的火花塞，⑧赛艇艇身。

附 表

附表1 压痕直径与布氏硬度对照表

球直径 D/mm					$\frac{F}{D^2}$/MPa						
					300	150	100	50	25	12.5	10
					试验力 F/N						
10					30000	15000	10000	5000	2500	1250	1000
	5				7500	—	2500	1250	625	312.5	250
		2.5			1875	—	629	312.5	156.25	78.13	62.5
			2		1200	—	400	200	100	50	40
				1	300	—	100	50	25	12.5	10
压痕直径 d/mm					布氏硬度 HBS 或 HBW						
2.40	1.200	0.600	0.480	0.240	653	327	218	109	54.5	27.2	21.8
2.42	1.210	0.605	0.484	0.242	643	321	214	107	53.5	26.8	21.4
2.44	1.220	0.610	0.488	0.244	632	316	211	105	52.7	26.3	21.1
2.46	1.230	0.615	0.492	0.246	621	311	207	104	51.8	25.9	20.7
2.48	1.240	0.620	0.496	0.248	611	306	204	102	50.9	25.5	20.4
2.50	1.250	0.625	0.500	0.250	601	301	200	100	50.1	25.1	20.0
2.52	1.260	0.630	0.504	0.252	592	296	197	98.6	49.3	24.7	19.7
2.54	1.270	0.635	0.508	0.254	582	291	194	97.1	48.5	24.3	19.4
2.56	1.280	0.640	0.512	0.256	573	287	191	95.5	47.8	23.9	19.1
2.58	1.290	0.645	0.516	0.258	564	282	188	94.0	47.0	23.5	18.8
2.60	1.300	0.650	0.520	0.260	555	278	185	92.6	46.3	23.1	18.5
2.62	1.310	0.655	0.524	0.262	547	273	182	91.1	45.6	22.8	18.2
2.64	1.320	0.660	0.528	0.264	538	269	179	89.7	44.9	22.4	17.9
2.66	1.330	0.665	0.532	0.266	530	265	177	88.4	44.2	22.1	17.7
2.68	1.340	0.670	0.536	0.268	522	261	174	87.0	43.5	21.8	17.4
2.70	1.350	0.675	0.540	0.270	514	257	171	85.7	42.9	21.4	17.1
2.72	1.360	0.680	0.544	0.272	507	253	169	84.4	42.2	21.1	16.9
2.74	1.370	0.685	0.548	0.274	499	250	166	83.2	41.6	20.8	16.6
2.76	1.380	0.690	0.552	0.276	492	246	164	81.9	41.0	20.5	16.4
2.78	1.390	0.695	0.556	0.278	485	242	162	80.8	40.4	20.2	16.2
2.80	1.400	0.700	0.560	0.280	477	239	159	79.6	39.8	19.0	15.9
2.82	1.410	0.705	0.564	0.282	471	235	157	78.4	39.2	19.6	15.7
2.84	1.420	0.710	0.568	0.284	464	232	155	77.3	38.7	19.3	15.5
2.86	1.430	0.715	0.572	0.286	457	229	152	76.2	38.1	19.1	15.2
2.88	1.440	0.720	0.576	0.288	451	225	150	75.1	37.6	18.8	15.0

球直径 D/mm					$\frac{F}{D^2}$/MPa						
					300	150	100	50	25	12.5	10
					试验力 F/N						
10					30000	15000	10000	5000	2500	1250	1000
	5				7500	—	2500	1250	625	312.5	250
		2.5			1875	—	629	312.5	156.25	78.13	62.5
			2		1200	—	400	200	100	50	40
				1	300	—	100	50	25	12.5	10
压痕直径 d/mm					布氏硬度 HBS 或 HBW						
2.90	1.450	0.725	0.580	0.290	444	222	148	74.1	37.0	18.5	14.8
2.92	1.460	0.730	0.584	0.292	438	219	146	73.0	36.5	18.3	14.6
2.94	1.470	0.735	0.588	0.294	432	216	144	72.0	36.0	18.0	14.4
2.96	1.480	0.740	0.592	0.296	426	213	142	71.0	35.5	17.8	14.2
2.98	1.490	0.745	0.596	0.298	420	210	140	70.1	35.0	17.5	14.0
3.00	1.500	0.750	0.600	0.300	415	207	138	69.1	34.6	17.3	13.8
3.02	1.510	0.755	0.604	0.302	409	205	136	68.2	34.1	17.0	13.6
3.04	1.520	0.760	0.608	0.304	404	202	135	67.3	33.6	16.8	13.5
3.06	1.530	0.765	0.612	0.306	398	199	133	66.4	33.2	16.6	13.3
3.08	1.540	0.770	0.616	0.308	393	196	131	65.5	32.7	16.4	13.1
3.10	1.550	0.775	0.620	0.310	388	194	129	64.6	32.3	16.2	12.9
3.12	1.560	0.780	0.624	0.312	383	191	128	63.8	31.9	15.9	12.8
3.14	1.570	0.785	0.628	0.314	378	189	126	62.9	31.5	15.7	12.6
3.16	1.580	0.790	0.632	0.316	373	186	124	62.1	31.1	15.5	12.4
3.18	1.590	0.795	0.636	0.318	368	184	123	61.3	30.7	15.3	12.3
3.20	1.600	0.800	0.640	0.320	363	182	121	60.5	30.3	15.1	12.1
3.22	1.610	0.805	0.644	0.322	359	179	120	59.8	29.9	14.9	12.0
3.24	1.620	0.810	0.648	0.324	354	177	118	59.0	29.5	14.8	11.8
3.26	1.630	0.815	0.652	0.326	350	175	117	58.3	29.1	14.6	11.7
3.28	1.640	0.820	0.656	0.328	345	173	115	57.5	28.8	14.4	11.5
3.30	1.650	0.825	0.660	0.330	341	170	114	56.8	28.4	14.2	11.4
3.32	1.660	0.830	0.664	0.332	337	168	112	56.1	28.1	14.0	11.2
3.34	1.670	0.835	0.668	0.334	333	166	111	55.4	27.7	13.9	11.1
3.36	1.680	0.840	0.672	0.336	329	164	110	54.8	27.4	13.7	11.0
3.38	1.690	0.845	0.676	0.338	325	162	108	54.1	27.0	13.5	10.8
3.40	1.700	0.850	0.680	0.340	321	160	107	53.4	26.7	13.4	10.7
3.42	1.710	0.855	0.684	0.342	317	158	106	52.8	26.4	13.2	10.6
3.44	1.720	0.860	0.688	0.344	313	156	104	52.2	26.1	13.0	10.4
3.46	1.730	0.865	0.692	0.346	309	155	103	51.5	25.8	12.9	10.3
3.48	1.740	0.870	0.696	0.348	306	153	102	50.9	25.5	12.7	10.2

续附表1

球直径 D/mm					$\dfrac{F}{D^2}$/MPa						
					300	150	100	50	25	12.5	10
					试验力 F/N						
10					30000	15000	10000	5000	2500	1250	1000
	5				7500	—	2500	1250	625	312.5	250
		2.5			1875	—	629	312.5	156.25	78.13	62.5
			2		1200	—	400	200	100	50	40
				1	300	—	100	50	25	12.5	10
压痕直径 d/mm					布氏硬度 HBS 或 HBW						
3.50	1.750	0.875	0.700	0.350	302	151	101	50.3	25.2	12.6	10.1
3.52	1.760	0.880	0.704	0.352	298	149	99.5	49.7	24.9	12.4	9.95
3.54	1.770	0.885	0.708	0.354	295	147	98.3	49.2	24.6	12.3	9.83
3.56	1.780	0.890	0.712	0.356	292	146	97.2	48.6	24.3	12.1	9.72
3.58	1.790	0.895	0.716	0.358	288	144	96.1	48.0	24.0	12.0	9.61
3.60	1.800	0.900	0.720	0.360	285	142	95.0	47.5	23.7	11.9	9.50
3.62	1.810	0.905	0.724	0.362	282	141	93.9	46.9	23.5	11.7	9.39
3.64	1.820	0.910	0.728	0.364	278	139	92.8	46.4	23.2	11.6	9.28
3.66	1.830	0.915	0.732	0.366	275	138	91.8	45.9	22.9	11.5	9.18
3.68	1.840	0.920	0.736	0.368	272	136	90.7	45.4	22.7	11.3	9.07
3.70	1.850	0.925	0.740	0.370	269	135	89.7	44.9	22.4	11.2	8.97
3.72	1.860	0.930	0.744	0.372	266	133	88.7	44.4	22.2	11.1	8.87
3.74	1.870	0.935	0.748	0.374	263	132	87.7	43.9	21.9	11.0	8.77
3.76	1.880	0.940	0.752	0.376	260	130	86.8	43.4	21.7	10.8	8.68
3.78	1.890	0.945	0.756	0.378	257	129	85.8	42.9	21.5	10.7	8.58
3.80	1.900	0.950	0.760	0.380	255	127	84.9	42.4	21.2	10.6	8.49
3.82	1.910	0.955	0.764	0.382	252	126	83.9	42.0	21.0	10.5	8.39
3.84	1.920	0.960	0.768	0.384	249	125	83.0	41.5	20.8	10.4	8.30
3.86	1.930	0.965	0.772	0.386	246	123	82.1	41.1	20.5	10.3	8.21
3.88	1.940	0.970	0.776	0.388	244	122	81.3	40.6	20.3	10.2	8.13
3.90	1.950	0.975	0.780	0.390	241	121	80.4	40.2	20.1	10.0	8.04
3.92	1.960	0.980	0.784	0.392	239	119	79.5	39.8	19.9	9.94	7.95
3.94	1.970	0.985	0.788	0.394	236	118	78.7	39.4	19.7	9.84	7.87
3.96	1.980	0.990	0.792	0.396	234	117	77.9	38.9	19.5	9.73	7.79
3.98	1.990	0.995	0.796	0.398	231	116	77.1	38.5	19.3	9.63	7.71
4.00	2.000	1.000	0.800	0.400	229	114	76.3	38.1	19.1	9.53	7.63
4.02	2.010	1.005	0.804	0.402	226	113	75.5	37.7	18.9	9.43	7.55
4.04	2.020	1.010	0.808	0.404	224	112	74.7	37.3	18.7	9.34	7.47
4.06	2.030	1.015	0.812	0.406	222	111	73.9	37.0	18.5	9.24	7.39
4.08	2.040	1.020	0.816	0.408	219	110	73.2	36.6	18.3	9.14	7.32

球直径 D/mm					$\dfrac{F}{D^2}$/MPa						
					300	150	100	50	25	12.5	10
					试验力 F/N						
10					30000	15000	10000	5000	2500	1250	1000
	5				7500	—	2500	1250	625	312.5	250
		2.5			1875	—	629	312.5	156.25	78.13	62.5
			2		1200	—	400	200	100	50	40
				1	300	—	100	50	25	12.5	10
压痕直径 d/mm					布氏硬度 HBS 或 HBW						
4.10	2.050	1.025	0.820	0.410	217	109	72.4	36.2	18.1	9.05	7.24
4.12	2.060	1.030	0.824	0.412	215	108	71.7	35.8	17.0	8.00	7.17
4.14	2.070	1.035	0.828	0.414	213	106	71.0	35.5	17.7	8.87	7.10
4.16	2.080	1.040	0.832	0.416	211	105	70.2	35.1	17.6	8.78	7.02
4.18	2.090	1.045	0.836	0.418	209	104	69.5	34.8	17.4	8.69	6.95
4.20	2.100	1.050	0.840	0.420	207	103	68.8	34.4	17.2	8.61	6.88
4.22	2.110	1.055	0.844	0.422	204	102	68.2	34.1	17.0	8.52	6.82
4.24	2.120	1.060	0.848	0.424	202	101	67.5	33.7	16.9	8.44	6.75
4.26	2.130	1.065	0.852	0.426	200	100	66.8	33.4	16.7	8.35	6.68
4.28	2.140	1.070	0.856	0.428	199	99.2	66.2	33.1	16.5	8.27	6.62
4.30	2.150	1.075	0.860	0.430	197	98.3	65.6	32.8	16.4	8.19	6.55
4.32	2.160	1.080	0.864	0.432	195	97.3	64.9	32.4	16.2	8.11	6.49
4.34	2.170	1.085	0.868	0.434	193	96.4	64.2	32.1	16.1	8.03	6.42
4.36	2.180	1.090	0.872	0.436	191	95.4	63.6	31.8	15.9	7.95	6.36
4.38	2.190	1.095	0.876	0.438	189	94.5	63.0	31.5	15.8	7.88	6.30
4.40	2.200	1.100	0.880	0.440	187	93.6	62.4	31.2	15.6	7.80	6.24
4.42	2.210	1.105	0.884	0.442	185	92.7	61.8	30.9	15.5	7.73	6.18
4.44	2.220	1.110	0.888	0.444	184	91.8	61.2	30.6	15.3	7.65	6.12
4.46	2.230	1.115	0.892	0.446	182	91.0	60.6	30.3	15.2	7.58	6.06
4.48	2.240	1.120	0.896	0.448	180	90.1	60.1	30.0	15.0	7.51	6.01
4.50	2.250	1.125	0.900	0.450	179	89.3	59.5	29.8	14.9	7.44	5.95
4.52	2.260	1.130	0.904	0.452	177	88.4	59.0	29.5	14.7	7.37	5.90
4.54	2.270	1.135	0.908	0.454	175	87.6	58.4	29.2	14.6	7.30	5.84
4.56	2.280	1.140	0.912	0.456	174	86.8	57.9	28.9	14.5	7.23	5.79
4.58	2.290	1.145	0.916	0.458	172	86.0	57.3	28.7	14.3	7.17	5.73
4.60	2.300	1.150	0.920	0.460	170	85.2	56.8	28.4	14.2	7.10	5.68
4.62	2.310	1.155	0.924	0.462	169	84.4	56.3	28.1	14.1	7.03	5.63
4.64	2.320	1.160	0.928	0.464	167	83.6	55.8	27.9	13.9	6.97	5.58
4.66	2.330	1.165	0.932	0.466	166	82.9	55.3	27.6	13.8	6.91	5.53
4.68	2.340	1.170	0.936	0.468	164	82.1	54.8	27.4	13.7	6.84	5.48

球直径 D/mm				$\frac{F}{D^2}$/MPa						
				300	150	100	50	25	12.5	10
				试验力 F/N						
10				30000	15000	10000	5000	2500	1250	1000
	5			7500	—	2500	1250	625	312.5	250
		2.5		1875	—	629	312.5	156.25	78.13	62.5
			2	1200	—	400	200	100	50	40
			1	300	—	100	50	25	12.5	10
压痕直径 d/mm				布氏硬度 HBS 或 HBW						
4.70	2.350	1.175	0.940	0.470	163	81.4	54.3	27.1	13.6	6.78	5.43
4.72	2.360	1.180	0.944	0.472	161	80.7	53.8	26.9	13.4	6.72	5.38
4.74	2.370	1.185	0.948	0.474	160	79.9	53.3	26.6	13.3	6.66	5.33
4.76	2.380	1.190	0.952	0.476	158	79.2	52.8	26.4	13.2	6.60	5.28
4.78	2.390	1.195	0.956	0.478	157	78.5	52.3	26.2	13.1	6.54	5.23
4.80	2.400	1.200	0.960	0.480	156	77.8	51.9	25.9	13.0	6.48	5.19
4.82	2.410	1.205	0.964	0.482	154	77.1	51.4	25.7	12.9	6.43	5.14
4.84	2.420	1.210	0.968	0.484	153	76.4	51.0	25.5	12.7	6.37	5.10
4.86	2.430	1.215	0.972	0.486	152	75.8	50.5	25.3	12.6	6.31	5.05
4.88	2.440	1.220	0.976	0.488	150	75.1	50.1	25.0	12.5	6.26	5.01
5.40	2.700	1.350	1.080	0.540	121	60.3	40.2	20.1	10.1	5.03	4.02
5.42	2.710	1.355	1.084	0.542	120	59.8	39.9	19.9	9.97	4.99	3.99
5.44	2.720	1.360	1.088	0.544	119	59.3	39.6	19.8	9.89	4.95	3.96
5.46	2.730	1.365	1.092	0.546	118	58.9	39.2	19.6	9.81	4.91	3.92
5.48	2.740	1.370	1.096	0.548	117	58.4	38.9	19.5	9.73	4.87	3.89
5.50	2.750	1.375	1.100	0.550	116	57.9	38.6	19.3	9.66	4.83	3.86
5.52	2.760	1.380	1.104	0.552	115	57.5	38.3	19.2	9.58	4.79	3.83
5.54	2.770	1.385	1.108	0.554	114	57.0	38.0	19.0	9.50	4.75	3.80
5.56	2.780	1.390	1.112	0.556	113	56.6	37.7	18.9	9.43	4.71	3.77
5.58	2.790	1.395	1.116	0.558	112	56.1	37.4	18.7	9.35	4.68	3.74
5.60	2.800	1.400	1.120	0.560	111	55.7	37.1	18.6	9.28	4.64	3.71
5.62	2.810	1.405	1.124	0.562	110	55.2	36.8	18.4	9.21	4.60	3.68
5.64	2.820	1.410	1.128	0.564	110	54.8	36.5	18.3	9.14	4.57	3.65
5.66	2.830	1.415	1.132	0.566	109	54.4	36.3	18.1	9.06	4.53	3.63
5.68	2.840	1.420	1.136	0.568	108	54.0	36.0	18.0	8.99	4.50	3.60
5.70	2.850	1.425	1.140	0.570	107	53.5	35.7	17.8	8.92	4.46	3.57
5.72	2.860	1.430	1.144	0.572	106	53.1	35.4	17.7	8.85	4.43	3.54
5.74	2.870	1.435	1.148	0.574	105	52.7	35.1	17.6	8.79	4.39	3.51
5.76	2.880	1.440	1.152	0.576	105	52.3	34.9	17.4	8.72	4.36	3.49
5.78	2.890	1.445	1.156	0.578	104	51.9	34.6	17.3	8.65	4.33	3.46

球直径 D/mm					$\frac{F}{D^2}$/MPa						
					300	150	100	50	25	12.5	10
					试验力 F/N						
10					30000	15000	10000	5000	2500	1250	1000
	5				7500	—	2500	1250	625	312.5	250
		2.5			1875	—	629	312.5	156.25	78.13	62.5
			2		1200	—	400	200	100	50	40
				1	300	—	100	50	25	12.5	10
压痕直径 d/mm					布氏硬度 HBS 或 HBW						
5.80	2.900	1.450	1.160	0.580	103	51.5	34.3	17.2	8.59	4.29	3.43
5.82	2.910	1.455	1.164	0.582	102	51.1	34.1	17.0	8.52	4.26	3.41
5.84	2.920	1.460	1.168	0.584	101	50.7	33.8	16.9	8.45	4.23	3.38
5.86	2.930	1.465	1.172	0.586	101	50.3	33.6	16.8	8.39	4.20	3.36
5.88	2.940	1.470	1.176	0.588	99.9	50.0	33.3	16.7	8.33	4.16	3.33
5.90	2.950	1.475	1.180	0.590	99.2	49.6	33.1	16.5	8.26	4.13	3.31
5.92	2.960	1.480	1.184	0.592	98.4	49.2	32.8	16.4	8.20	4.10	3.28
5.94	2.970	1.485	1.188	0.594	97.7	48.8	32.6	16.3	8.14	4.07	3.26
5.96	2.980	1.490	1.192	0.596	96.9	48.5	32.3	16.2	8.08	4.04	3.23
5.98	2.990	1.495	1.196	0.598	96.2	48.1	32.1	16.0	8.02	4.01	3.21
6.00	3.000	1.500	1.200	0.600	95.5	47.7	31.8	15.9	7.96	3.98	3.18

附表 2　常用结构钢退火及正火工艺规范

钢　号	临界温度/℃			退　火			正　火	
	A_{c1}	A_{c3}	A_{r1}	加热温度/℃	冷　却	HBS	加热温度/℃	HBS
35	724	802	680	850~880	炉冷	≤187	860~890	≤191
45	724	780	682	800~840	炉冷	≤197	840~870	≤226
45Mn2	715	770	640	810~840	炉冷	≤217	820~860	187~241
40Cr	743	782	693	830~850	炉冷	≤207	850~870	≤250
35CrMo	755	800	695	830~850	炉冷	≤229	850~870	≤241
40MnB	730	780	650	820~860	炉冷	≤207	850~900	197~207
40CrNi	731	769	660	820~850	炉冷<600℃	—	870~900	≤250
40CrNiMoA	732	774	—	840~880	炉冷	≤229	890~920	—
65Mn	726	765	689	780~840	炉冷	≤229	820~860	≤269
60Si2Mn	755	810	700	—	—	—	830~860	≤254
50CrV	752	788	688	—	—	—	850~880	≤288
20	735	855	680	—	—	—	890~920	≤156
20Cr	766	838	702	860~890	炉冷	≤179	870~900	≤270
20CrMnTi	740	825	650	—	—	—	950~970	156~207
20CrMnMo	710	830	620	850~870	炉冷	≤217	870~900	—
38CrMoAlA	800	940	730	840~870	炉冷	≤229	930~970	—

附表3 常用工具钢退火及正火工艺规范

钢 号	临界温度/℃			退 火			正 火	
	A_{c1}	A_{cm}	A_{r1}	加热温度/℃	等温温度/℃	HBS	加热温度/℃	HBS
T8A	730	—	700	740 ~ 760	650 ~ 680	≤187	760 ~ 780	241 ~ 302
T10A	730	800	700	750 ~ 770	680 ~ 700	≤197	800 ~ 850	255 ~ 321
T12A	730	820	700	750 ~ 770	680 ~ 700	≤207	850 ~ 870	269 ~ 341
9Mn2V	736	765	652	760 ~ 780	670 ~ 690	≤229	870 ~ 880	—
9SiCr	770	870	730	790 ~ 810	700 ~ 720	197 ~ 241	—	—
CrWMn	750	940	710	770 ~ 790	680 ~ 700	207 ~ 255	—	—
GCr15	745	900	700	790 ~ 810	710 ~ 720	207 ~ 229	900 ~ 950	270 ~ 390
Cr12MoV	810	—	760	850 ~ 870	720 ~ 750	207 ~ 255	—	—
W18Cr4V	820	—	760	850 ~ 880	730 ~ 750	207 ~ 255	—	—
W6Mo6Cr4V	845 ~ 880	—	805 ~ 740	850 ~ 870	740 ~ 750	≤255	—	—
5CrMnMo	710	760	650	850 ~ 870	~ 680	197 ~ 241	—	—
5CrNiMo	710	770	680	850 ~ 870	~ 680	197 ~ 241	—	—
3Cr2W8	820	1100	790	850 ~ 860	720 ~ 740	—	—	—

参 考 文 献

1　吴承建，陈国良，张文江．金属材料学．北京：冶金工业出版社，2001

2　谷臣清．材料工程基础．北京：机械工业出版社，2004

3　崔忠圻，刘北兴．金属学与热处理原理．哈尔滨：哈尔滨工业大学出版社，2004

4　陈勇．工程材料与热处理．武汉：华中科技大学出版社，2001

5　刘天模，徐幸莘．工程材料．北京：机械工业出版社，2003

6　赵忠，丁仁亮，周而康．金属材料及热处理．北京：机械工业出版社，2004

7　沈莲．机械工程材料．北京：机械工业出版社，2000

8　孙学强．机械制造基础．北京：机械工业出版社，2001

9　许德珠．机械工程材料．北京：高等教育出版社，2001

10　侯旭明．工程材料及成型工艺．北京：高等教育出版社，2003

11　倪兆荣，张海筹．机械工程材料．北京：科学出版社，2007

12　王荣声，陈玉琨．工程材料及机械制造基础（实习教材）．北京：机械工业出版社，2003

13　陶治．材料成形技术基础．北京：机械工业出版社，2003

14　石德珂．材料科学基础．北京：机械工业出版社，1998

冶金工业出版社部分图书推荐

书 名	作 者	定价(元)
中国冶金百科全书·金属材料	编委会	229.00
金属学原理(第2版)(本科教材)	余永宁	160.00
金属学原理习题解答(本科教材)	余永宁	19.00
材料科学基础教程(本科教材)	王亚男	33.00
金属材料学(第2版)(本科教材)	吴承建	52.00
合金相与相变(第2版)	肖纪美	37.00
金相实验技术(第2版)(本科教材)	王 岚	32.00
耐火材料工艺学(第2版)(本科教材)	王维邦	28.00
钢铁冶金原理(第4版)(本科教材)	黄希祜	82.00
冶金物理化学研究方法(第4版)(本科教材)	王常珍	69.00
金属压力加工原理及工艺实验教程(本科教材)	魏立群	26.00
材料现代测试技术(本科教材)	廖晓玲	45.00
金属材料工程专业实验教程(本科教材)	那顺桑	22.00
无机非金属材料实验教程(本科教材)	葛 山	33.00
钢铁冶金原燃料及辅助材料(本科教材)	储满生	59.00
特种冶炼与金属功能材料(本科教材)	崔雅茹	20.00
物理化学(第4版)(本科教材)	王淑兰	45.00
冶金热工基础(本科教材)	朱光俊	36.00
金属材料工程实习实训教程(高等学校)	范培耕	33.00
机械设计基础(高等学校)	王健民	40.00
工程材料材料及热处理(高职高专)	孙 刚	29.00
铁合金生产工艺与设备(高职高专)	刘 卫	39.00
稀土冶金技术(高职高专)	石 富	36.00
稀土永磁材料制备技术(高职高专)	石 富	29.00
金属热处理生产技术(高职高专)	张文莉	35.00
机械制图(高职高专)	阎 霞	30.00
机械制图习题集(高职高专)	阎 霞	28.00
冶金工业分析(高职高专)	刘敏丽	39.00
有色金属压力加工(职业教育)	白星良	33.00
金属压力加工理论基础(职业教育)	段小勇	37.00
薄膜材料制备原理、技术及应用(第2版)	唐伟忠	28.00
金属基纳米复合材料脉冲电沉积制备技术	徐瑞东	36.00
材料研究与测试方法	张国栋	20.00
真空材料	张以忱	29.00
一维无机纳米材料	晋传贵	40.00